lonely planet

LONELY PLANET'S
环球
巧克力之旅
GLOBAL CHOCOLATE
TOUR

中国地图出版社

目 录

了解巧克力

迪拜的骆驼奶巧克力，澳大利亚的蜂巢巧克力，旧金山的单豆巧克力冰激凌，魁北克特拉普会修士制作的巧克力皮蓝莓……巧克力的世界从未像今天这样精彩纷呈，也从未像今天这样美味可口。从胡志明市到得克萨斯州，世界上那些勇于创新的巧克力师正在绞尽脑汁地打造着新奇的配方，想方设法地让小型可可种植户从中受益，你追我赶地用极品巧克力犒劳消费者。他们经营的Bean to Bar（见11页）全流程自制巧克力工坊占据了本书很大一部分内容，但也绝非全部。像备受喜爱的好时巧克力世界、各种巧克力主题酒店、欧洲那些老式的咖啡厅及其制作的著名巧克力蛋糕、饱含童年记忆的经典巧克力糖，这些在本书都有提及。在阅读中你会发现，不同地方的人对于巧克力口味的偏好不尽相同，但创造力是无所不在的。想品味传统，就试试吉事果蘸巧克力酱，想感受新鲜，就去一年一度的巴黎巧克力沙龙展上欣赏“巧克力时装秀”。

受篇幅限制，我们不能将瑞士众多优秀的巧克力制造商或法国巴黎数不过来的绝妙巧克力精品店一一介绍，但书中所列的都是Lonely Planet作者们的最爱。另外，世界主要的可可豆生产国也没有被遗漏——比如科特迪瓦与哥斯达黎加——这些国家种植的可可豆大多用于出口，国内并没有成规模的巧克力产业，但你在那里常常可以参观可可农场，目睹可可豆种植与收获的过程。而且近年来，这些地方也涌现出了自己的巧克力制作企业，他们试图打破巧克力的传统格局，通过国内销售获取更大的利润。

本书按国家或地区进行介绍，根据英文字母表顺序进行排列，介绍能参观、品鉴、消费巧克力的地点。在介绍每个地点的时候，我们都会推荐那里必须一试的特色巧克力，也会告诉你周围值得尝试的旅行体验。想知道哪里的黑森林蛋糕最好吃，想知道哪些巧克力企业最看重可可豆采购的伦理性，想知道有关巧克力的一切，答案尽在书中！

THE BEANS

巧克力的故事，必须从可可豆讲起。长在树上的可可豆在世界某些特定地区拥有非常悠久的文化。用它们制成的巧克力，尽管今天在全球各地都能买到，从前却是君王和征服者的专属。

起源

能够长出可可豆的可可树，拉丁学名为“Theobroma cacao”，是巴西亚马孙盆地的原生物种。可可豆的人工种植历史超过两千年，食用历史可以追溯到奥尔梅克、阿兹特克等发达的美洲古代文明时期。在被西班牙征服之前，当地人常常把可可豆当成货币使用。

西班牙人到来之后，食物形式的可可豆——也就是巧克力——才被传到了世界其他地方，最初只是作为饮料，到了17世纪中叶已经颇为流行，西班牙人于是开始在其他赤道地区推广可可树栽培。巧克力的传播是以零星分散的形式进行的，数百年后才在全球普及。

可可豆：巧克力的前身

品种

可可豆分福拉斯特洛（Forastero）、克里奥罗（Criollo）与特立尼达（Trinitario）三大品种。其中的福拉斯特洛豆种植范围最广，占全球可可豆总产量的80%到90%。克里奥罗豆最为少见，可可豆荚的出豆量很低，物以稀为贵，被奉为上品。特立尼达豆则是福拉斯特洛豆与克里奥罗豆的杂交品种，出豆量较高，品质也很高，仍属珍品。

加工方式

类似咖啡豆变成咖啡的过程，可可豆最终变成巧克力需要经过复杂的加工与多方的参与，而且目前基本上要靠手工完成，详细步骤参见下页内容。简单来说，可可豆需要经过收获、发酵和烘焙，然后再通过一系列加工，对原料、副产物以及配料进行恰到好处的混合与处理，才能造就脂滑的牛奶巧克力或者微苦的黑巧克力。为了保证巧克力的高品质，许多农人与巧克力制作者在整个过程中仍然会尽量避免使用机器。

风味特征

未经加工的可可豆表面黏糊糊、本身硬邦邦的，放在嘴里感觉就像是在连壳吃坚果，而且味道又苦又酸，与成品巧克力全然不同，让人想不明白它怎么会变成全球流行的甜食。事实上，想产生我们熟悉的巧克力味道，关键在于加工过程。

1 收获

农场的可可树成熟后，人们会把可可豆荚从树上割下来，剖开豆荚，从里面取出可可豆。这个过程基本上仍然需要手工完成，目的是减少可可树受到的伤害，尽可能保证豆荚里的可可豆不会浪费。

2 发酵

收获来的可可豆要静置发酵5至8天。可可豆外面包裹的黏液中含有酵素、细菌和酶，发酵过程可以为可可豆增加风味。

从可可豆到

12 包装

成品巧克力经过包装，就可以运往各地销售了。

11 浇模

回火后的巧克力需要被浇注到形态各异的模具中完成造型。巧克力棒、夹心巧克力等都是这样做出来的。有时候，巧克力师还会在回火后的巧克力上覆盖糖皮（couverture）——一种光泽度高、可可脂含量更高的巧克力。

9 精磨

混合物需要进一步被研磨搅拌，时间可能持续数日，目的是让成品巧克力获得膏脂般的口感。

10 回火

精磨后期的混合物需要慢慢冷却，然后再把温度调高回火，这个过程能够赋予成品巧克力光滑闪亮的外表。

3 晾晒

初步发酵好的可可豆会被摊开晾晒5至12天，其间会进一步发酵，这个步骤结束后，就会被打包运往巧克力加工厂。

4 烘焙

到达巧克力加工厂的可可豆经过筛选就要进行烘焙，烤制温度在120～149℃（250～350℉），时长30分钟至90分钟，这一过程也会影响成品巧克力的色泽与风味。

巧克力 CACAO TO CHOCOLATE

5 破壳

烘焙好的可可豆随后要经过碾压破壳，留下可可碎粒（cocoa nibs）——别看可可豆荚那么大，做巧克力真正用得上的，只有这些小小的可可碎粒。

6 粗磨

可可碎粒经过粗磨搅拌，会形成一种棕色的固态或半固态的混合物，术语叫可可块（cocoa mass），也叫巧克力原浆（chocolate liquor），里面大约包含55%～60%的可可脂（cocoa butter），剩下的则是可可微粒。

7 压榨

可可块接下来要进行压榨，分离出可可脂与可可粉（cocoa powder）。这两种东西都是制作巧克力的原料，只是巧克力不同，其配比也不同。

8 混合

根据成品巧克力的要求，可可脂、可可粉以及其他配料需要根据特定的比例进行混合。详情参见“巧克力的类型”一章。

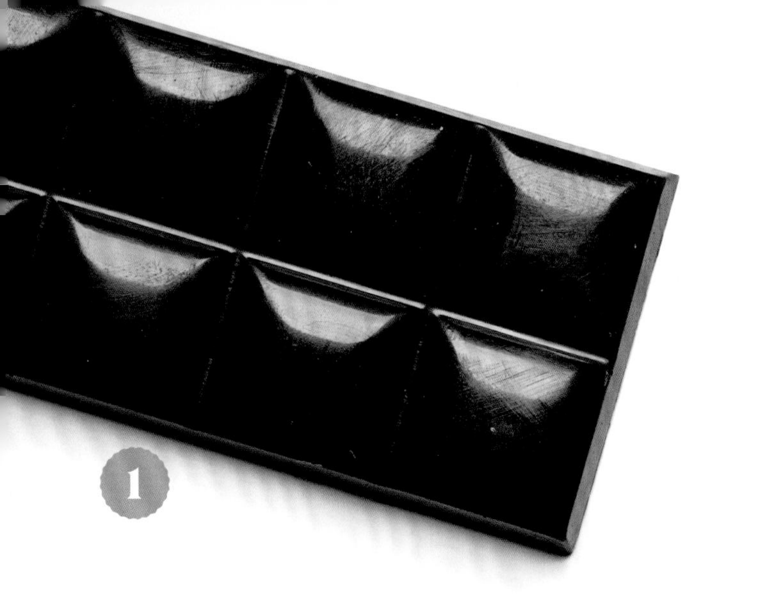

巧克力的类型

1 黑巧克力

黑巧克力（dark chocolate）是巧克力的一个极端，里面几乎只有可可脂与可可粉，绝不会为了让口感更为顺滑而添加牛奶，糖的用量也比其他巧克力低。这种巧克力颜色很黑，口感更脆更酥，甚至带有粉末的质感。

黑巧克力在很大程度上保留了发酵烘焙后的可可豆的那种苦味与烤香，销售时几乎一定会标明可可含量（或称纯度），通过这个数值，你基本上就可以判断出某款黑巧克力会有多苦。一般来说，黑巧克力的可可含量在70%到100%。

2 苦甜巧克力/半甜巧克力

苦甜巧克力（bittersweet）与半甜巧克力（semisweet）是在黑巧克力的基础上衍生出的两种类型，里面同样不加牛奶，但含糖量要高于黑巧克力，而且半甜巧克力的含糖量一般高于苦甜巧克力。注意，各家巧克力企业对于“黑”“苦甜”“半甜”的理解不尽相同，选择时不可一概而论。但是，苦甜与半甜巧克力的可可含量至少要达到35%。

每个人都有自己最喜欢的巧克力类型，比如亦苦亦甜的黑巧克力、顺滑如脂的牛奶巧克力或白巧克力，这种口感上的差别实际上来自巧克力中原料比例的不同，并非品尝者臆想出来的。成品巧克力一般由可可脂、可可粉、牛奶和糖四种主要原料构成，这四种成分的此消彼长，会对巧克力的颜色、质地与味道产生巨大影响，也让每个人都能找到最对自己口味的巧克力。

4

TYPES OF CHOCOLATE

3 牛奶巧克力

顾名思义，牛奶巧克力（milk chocolate）就是加了牛奶的巧克力。牛奶的加入让这种巧克力在口感上更加香浓脂滑，又因为牛奶中的固形物能够缓和可可的原味，所以吃起来远没有黑巧克力那么苦。在整个北美与欧洲地区，牛奶巧克力都是最受欢迎的巧克力类型。

至于牛奶巧克力中的可可含量，美国的标准是不低于20%，欧洲的标准是不低于25%。

4 白巧克力

白巧克力（white chocolate）是与黑巧克力对立的另一极。黑巧克力有可可脂、可可粉和糖，就是没有牛奶，而白巧克力是有可可脂、糖和牛奶，就是没有可可粉。因为缺了这一种东西，白巧克力才拥有了不同于其他一切巧克力产品的白色。在口感方面，白巧克力类似牛奶巧克力。

美国对于白巧克力各成分的含量也有相应的标准：可可脂含量不得低于20%，牛奶固形物含量不得低于14%，牛奶脂肪含量不得低于3.5%，糖含量不得高于55%。白巧克力里面有时候会加入其他成分提味，最常见的就是香草。

2

术语表

Baking Chocolate 即“烘焙用巧克力”，也叫“苦巧克力”(bitter)、“烹饪用巧克力”(cooking)或者“未增甜巧克力”(unsweetened)，主要作为烘焙糕点的原料。

Bean to Bar 是指一种全流程的贸易模式，一般来说是指从购买可可豆到最终制成巧克力的每一个步骤皆由一个制造商完成，区别于工业巧克力流水线批量生产。这一概念没有标准定义，因此市场上也存在很多操作方式。

Bittersweet Chocolate 即“苦甜巧克力”，黑巧克力的一种衍生类型，在混合精磨阶段会加入较多的糖，类似的还有半甜巧克力，后者的含糖量一般更高。

Cacahuatl 阿兹特克人对巧克力的叫法。

Cacao Bean 即“可可豆”，也就是可可树(Theobroma cacao)的种子。可可豆经过晾晒发酵之后，可以用来提取制作巧克力所必需的可可粉与可可脂。可可树一般种植于赤道地区，收获基本要靠手工完成。

Cacao Pod 即“可可豆荚”，可可树收获时收的就是可可豆荚，豆荚内含有可可豆和一种浆状物。

Cocoa Butter 即“可可脂”，也称为“可可油”，是可可豆加工过程中产生的一种植物脂肪，也是制作巧克力的核心原料之一。

Cocoa Liquor 即“巧克力原浆”，也就是固态或半固态的纯巧克力。

Cocoa Mass 即“可可块”，也是巧克力原浆。可可块通过压榨可可豆提取，可以分离成制作巧克力的两大关键原料：可可脂与可可粉。

Cocoa Solids 即“可可粉”，可可豆加工过程中的一大产物，无水无脂，是巧克力特有颜色的来源。

Conching 即“精磨”，巧克力制作过程后期的步骤，目的是让可可脂与可可粉进一步混合升温。

Couverture 即“糖皮”，一种高品质巧克力，可可脂含量比烘焙用巧克力或常规食用巧克力更高。

Criollo 中文译作“克里奥罗”，三大可可豆品种之一，产量最少，巧克力转化率最低，最受珍视。

Dark Chocolate 即“黑巧克力”，由可可脂、可可粉与糖制作的巧克力，几乎或完全不含任何奶制品。

Forastero 中文译作“福拉斯特洛”，三大可可豆品种中最常见的一种。

Milk Chocolate 即“牛奶巧克力”，里面除了可可脂、可可粉和糖，也包含牛奶，至于牛奶含量，不同国家的行业标准也不尽相同。

Nibs 即“可可碎粒”，可可豆中唯一对巧克力生产有价值的碎粒。

Semisweet Chocolate 即“半甜巧克力”，黑巧克力的一种衍生类型，类似苦甜巧克力，后者含糖量一般更低。

Tempering 即“回火”，也就是巧克力混合液加热、冷却、再加热的过程，能让浇模后的成品更有光泽、更紧致。

Trinitario 中文译作“特立尼达”，克里奥罗豆与福拉斯特洛豆的杂交品种，保留了克里奥罗浓醇的风味，但生产价值更高。

Virgin Chocolate 即“原生巧克力”，也就是用未经烘焙的可可豆制作成的巧克力。

White Chocolate 即“白巧克力”，里面包含可可脂、牛奶和糖，但没有任何可可粉，所以没有其他巧克力的那种棕色。

Xococatl 玛雅人对巧克力的叫法。

欧洲

TOP 5
CHOCOLATE
CITIES
五大顶级巧克力城市

EUROPE

法国 巴黎

巴黎有Pralus，有L' Etoile，有Alain Ducasse巧克力工厂里的44种口味可选，有帕特里克·罗杰(Patrick Roger)的巧克力雕塑可赏，还有一年一度的巧克力沙龙展(Salon du Chocolat)可逛。

比利时 布鲁塞尔

比利时巧克力堪称世界巧克力排位赛的种子选手。从令人沉沦的巧克力喷泉到马可里尼(Marcolini)、布隆迪尔(Blondeel)这样的巧克力传奇，首都布鲁塞尔肯定不会让你失望。

瑞士 苏黎世

大多数人知道瑞士巧克力，很可能是通过瑞士三角巧克力(Toblerone)、瑞士莲(Lindt)这种畅销全球的大品牌。可事实上，瑞士的苏黎世就拥有Taucherli 等许多家全流程自制巧克力店，水平绝对超乎想象。

英国 约克

约克不但完好保留了中世纪的风貌，也保留了英国巧克力工业辉煌的昨天。在这座昔日糖果巨头纷纷设厂的城市里，巧克力的甜蜜历久弥新。

意大利 莫迪卡

佩鲁贾是Perugina牌的Baci巧克力的大本营，是欧洲巧克力节的举办地，但西西里岛上的小镇莫迪卡与之相比并不落下风，当地人仍在沿用阿兹特克人的古法制作巧克力，“巧克力名城”之誉理当笑纳。

奥地利

用当地话点热巧克力: Eine Tasse heisse Schokolade, bitte。

特色巧克力: 莫扎特巧克力球(Mozartkugel; 开心果泥夹心被黑巧克力糖衣包裹)。

巧克力搭配: 一杯维也纳咖啡(Wiener Melange; 意式浓缩打底,上面是蒸奶和奶泡)。

小贴士: 不要只想着那些经典。奥地利许多当代巧克力师都是手段高明的创新者。

奥地利人为什么会离不了巧克力呢?"始作俑者"乃是当年的哈布斯堡王室。哈布斯堡王朝的皇帝们酷爱甜食,奥地利早期的糖果师与巧克力师都有赖于他们的照顾,其中许多老字号今天仍在维也纳经营,比如1786年创立的Demel。皇家的眷顾渐渐在咖啡厅糖果师中间引发了激烈的竞争,大家绞尽脑汁,拼着劲儿要弄出一款配得上皇帝享用的蛋糕(torte)。就这样,萨赫咖啡厅(详见右页)创造了萨赫蛋糕(外有光亮的黑巧克力皮,内有杏肉酱),Cafe Central创造了一款杏仁泥馅儿橙味牛奶巧克力蛋糕,Demel咖啡厅创造了Annatorte(巧克力牛轧糖蛋糕打底,夹着层层甘纳许,品相奢华)。在首都维也纳的这些传统咖啡厅里,你今天仍然能吃到这些蛋糕,仍然可以借此体会到奥地利人对于"奢靡"味道与气质的偏爱,以及其间夹杂的一种"旧日情怀"(Gemütlichkeit)。

但巧克力在这里并非只以甜点的形式存在。许多城镇里的一流糖果店也都有自制的果仁糖、松露、甘纳许和巧克力棒,而且包装常常很漂亮。奥地利的一种经典巧克力糖果叫"莫扎特巧克力球"(Mozartkugel),这种糖球大小刚好可以一口一个,外面是黑巧克力,里面是开心果泥,由保罗·福斯特(Paul Fürst)于1890年在萨尔茨堡(Salzburg)发明。维也纳还有Manner巧克力威化,用巧克力榛仁酱作夹心,外包装是粉色的,当地人吃起来没个够。

时代在变,巧克力的理念也在变,从未沉醉于昔日光环的奥地利巧克力师,今天也开始了大刀阔斧的改革创新。以本土手工巧克力品牌Zotter为例,他家秉持全流程自制与公平贸易的原则,不但推出了单豆巧克力棒,也有各种口味新奇怪异的作品,比如在巧克力中加入奶酪核桃、野荆豆,龙舌兰加盐和柠檬。又比如Schokov竟会用薰衣草、蓝莓,甚至是辣的马萨拉给自家的巧克力棒提味。不知道哈布斯堡的皇帝们见到巧克力现在这么繁盛的场面,又会作何感想?

萨赫咖啡厅

Philharmonikerstrasse 4; www.sacher.com; +43 (0)1 51-456-1053

◆组织品鉴 ◆提供培训 ◆咖啡馆
◆现场烘焙 ◆自带商店 ◆交通方便

在萨赫咖啡厅（Café Sacher）吃一小块萨赫蛋糕（Sachertorte）是全维也纳最“维也纳”的一种体验。咖啡厅的装潢与氛围，确实有些贵气逼人：上悬水晶灯，满眼宝石红，一幅幅哈布斯堡王室的肖像挂在墙上，表情不怒自威，一位位身着传统围裙装的女服务员仿佛跳着华尔兹，在大理石餐桌间穿来穿去。不过这种贵气不是装的，而是骨子里带的。1832年，年仅16岁的糕点师学徒弗朗兹·萨赫（Franz Sacher）为文策尔·冯·梅特涅亲王（Prince Wenzel von Metternich）专门制作了一款巧克力蛋糕，让自己和这款萨赫蛋糕一举成名。1876年，他以自己的名字创办了这家富丽堂皇的萨赫酒店，而作为酒店与咖啡厅的甜蜜招牌，萨赫蛋糕随后名扬四海。

萨赫蛋糕绝非寻常蛋糕可比。其配方多年来并无变化，属于绝密，我们只能透露一二：其主体是口感轻盈水润的巧克力海绵蛋糕，上面覆一层酸香的杏肉酱，最外面的巧克力皮味道又苦又甜，据说以德国与比利时制作的三款高品质黑巧克力为原料。蛋糕上一定还会加上一个专门的印章（用巧克力做的，可以吃），盘子旁边少不了用无糖打发奶油（Schlagobers）挤出的一个螺旋块。

想买一个带回家？没问题！咖啡厅可以为你打包装盒，让你凭借这份精美的礼品，在很久之后仍能回忆起维也纳独特的味道——只不过在咖啡厅奢华的氛围内享用，才最能品出这种蛋糕的特别之处。

周边活动

城堡花园（Burggarten）

这片迷人的花园位于霍夫堡皇宫身后，内有莫扎特雕像，不远处是Jugendstil Palmenhaus 咖啡厅以及一座蝴蝶馆。www.schmetterlinghaus.at

国家歌剧院（Staatsoper）

歌剧院金光灿灿，水晶闪闪，装潢富丽，是维也纳首屈一指的歌剧及古典音乐会演出场馆，想看演出一定要早早订票，而且记得正装出席。www.wiener-staatsoper.at

阿尔贝蒂娜博物馆（Albertina）

博物馆所在建筑原为哈布斯堡王室的寝宫，拥有全球最珍贵的一批平面艺术藏品，毕加索、莫奈等大师的油画也都有收藏。www.albertina.at

音乐之家博物馆（Haus der Musik）

一家互动性很强的博物馆，仿佛让人走进了声音与音乐的世界，亮点体验包括自己创作一段华尔兹，以及亲自指挥维也纳爱乐乐团演奏（当然是以虚拟的方式）。www.hausdermusik.com

DEMEL

Kohlmarkt 14,1010; www.demel.com; +43(1)535-1717

◆咖啡馆 ◆提供食物 ◆自带商店 ◆交通方便

Demel诞生于1786年，一直以来都在制作极品糕点、糖果、巧克力以及一切精致美味，从未间断，爱吃甜食的哈布斯堡王室曾钦点Demel为自己供应甜品，即使是腰围只有48厘米的茜茜公主也对他家的东西情有独钟。从颜值上讲，Demel可以说是那种童话版的维也纳咖啡厅，金边镜面与方格天花板铺天盖地，一间间餐室里挂着水晶吊灯，洛可可风情极其浓郁。但人家并非只有颜值，实力同样非比寻常：这里的热巧克力浓稠美妙，巧克力棒入口即化，还有自制松露巧克力，包装纸都是美美的复古风格，至今仍能吸引维也纳人争相光顾。

实话实说，你来Demel未必是冲着巧克力，而是为了品尝这里堪称传奇的糕点——在这一点上你是绝对不会失望的。咖啡厅的厨房为开放式设计，透过玻璃墙，你可以看到糕点师工作，打糊淋面，无不娴熟。等你抢到了一张大理石台面的餐桌，就可以安心享用了。可以考虑来一块Demeltorte——主体为核桃巧克力水果蛋糕，表面覆着一层薄薄的杏肉酱和牛奶巧克力，最上面撒着蜜饯紫罗兰。Annatorte也值得考虑，这款蛋糕得名自咖啡馆曾经的老板安娜·戴默尔（Anna Demel），主体为加了橙子利口酒的巧克力蛋糕，中间夹着几层深色的甘纳许，表面用榛仁牛轧糖做出了一个精细的螺旋，灵感据说来自安娜的发髻。想要锦上添花，那就再点一杯加入了橙子利口酒，并用打发奶油拉花的“安娜·戴默尔”咖啡（Anna Demel）。

周边活动

霍夫堡皇宫（Hofburg）

这里是哈布斯堡王朝从1273年至1918年的皇宫，体现了维也纳特有的浪漫与华贵，至少要拿出2小时游览一番。www.hofburg-wien.at

维也纳艺术史博物馆（Kunsthistorisches Museum）

博物馆位于一栋气派的新古典主义风格建筑之中，古罗马、古埃及、文艺复兴时期等无数艺术珍品和大师杰作尽在馆中陈列。www.khm.at

人民公园（Volksgarten）

公园毗邻霍夫堡皇宫，氛围宁静，造景优美，内有林荫大道、玫瑰花园以及一座新古典主义风格的忒修斯神庙（Temple of Theseus）可供探索。

圣彼得教堂（Peterskirche）

维也纳最震撼的巴洛克建筑之一，上有铜质洋葱顶，洋葱顶内天花板上有罗特迈尔（JM Rottmayr）创作的惊艳壁画，教堂内还会定期举行管风琴演奏会。www.peterskirche.at

DEMEL
K. U. K.
HOFZUCKERBÄCKER
CHOCOLADENFABRIKANT
WIEN
SEIT 1786

比利时

用当地话点热巧克力: Voor mij een kopje warme chocolademelk （荷兰语）。

特色巧克力: 奶油霜松露巧克力。

巧克力搭配: 带辛香的肉桂焦糖饼干。

小贴士: 注意，包括歌帝梵（Godiva）、克特多金象（Côte d'Or）和Galler在内的许多比利时著名品牌现在都已被外国企业收购。

比利时是一个融汇多国文化的国家，活力四射的首都布鲁塞尔更是国际公认的"欧洲之都"，但"世界巧克力之都"的头衔绝对最有信服力。比利时面积很小，成立于1830年，最初的国民既有说荷兰语的弗拉芒人，又有仰慕法国文化的瓦隆人。今天的比利时人友善大方，热情好客，爱玩爱闹，都爱喝啤酒，都爱吃薯条，都爱看有着"欧洲红魔"之称的国家足球队比赛，而最重要的是，他们都爱巧克力。仅布鲁塞尔一地就拥有300多家巧克力店，除了巧克力工坊和巧克力博物馆，城中还有可以动手实操的巧克力培训班，能让巧克力发烧友摆弄着又黏又香的双手亲自制作巧克力。全国的手工巧克力制作师大约有2000名，他们分散开来，让你几乎在比利时每一个小城小村里都能闻到巧克力诱人的香气。在这里想吃大品牌的巧克力棒和夹心巧克力当然不是问题，它们虽然是大批量生产的，但品质一流，而且价格合理。如果想走进巧克力师的工作室，直接购买他们手工制作的巧克力，当然也不是问题。最妙的是，比利时的巧克力大师（maître-chocolatiers），地位堪比时装设计师和电影明星，他们创作的松露巧克力和普拉林前卫大胆，完全可以当成艺术品来鉴赏。

在今天这个假货遍地、山寨漫天的世界里，"比利时巧克力"这几个字对于全球消费者来说可谓意义重大，因为比利时的相关法规非常严格，只要是带这几个字的产品，必须要在比利时国内生产，哪怕是自家的著名品牌已被国际巨头收购了，巧克力也必须先在比利时做好，然后再销往全球。那么"比利时巧克力"到底独特在哪里呢？许多比利时巧克力企业都对巧克力的配方和做法守口如瓶，但

根据比利时皇家巧克力协会（Royal Belgian Association of Chocolate）的官方说法，比利时巧克力的奥秘“在于传统，在于知识，在于工艺，在于可可豆挑选与混合方面的学问”。比利时最有代表性的巧克力口感细腻，传统上绝不添加低档油脂，全流程自制的理念在这里本就是根深蒂固的传统。

1912年，让·诺好事（Jean Neuhaus）在比利时发明了世界上第一款巧克力果仁糖，从而让比利时在世界巧克力史上一步封神。可事实上，充满魔力的可可豆早在17世纪就已经从墨西哥运到这里了——当时，墨西哥与比利时都是西班牙哈布斯堡帝国的一部分——只是一直不受重视。比利时独立后不久，在非洲的刚果建立了自己的殖民帝国，他们发现那里不但盛产矿石和钻石，更拥有大片大片的可可种植园，于是才开始认真对待起了巧克力。今天，比利时每个大城市都有专门介绍巧克力与巧克力历史的一流博物馆，内容方面总在浓墨重彩地渲染比利时巧克力从业者有多么看重公平贸易，看重人权，却对比利时殖民时代对奴工的残酷剥削只字不提，实在令人遗憾。

布鲁塞尔五大顶级手工巧克力制造商

LAURENT GERBAUD

这家的夹心巧克力很有创意，常会选择土耳其无花果、中国生姜等异域食材。chocolatsgerbaud.be

WITTAMER

比利时王室御用巧克力品牌，最好去大萨布隆广场，在他家古色古香的茶室里享用。wittamer.com

ZAABÄR

顶级巧克力工坊，能举办创意巧克力制作培训。zaabar.be

MARY

由玛丽·德吕（Mary Delluc）创立于1919年，每批巧克力制作量很小，最好趁新鲜食用。mary.be

BELVAS

不但有经公平贸易、有机认证的巧克力，还有各种严格素食、无麸质食品。belvas.be

皮埃尔·马可里尼（Pierre Marcolini）巧克力师

“今天的比利时幸运地拥有世界上最有才华、最具奇思妙想的一些巧克力大师，夹在理想与现实之间的他们，只要有勇气，一定可以扬名立万。”

CHOCOLATE NATION

7 Koningen Astridplein, Antwerp; www.chocolatenation.be; +32 3 2070808

◆组织品鉴 ◆提供培训 ◆咖啡馆
◆自带商店 ◆交通方便

1831年，比利时历史上第一家巧克力工厂在安特卫普（Antwerp）诞生。最近在工厂原址上，安特卫普打造了Chocolate Nation，专门介绍比利时巧克力，其选址可谓恰如其分。

安特卫普的港口一直是比利时从海外殖民地进口可可豆的一大门户，即便是今天，这里的可可豆存量仍位居世界各城市之首。博物馆内共有14个主题展区，一路参观下来要一个多小时，而且随时随地都能免费品尝！

对于小朋友来说，参观亮点无疑是那台造型奇幻、演示巧克力制作过程的巨大机器。对于成年人来说，将巧克力与啤酒、葡萄酒、威士忌搭配享用的环节肯定更有魅力。博物馆还销售自己制作的一种全流程自制巧克力，名为Octave，走之前一定要买上一份带回家。

周边活动

安特卫普动物园（Antwerp Zoo）

安特卫普动物园创立于1843年，周围是一大片绿地，内有1160种动物，历史虽然悠久，其尊重动物、保护动物的理念却非常现代。www.zooantwerpen.be

Le Royal Café

安特卫普中央车站（Antwerp Central）是欧洲最壮观的火车站之一，车站的咖啡馆Le Royal Café同样是富丽堂皇的存在，内部新艺术风格大理石、木壁板和镜面都让人看得眼花缭乱。www.brasserieroyal.be

CHOCO-STORY

41 Rue de l' Etuve, Brussels; www.choco-story-brussels.be;
+32 2 5142048

◆组织品鉴 ◆提供培训 ◆咖啡馆
◆现场烘焙 ◆自带商店 ◆交通方便

© 2020, Chocolate Story, Olivier Anbergen 摄

布鲁塞尔有两家巧克力主题博物馆，但气质大相径庭。其中的Belgian Chocolate Village位于郊区，本身开在一座建于19世纪的饼干工厂里，风貌古朴，环境绝妙，甚至自带一座种着可可树的热带温室。但另一家位于市中心的Choco-Story现在明显更有人气。该博物馆诞生于2000年，当时叫布鲁塞尔可可与巧克力博物馆（Brussels Museum of Cocoa and Chocolate），是由大名鼎鼎的歌帝梵创建的，后来进行了改造，使其更具互动性。改造团队也很不一般，布鲁日、巴黎、布拉格和墨西哥都有他们操刀设计的现代化巧克力博物馆。

重新开放的新馆位于一栋17世纪的民房中，内部布局犹如迷宫，游客仿佛开启了一段面面俱到、好玩好吃的巧克力之旅。可可豆在玛雅与阿兹特克帝国（今墨西哥）诞生；巧克力在17世纪到达欧洲；瑞士人在1802年创造出了固体巧克力，为今人大爱的巧克力棒奠定了基础；雀巢在1875年发明了牛奶巧克力；比利时人在1912年发明了巧克力果仁糖……巧克力发展中的每一起大事件都有介绍，巧克力的每一道制作工艺都得到了解释。一位巧克力大师随后会向游客演示如何制作巧克力果仁糖，压轴活动自然就是品鉴了。

周边活动

撒尿小童（Manneken Pis）

比利时最著名的雕像，小英雄于连（Mannekin Pis）个头虽然不大，周围却永远有人围观——于连一共有900多套衣服，每隔几天就要换一身。www.mannekenpis.brussels

Episode Belgium

对于喜欢古着的人来说，比利时首都无异于天堂，这家Episode就是著名古着店，夏威夷衫、运动鞋、夸张的老式领结、棒球帽等都有。www.episode.eu

Fritland

来布鲁塞尔不吃炸薯条怎么可以？这个薯条摊紧挨大广场（Grand Place），炸薯条讲究过两遍油。看前面排的长队就知道肯定好吃。www.fritlandbrussels.be

Maison Dandoy

看过了壮观的大广场，不妨来对面的这家老牌面包房逛逛。这里专做比利时传统甜品：无法拒绝的美味肉桂焦糖饼干（speculoos）。www.maisondandoy.com

FREDERIC BLONDEEL

39 Rue de Ganshoren, Koekelberg, Brussels;
www.frederic-blondeel.be; +32 468 315080

◆提供培训 ◆咖啡馆 ◆ 现场烘焙
◆自带商店 ◆交通方便

弗莱德里克·布隆迪尔（Frederic Blondeel）为人低调，尽管曾被评为布鲁塞尔最佳巧克力师，知道他的人却不是很多。最近，他关闭了自己开在市中心的精品店，在布鲁塞尔荒凉的郊区库克尔贝尔赫（Koekelberg）创办了自己的巧克力工厂，并对公众开放。工厂包括一个巧克力展示区、一个现代化实验室和一间茶室，弗莱德里克最爱的那台古董级Santos Palace 烘豆机也被他搬了过来。看着他在自己的新工厂里忙个不停，参观者可以真切感受到那种激情满怀的工匠精神。弗莱德里克早年曾在父亲的咖啡烘焙坊里帮忙，至今仍然对咖啡念念不忘。他说："我首先是一名咖啡烘焙师，然后才是巧克力师，所以我的巧克力代表作就是那款咖啡榛仁夹心巧克力（Praline Cafe），其巧克力原料是混烤出来的可可豆与咖啡豆。"

周边活动

Bar Eliza

这一带基本上就是工业区，但不要错过装饰艺术风格的库克尔贝尔赫巴西利卡教堂（Koekelberg Basilica）。教堂配有一大片绿地公园，园中有家热闹的咖啡馆叫Bar Eliza，室外用餐区很大，有比萨，还有儿童游戏设施。www.bareliza.be

Tour & Taxis

一个大型商业文化综合体，由一座座仓库和一个老火车站改造而成，位于布鲁塞尔运河（Brussels Canal）河畔，有多家酒吧和餐厅以及精酿啤酒坊En Stoemelings，能举办音乐会等多种活动。www.tour-taxis.com

马可里尼

1 Rue des Minimes, Brussels; www.eu.marcolini.com;
+32 2 5141206

◆组织品鉴 ◆提供培训 ◆咖啡馆
◆现场烘焙 ◆自带商店 ◆交通方便

几乎所有巧克力迷都认为皮埃尔·马可里尼（Pierre Marcolini）是当世最伟大的巧克力师。马可里尼（Marcolini）商店如今散布全球，但只有布鲁塞尔的马可里尼总店才是这一切的缘起之地。总店面朝气质奢华的大萨布隆广场（Grand Sablon square），是一栋威严的19世纪大宅，里面除了品牌旗舰商店，也有制作间。建筑外墙夸张炫目，巨大的树莓心形巧克力、红色普拉林、鲜花、旗帜和马卡龙等装饰都在诱惑着过往行人光顾。楼内却突然走起极简主义风格，反映了马可里尼对巧克力那种严肃认真的态度。马可里尼品牌标识随处可见，还有一个巨大的可可豆荚，而这恰恰说明了马可里尼与其他高端巧克力品牌的区别。对于他来说，生长在种植园里、包裹着生可可豆的豆荚，才是巧克力制作的起点。“品尝好的巧克力就像品酒，而我的特色巧克力，用的都是单一产地的豆子，完全可以比作勃艮第或波尔多特级园产的葡萄酒。”事实上，店里的每一个巧克力棒也都有类似葡萄酒的标签，上面详细记录了产地国、种植园名、可可豆品种以及可可纯度。

马达加斯加的香草、皮埃蒙特的榛仁、直接从伊朗进口的开心果、来自摩洛哥的粉色花椒粒、来自西西里的酸爽柠檬……一旦你开始品尝他的作品，每种上乘原料的味道都会在你的舌尖上炸裂。最后，也一定别忘了那款巧克力皮香草棉花糖。

周边活动

萨布隆古董市场（Sablon Antiques Market）

马可里尼总店面前的大萨布隆广场，每个周末都有古董市场，卖的主要是亚非艺术品和家具。www.sablon-antiques-market.com

Les Brigittines

附近的马罗莱地区（Marolles）有两个地方很出名，一个是历史悠久的跳蚤市场，另一个就是这家餐厅。餐厅主打传统布鲁塞尔地方菜，推荐樱桃啤酒炖牛脸。www.lesbrigittines.com

Bozar艺术中心（Bozar）

马格里特博物馆（Magritte Museum）名气更大，但Bozar胜在多元。在这个装饰艺术风格的艺术中心里，你能听音乐会，能看电影，还能参观各种享誉世界的先锋艺术临时展。www.bozar.be

Crosly Bowling

一家保龄球馆，透着浓浓的美国范儿，俗却俗得妙，天台设有一家全景酒吧，此外还有VR体验室，让你在里面可以与恐龙或者僵尸作战。www.crosly.be

诺好事

25-27 Galerie de la Reine, Brussels;
www.neuhauschocolates.com; +32 2 5126359

◆组织品鉴 ◆提供培训 ◆咖啡馆
◆现场烘焙 ◆自带商店 ◆交通方便

诺好事（Neuhaus）品牌旗舰店就开在布鲁塞尔为纪念比利时王室修建的皇后长廊（Galerie de la Reine）里，环境富丽堂皇，难怪进店参观的顾客会有一种面见君王的感觉。这个品牌由瑞士移民让·诺好事（Jean Neuhaus）创立于1857年，只不过最初不是巧克力店，而是药店。当然也不是普通的药店：诺好事先生的绝活叫“变药为糖”（confiseries pharmaceutiques），也就是把药丸包上巧克力，让药丸更容易入口。慢慢地，他的生意从卖药彻底变成了卖巧克力。后来到了1905年，他的孙子想出了在巧克力里添加甘纳许软心的主意，世界上第一颗夹心巧克力就此诞生。从那时起，诺好事就成了比利时巧克力的代名词，在世界各地广为人知，尽管如今许多比利时巧克力企业都已被国际巨头收购，而诺好事仍然是一家地地道道的本土公司。

来到皇后长廊中的诺好事旗舰店，从大理石玻璃店面，到新艺术风格的精美展示柜，一切都仿佛还是昔日的面貌。诺好事的招牌“任性普拉林”（Praline Caprice），中间是一块牛轧糖饼干，里面手工充填进了香草奶油，外面裹上了浓烈的黑巧克力，原料可可豆基本上来自诺好事自家的可持续种植园，每一口吃进去的都是百分百“比利时制作”的味道。

周边活动

Delvaux

皇后长廊里还有一家华美的Delvaux展示店。Delvaux好比“比利时的LV”，是比利时王室御用箱包品牌，手包这种东西就是他们在1908年发明的。www.delvaux.com

Brusel

布鲁塞尔是世界漫画书之都——丁丁和蓝精灵可以做证！在这家Brusel书店里，你可以尽情地沉浸在漫画的幻想世界中。www.brusel.com

L' Archiduc

一家很酷的装饰艺术风格夜总会，创立于1939年，可以深夜过来尝尝鸡尾酒和比利时精酿啤酒。周末有爵士乐演出，楼上是画廊。www.archiduc.net

Theatre Royal de Toone

一家小咖啡馆兼传统酒吧（超过200种艾尔啤酒），又是一家迷你剧场（“演员”都是提线木偶，一身华丽古装，每天都会登台）。www.toone.be

YUZU

11/A Walpoorstraat, Ghent; visit.gent.be/en/see-do/ yuzu-nicolas-vanaise-c; +32 473 965733

◆自带商店 ◆咖啡馆 ◆交通方便

在根特（Ghent）市中心，比利时本土那些实至名归的知名巧克力品牌店数也数不清，利奥尼达斯（Leonidas）、歌帝梵、克特多金象等全有，但如果想找手工巧克力，不妨钻进后街小巷，寻访这家YUZU。工坊的老板尼古拉斯·瓦纳斯（Nicolas Vanaise）是当地人，当巧克力师之前曾是考古学家。工坊的品鉴区装潢极简，顾客在那里可以隔着玻璃窗观看他工作。尼古拉斯本人特别喜欢日本文化，经常要远赴日本寻找灵感，所以不管是工坊的设计，还是他的巧克力，都透着一股东洋禅意。他做出的夹心巧克力活像一幅幅书法作品，看着就让人拍案叫绝。总共算下来，他设计了200多种巧克力产品，每次在店内只展示30种，定期轮换。店内的香气与巧克力的口味都同样诱人，榛仁与橙皮、芝麻酱与山葵都可以搭配。用尼古拉斯的话说，“我最喜欢的巧克力永远是我正在研发的巧克力，所以就目前来说，是烤荞麦和汶拉威士忌巧克力”。

周边活动

根特歌剧院（Opera Ghent）

根特歌剧院建于19世纪，建筑气派，歌剧、音乐会都有，多是《唐·卡洛》《女人心》《哥德堡变奏曲》这种名作。www.operaballet.be

Sioux

铁克诺在根特风行已久，市内舞厅众多，这家Sioux很受学生族的喜爱，每晚主题不同，摇滚、灵魂乐皆有涉及。www. facebook.com/sioux.gent

东欧地区

用当地话点热巧克力：

Horká čokoláda/kakao（捷克语）；

Kakao（乌克兰语）；

Kakao（波兰语）。

特色巧克力：咖啡巧克力错不了。

巧克力搭配：一块薄酥卷饼（strudel）。

小贴士：千万别觉得热巧克力是用水调制的。在整个东欧，调热巧克力用的大多是牛奶。

东欧乍一听似乎和巧克力不沾边儿，但在这里你同样能够收获惊喜。比如捷克、波兰和乌克兰的巧克力企业与巧克力传统完全可以媲美西欧诸国。

曾经的苏联成员国乌克兰，在今天的东欧巧克力界更是一方独大，形成了首都基辅与第二大城市利沃夫双雄并立、难分伯仲的局面。东欧最著名的巧克力品牌如胜（Roshen），就是刚刚卸任的乌克兰前总统佩德罗·波罗申

科（Petro Poroshenko）创立的——"Roshen"刚好是他姓氏中间的六个字母——其品牌商店的设计非常奇幻，橱窗里有机械自动展示台，店内的糖果被堆得老高，很有《查理和巧克力工厂》的感觉。至于利沃夫，每年9月末则会举办东欧顶级的巧克力节。捷克的Orion专门生产捷克人最爱吃的坚果果冻巧克力棒（Studentská pečeť），波兰的E Wendel与Wawel的产品口味众多，基本上占领了国内的超市，这些也都是值得关注的东欧巧克力品牌。

热巧克力在东欧总是会让人联想到共产主义时代的学校食堂和廉价自助餐厅，并无群众基础，也未形成风尚。但如今在游客较多的大城市里，你肯定也能找到西欧式的热巧克力，有些味道还相当不错。

GHRAOUI

Andrássy út 31, Budapest, Hungary;
www.ghraouichocolate.com; +36 1-398 8791

◆组织品鉴 ◆自带商店 ◆交通方便

从1930年开始，Ghraoui在叙利亚就是精品巧克力的同义词，能吃到他家的糖果，绝对是令人艳羡的奢侈。品牌工厂本在大马士革城外，可惜在近年来叙利亚内战中被毁，于是在2015年，一家之主、企业领袖巴萨姆·格拉乌伊（Bassam Ghraoui）毅然将家人和生意搬到了布达佩斯。新店开在著名的安德拉西大街（Andrássy út），店面出自卡地亚珠宝店的设计师之手，店内的夹心巧克力经过手工绘制，仿佛一件件精美珠宝。格拉乌伊传统的杏仁巧克力、杏肉巧克力仍然还在做，原料仍然是从叙利亚进口的，但店中也推出了一些具有匈牙利特色的新品，比如Papillon（牛奶巧克力里加核桃酱）。2018年，巴萨姆在筹划巴黎新店期间离世，生意已由他的妻子拉尼娅（Rania）接手。为了缅怀这位传奇人物，建议你吃一块他家的巧克力蜜饯柑橘。

周边活动

安德拉西大街（Andrássy út）

这条大街长2.5公里，两旁尽是19世纪末建造的新文艺复兴风格建筑，街景一路延伸至英雄广场（Heroes' Sq），在2002年被联合国教科文组织认定为世界遗产。

大犹太教堂（Great Synagogue）

教堂傲立于布达佩斯古老的犹太区，建于1859年，规模极大，为浪漫的摩尔风格，门前立有大屠杀死难者纪念碑。www.dohany-zsinagoga.hu

Шоколадні тафлі

LVIV CHOCOLATE FACTORY

Serbska 3, Lviv, Ukraine; www.chocolate.lviv.ua;
+38; 050; 430 60 33

◆组织品鉴 ◆提供培训 ◆咖啡馆
◆自带商店 ◆组织参观 ◆交通方便

乌克兰第二大城市利沃夫（Lviv）有很多出名的事物，比如美味的咖啡，哥特式的建筑，全国第一的啤酒。不过说到巧克力，总的来说还是比不过首都基辅（Kyiv）的。乌克兰前总统波罗申科在基辅创立的如胜（Roshen）仍是这里最著名的巧克力品牌，其主题商店在这个广袤的国家遍地都是。不过近年来，利沃夫却凭借一座可爱的Lviv Chocolate Factory抢去了基辅的巧克力风头。工厂位于历史悠久、风貌华贵的中心区，具体地址是塞尔斯卡大街3号（Serbska Street No.3），建筑是一幢松松垮垮的高层洋房，外形活像一块大蛋糕，里面宛如巧克力的世界，每层几乎都有一家香气四溢的咖啡馆，让你可以品尝盖着打发奶油的热巧克力。固体巧克力则是手工制作的纯有机巧克力，每块都巨大无比，柜台那里的工作人员会敲下碎片让顾客打包带走。

团队游时长30分钟，10:00~17:00可参加，能带给你一种斯拉夫范儿的巧克力体验。其间，游客可以品尝到各种手工巧克力，想要亲手制作的话，还可以参加工厂组织的大师班，跟着专业的巧克力师学习。就算来不了利沃夫也不用担心，因为它在乌克兰各地都有分店，仅在首都基辅就有7家。

周边活动

集市广场（Ploscha Rynok）

华丽的集市广场是利沃夫的心脏，周围是一圈靓丽的联排房，中间的广场石砖铺地，面积很大，正中央是利沃夫著名的市政厅。

工艺品集市（Arts & Crafts Market）

利沃夫的工艺品集市每天都有，就在Teatralna Street，里面很热闹，喀尔巴阡风情纪念品、苏联时代的破烂儿、印着普京照片的厕纸都能买到。

Lvivska Kopalnya Kavy

一家很搞怪的主题咖啡馆，万千花样不离咖啡，而且反复在强调一个事实：利沃夫著名黑咖啡所用的咖啡豆，最初是从中央广场地底下挖出来的！真事儿！ www.fest.lviv.ua

拉丁大教堂（Latin Cathedral）

利沃夫的教堂数量超过乌克兰任何一座城市，其中最精美的，应该就是这座傲视老城区的哥特式教堂。

法国

用当地话点热巧克力: Un chocolat chaud s' il vous plait。

特色巧克力: 榛子果仁糖(noisette)。

巧克力搭配: 一杯热巧克力最应该搭配一块巧克力马卡龙。

小贴士: 吃巧克力面包(pain au chocolat)时在拿铁(café au lait)里蘸一蘸。

如果问哪儿的巧克力最有名,答案自然是瑞士和比利时,但要问哪儿的全流程自制巧克力最有创意、最让人兴奋,答案是法国。在这里,几乎每个小村小镇都有自己的手工巧克力制作师,他们的绝活千奇百怪,有的喜欢对巧克力面包(pain au chocolat)、泡芙(éclair)、马卡龙这种传统人气甜品进行重新解读,有的则试图掀起革命,彻底改变果仁糖、松露巧克力的口感与味道。从简单的小餐馆到高端的大餐厅,糕点师(chef pâtissier)正在扮演着越来越重要的角色,而巧克力无疑是他们最钟爱的原料。巧克力可以被他们做成最有法国情调的巧克力慕斯蛋糕(mousse au chocolat)、巧克力泡芙(profiterole),或是精美的巧克力舒芙蕾(chocolate soufflé)。传奇名厨奥古斯特·埃斯科菲耶(Auguste Escoffier)在1864年发明了一个新奇吃法,把巧克力酱淋在煮熟的梨上,梨海琳(Poire Belle Hélène)就此诞生。

法国的小孩都是吃着妈妈做的巧克力面包长大的——这种甜点很有特色,是在掏空的法棍里再塞上一条巧克力棒——在学校里也都会学习巧克力在法国的历史。据说,巧克力第一次来到法国是在1615年,那是时年14岁的国王路易十三从未婚妻奥地利的安妮(Anne of Austria)那里收到的一份无价重礼。之后一段时间,巧克力在法国只是作为饮料,而且基本上只有财大气粗的贵族能够享用,其中最出名的巧克力迷是凡尔赛宫的主人、太阳王路易十四。路易十四喝热巧克力排场很大,会让人往里面添加甘蔗、丁香、辣椒、香草等异域调味品,国王认为这些调味品一可以缓解可可的苦涩感,二能够催情壮阳。事实上,巧克力很可能在此之前就已经被传到法国了,门户就是法国西南部港口巴约讷(Bayonne)。当时,一些西班牙裔犹太人在西班牙和葡萄牙两国不堪迫害,逃到了巴约讷,不但给法国带来了墨西哥以及南美洲殖民地的可可豆,还把将可可豆变成热巧克力的秘诀教给了法国人。

法国人很快就对这种神奇的饮料着了迷。1761年,一些天主教巧克力制作者建立了一个行会,为了保护工艺秘密,门槛设得很高,不允许犹太人入会,光明正大地搞起了种族歧视。在19世纪末以前,巧克力绝对不是法国的大众消费品,要么是有钱人专属的零嘴,要么被放到药店里当

药材卖。同一时期的欧洲其他国家情况却不一样：凡·豪顿（van Houten）在荷兰发明了巧克力压榨工艺，约瑟夫·福莱（Joseph Fry）在英格兰发明了巧克力棒，雀巢公司在瑞士推出了首款牛奶巧克力，工业革命让巧克力在群众中飞速普及。法国虽然起跑落后，但还算有所建树，工业家蒲兰（Poulain）创办了品牌Chocolat Poulain，为法国百姓生产价格不高的风味巧克力和可可粉，后来在1884年又发明了一款可作为早餐的"香草奶油速溶巧克力"。这款产品倒上开水就是一杯热巧克力，非常方便，因而瞬间畅销全国。随着20世纪的到来，法国每个城镇都开起了巧克力店，巧克力被当作高档礼品销售，可以拿到晚宴、圣诞活动、生日派对上送人，当然也可以自己解馋。

不管是对专业人士，还是对非专业发烧友，巴黎的巧克力沙龙展（Le Salon du Chocolat）都是世界最重要的巧克力盛会之一。沙龙展每年10月底举行，为期5天，全球60个国家的巧克力产品齐集于此，200多位厨师、巧克力师和糕点师会举办一系列培训讲座，为参观者展示巧克力行业新潮流，品评一流的可可豆。"Bon appétit!"（祝你有个好胃口！）

法国五大
夹心巧克力

L' Instinct，位于巴黎Patrick Roger

一种用白巧克力或黑巧克力包裹的夹心糖。

www.patrickroger.com

NHK，位于巴黎Jean-Paul Hévin

一种口感很脆的杏仁加榛仁夹心巧克力。

www.jeanpaulhevin.com

**Couleur de Bourgogne，
位于第戎Fabrice Gillotte**

甘纳许包裹的果冻。www.fabricegillotte.com

Le Fresh Green，位于里尔Quentin Bailly

一种带有奶味的青柠甘纳许。www.questinbailly.com

**Les Liqueurs de Richard Sève，
位于里昂Richard Sève**

最外面是黑巧克力，里层是结晶的糖壳，最里面包着利口酒。www.chocolatseve.com

**安妮与卡洛琳·德巴什
（Anne and Caroline Debbasch）
法国知名巧克力博主（www.lechocolatdanstousnosetats.com）**

"法国正在兴起全流程的风潮，受其鼓舞，手工巧克力制造商纷纷开始创造属于自己的巧克力风格。一场真正的巧克力革命已经爆发，口味与风味正变得愈加丰富。"

HIRSINGER

38 Place de la Liberté, Arbois; www.chocolat-hirsinger.com; +33 3 84660697

◆组织品鉴 ◆提供培训 ◆咖啡馆
◆现场烘焙 ◆自带商店 ◆交通方便

谈到自己做的巧克力，Hirsinger的主人埃多阿·伊尔辛格（Edouard Hirsinger）就像一位激昂慷慨的诗人。他甚至给它们注册了一个新名词，叫“chocolat vivant”，还在工坊地下开设了博物馆，里面有古老的烘焙设备，有老式的曲奇模具，还有一本从1892年传承至今的家族烹饪菜谱，宝贝无数。他说：“我的巧克力重在新鲜，不能拿来存放，必须要尽快吃掉，这样才能充分体会到里面那些时令水果和香料的魅力。我的姜味肉桂焦糖饼干，外面裹着醇厚的黑巧克力，原料都是南美的有机可可豆。我的夹心巧克力会用当地生产的苦艾酒提味。”工坊开在法国汝拉省（Jura）的酿酒之都阿尔布瓦（Arbois），伊尔辛格家族四代一直在这里制作巧克力，不妨听老板的推荐，来一份百香果甘纳许，配一杯带有果香的稻草酒（Vin de Paille）。

周边活动

Fruitière Vinicole d’ Arbois

阿尔布瓦当地的酿酒合作社，位于一栋恢宏的城堡里，能组织品酒活动，为你揭示汝拉酒区独特的葡萄酒。www.chateau-bethanie.fr

汝拉骑行游（Jura Cycle Tour）

阿尔布瓦周围有遍布葡萄园的小山、树林和湖泊，当地旅游办公室特意策划了一条骑行路线，可以骑行游览一番。www.jura- tourism.com/itineraire/ le-circuit-des-vignes

CAZENAVE

16 Rue Port Neuf, Bayonne;
www.chocolats-bayonne-cazenave.fr; +33 5 59590316

◆组织品鉴 ◆提供培训 ◆咖啡馆
◆现场烘焙 ◆自带商店 ◆交通方便

Cazenave是巴约讷（Bayonne）一家德高望重的巧克力精品店兼咖啡馆，自1854年以来一直手工制作巧克力。要知道，当时的巴约讷堪称全欧洲的巧克力之都，也是法国第一个获悉巧克力工艺秘密的地方——这要感谢那些不肯忍受宗教裁判所的迫害，从西班牙、葡萄牙逃到巴约讷的西班牙裔犹太人。店内装潢华丽，宛如19世纪的茶室，其新艺术风格的彩色玻璃窗就是保留至今的原物。很明显，大多数当地老主顾来这儿就是冲着他家著名的慕斯热巧克力（Chocolat Mousseux）。这款热巧克力用的是来自南美的有机豆，表面漂浮着手工打发的奶油慕斯。至于热巧克力的搭配，当地人总会点上一盘传统的布里欧修面包——面包被切成两片，经过烤制，抹着黄油——这种吃法早在150多年前咖啡馆开业的时候就有了。

周边活动

巴约讷圣玛利亚大教堂（Cathédrale Sainte-Marie de Bayonne）

大教堂为联合国教科文组织世界遗产，配有一个建于13世纪的回廊，是圣地亚哥朝圣之路（Camino de Santiago）沿途著名的朝圣地。www.cathedraledebayonne.com

L' Atelier Pierre Ibaialde

巴约讷有两大传统名吃，除了巧克力，就是火腿（jambon）。这家当地著名的手工制作肉食店可以提供火腿品鉴，还能带顾客参观自家的腌熏房，体验令人难忘。www.pierre-ibaialde.com

法芙娜巧克力城

12 Avenue du Président Roosevelt, Tain l' Hermitage; www.citeduchocolat; +33 4 75092727

◆组织品鉴 ◆提供培训 ◆咖啡馆
◆现场烘焙 ◆自带商店

周边活动

Cave de Tain l' Hermitage

一个由当地300位酒农共同经营的酿酒合作社，产品品质傲视法国，可以来此进行品酒活动，随后参观其极具未来感的酒窖。www.cavedetain.com

阿尔岱雪列车（Train d' Ardèche）

一列浪漫的蒸汽火车，从罗讷河对岸的图尔农（Tournon）发车，一路上会穿过狭窄的峡谷，跨过一条古老的铁道桥，经过一座座葡萄园和栗树园。www.trainardeche.fr

邮差薛瓦勒之理想宫（Palais Idéal du Facteur Cheval）

一座神庙般的宫殿，造型超越现实，由一位普通的乡村邮差耗时33年打造而成，委实不可思议。www.facteurcheval.com

Le Bateau Ivre

罗第丘（Côte-Rôtie）、圣约瑟夫（Saint-Joseph）、孔得里约（Condrieu）等法国一流的葡萄酒产区都在罗讷河谷，所以来了不能不开上几瓶畅饮一番。这家温馨的葡萄酒吧就很不错。www.bateau-ivre- hermitage.com

法芙娜（Valrhona）是畅销世界的法国一流巧克力品牌，而法芙娜巧克力城（Valrhona Cite du Chocolat）则称得上是巧克力的“圣殿”。这个品牌的工厂位于罗讷河谷中的小镇坦莱尔米塔日（Tain l' Hermitage），镇上有将近1000人在为法芙娜工作。2013年，工厂打造了一座现代化、互动式、多感官的博物馆，取名叫巧克力城，至今已接待了超过25万游客。博物馆隔壁的老工厂不对公众开放，但工厂的生产线在博物馆里得到了逼真的还原，为游客揭示了巧克力制作幕后的秘密。此外，馆内还会举办培训讲座、巧克力制作实操课，包含一个儿童游乐空间，也有许多巧克力供游客品尝。除了介绍巧克力从豆到成品的全球演变史，这里也叙述了法芙娜的历史。这个品牌于1922年诞生于该小镇，创始人就是当地的一位糕点师，发展至今，已成了全球手工巧克力界的领军者，从米其林三星餐厅，到街边的蛋糕房，产品无处不受青睐，旗下还拥有自己的巧克力学校（Ecole du Grand Chocolat），不但能培养专业的巧克力师，也有糕点、烘焙、冰激凌制作方面的课程——听到这些可别光顾着流口水，不妨为自己的将来做做职业规划。参观到了中午，可以去Comptoir Porcelana吃午饭——推荐含有可可碎粒的蔬菜砂锅，或者浇满Xoco-lipli巧克力酱的慢炖鸭肉。

LA CITÉ
DU CHOCOLA

BERNACHON

42 Cours Franklin Roosevelt, Lyon;
www.bernachon.com; +33 4 78243798

◆组织品鉴 ◆咖啡馆 ◆现场烘焙 ◆自带商店

周边活动

保罗·博古斯里昂美食市场（Halles de Lyon Paul Bocuse）

一个以里昂第一名厨命名的美食万花筒，卖鹅肝、牡蛎、奶酪的摊位不计其数，仅法式小馆和酒吧就有十几家。www.halles-de-lyon-paulbocuse.com

Le Bouchon des Filles

里昂的传统小馆叫“bouchon”。在这家小馆里，你能吃到由女主厨们研发的各种里昂地方菜，比如口感细腻的梭鱼丸子（quenelles de brochet）。www. lebouchondesfilles.com

里昂艺术博物馆（Musée des Beaux-Arts de Lyon）

巴黎以外最重要的法国艺术博物馆之一，所在建筑为17世纪的本笃会修道院，永久展很有分量，临时展也值得一看。www.mba-lyon.fr

里昂金头公园（Le Parc de la Tête d' Or）

与纽约中央公园诞生于同一年，是里昂市中心的一片绿洲，内有温室植物园、一个动物园和旋转木马，园中湖泊可以泛舟。www.parcdelatetedor.com

里昂（Lyon）是法国的美食之都，提到这里，全世界都知道那位被捧上天去的名厨保罗·博古斯（Paul Bocuse），但是钟爱巧克力的人，肯定也听说过毛瑞斯·贝纳颂（Maurice Bernachon）。他与博古斯是同时代的人，也是博古斯的朋友，在1952年开了一家小小的巧克力店兼工坊，逐渐在巧克力界闯出了名声，成了全流程自制运动的先驱之一。毛瑞斯制作巧克力恪守传统，谨小慎微，对于业界的风尚潮流与稀奇口味一点兴趣也没有。他的那家店多少年来地址一直未变，分店别说在法国，就是在巴黎也没开一家。他本人始终保持着每周7天的工作强度，一直干到80岁才退休。毛瑞斯的儿子娶了博古斯的女儿，两人的儿子菲利普（Philippe）长大后开始将Bernachon巧克力制作的传统发扬光大。今天的Bernachon由精品店、茶室（salon de thé）和实验室构成。与前两个地方截然不同，实验室虽然杂乱，却非常安静，身材魁梧、性格内向的菲利普成天泡在那里。Bernachon用的是配方神秘的混豆，产地遍及世界各地的种植园。这些豆子被运到实验室里，在菲利普的指导下进行初次烘焙、粗磨、混合、精磨，制成独家的糖皮巧克力砖，再作为原料被制成各种产品。精品店里满室飘香，展示着许多种普拉林、松露巧克力和大板巧克力，但最显眼的位置还是留给了Bernachon的招牌产品President——一种含有榛仁夹心巧克力和糖渍樱桃的海绵蛋糕。

ANGELINA

226 Rue de Rivoli, 75001 Paris; www.angelina-paris.fr; +33 1 42608200

◆组织品鉴 ◆咖啡馆 ◆现场烘焙
◆自带商店 ◆交通方便

走进Angelina，点一份世界上最著名的热巧克力Chocolate African，置身于美好年代奢华沙龙的氛围之中，任那种浓稠香醇的美妙在舌尖蔓延，这绝对是一次一生难得的体验。昔日，这里招待过可可·香奈儿（Coco Chanel）、普鲁斯特（Proust）这样的名流，如今，这里依旧是巴黎时尚女性最喜欢光顾、最喜欢“被人看见”的地方，只不过顾客构成有所变化，也出现了许多游客的身影。当然，想真的走进这个神圣之地可不容易，因为门口总排着长队，好在来一口热巧克力（chocolat chaud），等待的痛苦很快就会被你抛在脑后。这里的招牌热巧克力配方相当神秘，由加纳、尼日利亚和科特迪瓦三地的可可豆混合而成，经过新鲜烘焙，味道非凡间所有。饮料好点，搭配的点心不好点：是来一块罪恶的蒙布朗，还是悬崖勒马来一份无糖、无脂的小红果布里欧修面包呢？

周边活动

奥林匹亚音乐厅（L' Olympia）

一家1893年开业的传奇音乐厅，伊迪丝·琵雅芙、强尼·哈里、披头士、麦当娜等无数巨星都曾在此献艺，一定能带给你一段难忘的经历。www.en.olympiahall.com

皇宫花园（Jardin du Palais Royal）

巴黎市中心的一片宁静绿洲，原为17世纪打造的御花园，内有喷泉、花园和独特的当代雕塑作品。www.domaine-palais- royal.fr

A L' ETOILE D' OR

30 Rue Pierre Fontaine, 75009 Paris; +33 1 48745955

◆咖啡馆 ◆自带商店 ◆交通方便

从红磨坊(Le Moulin Rouge)沿着路走不远，就到了A L' Etoile D' Or。这里于1972年开业，如今已成了一座巧克力圣殿，引得全球的巧克力迷纷纷前来朝拜。

在柜台后面和顾客聊得火热的，是83岁的“少女”丹尼斯·阿卡波(Denise Acabo)。她穿着少女范儿的格纹裙，梳着少女范儿的马尾辫，言谈举止总带着少女范儿的俏皮，唯独在知识方面非常老到。店中的商品琳琅满目，除了巧克力，也有来自法国各地的罕见特色糖果，比如黑牛轧糖(nougat noir)、南锡香柠檬糖(bergamotes de Nancy)、紫罗兰糖(violettes)、果冻、卡卢加焦糖(kalouga caramel)、焦糖杏仁糖等。每种商品都配有丹尼斯手写的简介，文字充满爱意，仿佛一封封小情书。在巧克力方面，丹尼斯坚定地认为里昂的大师级巧克力品牌Bernachon绝对是无可匹敌的存在。他们的Tablette au Chocolat Noir原料百分百是可可块，吃到那种精妙的味道，你肯定会被折服!

周边活动

Dirty Dick

糖果店所在的皮加勒区(Piga-lle)，是巴黎新晋的潮流街区，鸡尾酒吧尤其多，其中就包括这家俗丽范儿的波利尼西亚风情酒吧(前身是家辣眼睛的脱衣舞厅)。www.facebook.com/ dirtydickparis

圣皮埃尔市场(Marché Saint-Pierre)

一家历史悠久的服装市场，各种织物不计其数，逛一逛，你就知道巴黎那些大牌时装设计师都是从哪儿找的灵感了。www.marchesaintpierre.com

MANUFACTURE DU CHOCOLAT ALAIN DUCASSE

40 Rue de la Roquette, 75011 Paris; www.lechocolat-alainducasse.com; +33 1 48058286

◆咖啡馆 ◆现场烘焙 ◆自带商店 ◆交通方便

艾伦·杜卡斯（Alain Ducasse）堪称世界第一名厨，名下餐厅的米其林星加到一起，足足有惊人的21颗。所以，当他决定要自己动手做巧克力的时候，所有人都知道这肯定是大手笔。2013年，Manufacture du Chocolat Alain Ducasse率先在巴黎开业，东京分店与伦敦的多家精品店随后跟进。作为巴黎有史以来首个全流程自制巧克力工厂，其选址堪称绝妙。工厂位于巴士底，周围尽是古老的艺术家工作室，厂房挨着人行道竖起玻璃窗，透过窗户，行人可以看到夸张复杂的老式烘焙机和扬筛机，机器周围是一袋袋从遥远的委内瑞拉和马达加斯加运来的可可豆。走进工厂，里面有一个阳光灿烂的院子，院子里是一个非常先进的巧克力工作室——由一个老修车厂改造而成，据杜卡斯说这样的改造等于是“实现了一个童年梦想”。一旦进入工作室，巧克力的香气会铺天盖地地袭来，让人根本不知该从何看起。古老的玻璃展示柜里摆满了诱人的松露巧克力和夹心巧克力（杜卡斯称其为bonbon）。一道长长的玻璃墙将精品店区与生产区分开，巧克力液被翻搅、研磨、浇注成形的全过程都能看到。杜卡斯制作的热巧克力味道浓烈，值得推荐，但他的巧克力泥口感细腻，类似能多益巧克力酱，一旦入口，感觉像是在吃天外奇珍，绝对不能不试。

周边活动

卡纳瓦莱博物馆（Musée Carnavalet）

博物馆位于一栋16世纪的宫殿之中，专门介绍巴黎历史，内容引人入胜，荟萃了“光之城”的奇闻秘事。www. carnavalet.paris.fr

Ground Control

这是在巴黎城市改造计划中诞生的一个大型社区项目，一座座巨大的废弃铁路仓库成了周边居民的消费场所，精酿啤酒吧、纯天然葡萄酒吧、有机理念小馆都有，周末还会举办舞会。www. groundcontrolparis.com

Canauxrama

这家公司能够组织浪漫的乘船游，让你沿着宁静的圣马丁运河（Canal Saint-Martin）从巴士底一直坐到拉维列特公园（Parc de la Villette），一路上会通过美如画卷的闸口，也会钻过阴森可怖的地下隧道。www.canauxrama.com

艺术桥洞（Le Viaduc des Arts）

一条早已废弃的铁路桥，下面的红砖桥洞如今成了一个个艺术家工作室，头上的铁道也被改造成了一条很有魔力的“空中绿道”（prome-nade plantée）。www.leviaducdesarts.com

PATRICK ROGER

108 Boulevard Saint-Germain, Paris; www.patrickroger.com; +33 1 43293842

◆咖啡馆 ◆现场烘焙 ◆自带商店 ◆交通方便

走在圣日耳曼大街上，每个人都肯定会注意到帕特里克·罗杰（Patrick Roger）的这家巧克力店，因为它看起来不像商店，更像一个先锋画廊。橱窗里摆着罗杰创作的巧克力雕塑，全部都是实物大小，而且每季都不同，所以非常抢眼。罗杰称自己是“巧克力艺术家”，但别人则叫他“炼金术士”或者“甘纳许鬼才”。不管怎么说，巧克力经过他的苦心雕琢，可以幻化成巨大的红毛猩猩、张着大嘴的河马、希腊诸神甚至是罗丹的《思想者》，真的就是美丽的艺术品。他的私人“巧克力实验室”位于巴黎市郊，如果不是在那里雕塑，他肯定会满世界地跑，参观可可种植园，搜寻新奇的口味。不过，他最美味的那些作品——比如葡萄干夹心巧克力粒、柠檬草甘纳许夹心巧克力、招牌青柠焦糖半球巧克力——往往也是最简单的作品。

周边活动

L' Avant-Comptoir de la Terre

圣日耳曼大街上的一家西班牙小吃吧，老板是“法式小馆之王”耶夫·康比伯（Yves Camberborde），生意相当火爆，仅论杯销售的葡萄酒就有不下50款。www.hotel-paris-relais-saint-germain.com

莎士比亚书店（Shakespeare & Company）

这家历史悠久的书店在巴黎圣母院对面，主打英文旧书，一直是文学发烧友必定会去的朝圣地。www.shakespeareandcompany.com

PRALUS

35 Rue Rambuteau, Paris; www.chocolats-pralus.com; +33 1 57408455

◆面包房 ◆自带商店

周边活动

蓬皮杜艺术中心（Centre Pompidou）

这是巴黎标志性的现代艺术博物馆，绝非只有展览可看，还有电影放映、表演空间和儿童活动。www.centrepompidou.fr

La Bovida

终极厨具商店，专业厨师会前来挑选最先进的工具，但普通人也可进来浏览。日本刀具、Le Creuset豪华平底锅和水晶红酒杯都能买到。www.labovida.com

Paris Prizoners

密室逃脱风靡全球，巴黎也不例外，不妨来这家体验馆来个时长60分钟的幻想时空之旅。www.prizoners.com

Le Potager du Marais

巴黎人发现严格素食菜肴也有美味的可能，这家迷人的法式小馆就对各种经典菜肴进行了素食诠释，创意很足，推荐丰盛可口的“红酒炖素肉”（bourguignon de seitan）。www.lepotagerdumarais.fr

弗朗索瓦·普阿鲁斯（François Pralus）是法国巧克力界最具创新力的人物之一，他开办的Pralus巧克力精品店目前共15家，分布于法国各地，负责烘焙、生产的品牌工厂则位于里昂附近的宁静小城罗昂（Roanne）。就和许多巧克力大师一样，他对自己的秘密守口如瓶，工厂严禁公众参观，所以想探索普阿鲁斯的巧克力世界，最好就是去他家位于巴黎的旗舰展示店。Pralus不仅仅从全球20个热带产区直接进口干可可豆，更在马达加斯加开辟了自己的有机种植园，可以说将全流程自制的理念发展到了极致。在他看来，优质巧克力与优质红酒一样，拥有非常丰富的风味。委内瑞拉豆有淡淡的烟熏味。特立尼达豆有木香，口感强劲，略显尖锐。马达加斯加豆细腻偏酸，类似红果。想要细细品鉴个中微妙，一定要买一份Pyramide des Tropiques，内由10个巧克力棒组成，每个都来自不同的产地，加纳、厄瓜多尔、巴布亚新几内亚、圣多美群岛尽在其列。当然，他家的招牌Praluline，把夹心巧克力做成馅儿放到了布里欧修面包里，发明于1955年，配方来自弗朗索瓦的父亲奥古斯特（Auguste），至今仍秘不外传，味道好吃到让人想“犯罪”，绝对也要试试。

德 国

用当地话点热巧克力: Eine Tasse heisse Schokolade, bitte。

特色巧克力: 牛奶巧克力也好,黑巧克力也好,德国什么巧克力都好吃。

巧克力搭配: 黑森林蛋糕——不过用它解巧克力瘾,只会越解越上瘾。

小贴士: 巧克艺节(chocolART)是德国最大的巧克力节,每年12月于可爱的小城蒂宾根(Tübingen)举行,品鉴、展示、培训等活动无数,可能的话一定要来参加。www.chocolart.de

巧克力进入德国是在17世纪,当时只是在药店里当药材卖,哪承想今天却成了德国饮食文化中一个普遍而不普通的存在。

现在的德国是欧洲首屈一指的巧克力消费大国,巧克力棒年销量大约2.13亿公斤。但刚开始的时候,巧克力非常昂贵,只有贵族才能享用。随着德国在19世纪开始飞速工业化,巧克力工厂不断涌现,价格昂贵的进口糖开始被便宜的当地甜菜糖取代,再加上政府放松了对可可豆的征税,巧克力变得越来越便宜。如今大名鼎鼎的黑森林蛋糕(Schwarzwälder Kirschtorte)据说也是在当时发明的。

但是"二战"的爆发以及战后的割裂改变了这一切。那个时代,巧克力按配给制进行供应,国内巧克力公司被迫停产。倒是战争时期的德国士兵,能吃到一种名为Scho-Ka-Kola的巧克力,其功能是提升他们的作战状态。

所谓物以稀为贵。1949年柏林封锁期间,美国飞行员盖尔·霍尔沃森(Gail Halvorsen)在未经授权的情况下驾驶飞机飞到柏林上空,投掷了大量巧克力棒等糖果,在此后的几周里,德国的小朋友们东捡西捡,一共捡到了超过23吨糖果。能在战争的创伤、生活的贫穷中捡到糖果吃,这令许多德国儿童久久难忘。梅赛德斯·瓦尔德(Mercedes Wild)当时是柏林的一个小姑娘,她后来对法新社的记者回忆说:"让我印象深刻的不是糖果本身。我和那个年代很多德国小孩一样,成长中没有父亲的陪伴。收到糖果,知道柏林外面的某个人还挂念着自己,这带给了我希望。"可以说,这些"糖果轰炸机"撒下的远非巧克力,它们还代表着自由,代表着苦难的结束。

到了20世纪50年代,西德结束了配给制,德国人对于糖果的需求瞬间变得无比旺盛,好在德国战后工业复兴势不可当,足以保证国人能够过足甜瘾。瑞特斯波德(Ritter Sport)与妙卡(Milka)两家创办于战前的企业经过发展,如今成了德国人最喜爱的巧克力品牌,德国任何一家超市里都成排摆放着他们的产品。

巧克力也成了德国人饮食习惯中的一个主要元素。在

下午传统的咖啡蛋糕时间(Kaffee und Kuchenzeit),总会出现黑森林蛋糕这种含有巧克力的糕点,在炎热的夏日,也总少不了一杯冰巧(Eisschokolade),价格更高的全流程自制巧克力,最近才开始在德国慢慢现身。不过德国人是出了名地喜欢有机食品,出了名地善于循环回收,身处可持续运动之中,他们也渐渐意识到了全流程自制巧克力的价值,更迫切地想要知道产品的来源,尤其是采购的伦理性和原料的透明性。

在德国南部,巧克力师凯文·库格(Kevin Kugel)制作的夹心巧克力造型美丽,还加入了本土原料,生意越来越好,所以在2020年新开了一家规模更大的商店。在柏林,你能找到德国第一家只做甜品的餐厅Coda,餐厅屡获大奖,用烤过的可可豆做成的夹心巧克力等都值得推荐。在柏林城外不远的勃兰登堡(Brandenburg),托马斯(Thomas)与吕德米拉·米歇尔(Lyudmyla Michel)因为发现市面上几乎只有批量生产的巧克力,于是在2008年开始自己给自己做巧克力,后于2010年创办了Edelmond,销量越来越好,年增长稳定在15%左右。用托马斯的话说,"消费者现在明白了一个道理:与葡萄酒一样,品质味道上乘的巧克力,本就不应该便宜"。

德国五大
黑森林蛋糕品鉴地

Beckesepp

这个品牌的蛋糕店在黑森林地区有几处,其黑森林蛋糕经过改良,用罐头包装,方便外带,尽管每罐分量不大,还是够多人分享。www.beckesepp.de

Cafe Koenig

咖啡馆位于巴登-巴登(Baden-Baden),历史超过250年,蛋糕、果仁奶油蛋糕和夹心巧克力都是当地绝味,其黑森林蛋糕造型传统,上面点缀着巨大的奶油球。www.chocolatier.de

Cafè Schäfer

这家咖啡馆位于迷人的小镇特里贝格(Triberg),它家的黑森林蛋糕仍在沿用这种蛋糕的发明者约瑟夫·凯勒(Josef Keller)于1915年写的配方。www.cafe-schaefer-triberg.de

黑森林蛋糕节
(Black Forest Gateau Festival)

每年春天在托特瑙贝格(Todtnauberg)举行,庆祝的就是黑森林地区最出名的特产,届时会举办烘焙比赛和烘焙课,有传统铜管乐队助兴,满眼都是皮短裤。小心糖分摄入过量。www.kirschtorte.de

Gasthaus Bischenberg

一家高山酒店,能自制黑森林蛋糕,主体为黑巧克力香草蛋糕,上面用的是樱桃香草奶油。酒店位于古风古貌的小城毕申贝格(Bischenberg),距离巴登-巴登很近。www.gasthaus-bischenberg.de

BELYZIUM

Lottumstraße 15, Berlin; www.belyzium.com/en;
+49(0)30 4404 6484

◆组织品鉴　◆提供培训　◆提供食物
◆现场烘焙　◆自带商店　◆交通方便

柏林的Belyzium把全流程自制的理念提升到了一个新的高度。他家用的有机可可豆，全部都是伯利兹国内同一个种植园出产的，在当地发酵、日晒之后被运到这里，在巧克力店的小型制作间里进行烘焙精炼，制成巧克力后当场包装好，每个过程都可以透过玻璃窗看到。

店内的巧克力包装质地柔软，风格时尚，再加上眼前的那些木家具和手工装饰品，整个商店仿佛是某位柏林艺术家的客厅。产品方面，有纯度不一的巧克力棒，也有松露巧克力、可可豆、可可皮泡的茶、热巧克力以及冰激凌。老板弗洛里安·希尔克（Florian Schülke）与克劳斯·博尔思（Klaus Boels）会热情地为客人介绍自家的工艺，也会炫耀一下某些实验性产品——比如用可可皮制作的烈酒。

某些巧克力棒会用盐、胡椒、熏辣椒等天然原料提劲儿，但其余的只包含可可豆和少量的粗糖，所以严格素食者也完全可以敞开了吃。平时坐在店内的扶手椅上享用当然可以，但要是能赶上他家每周六举办的培训就更好了——参加者可以亲手制作巧克力棒带回家。这个培训课的名额常常提前两周就抢光了，所以尽量早早到商店网站上报名。人气这么高，你说为什么？

周边活动

Kaschk

一家温馨的咖啡馆，又是一家精酿啤酒吧。你可以到后面的小院里坐在彩灯下享用，也可以提前订桌，到室内玩一把“啤酒乒乓球”（beer pong）。www.kaschk.de

Yafo

一家来自特拉维夫的小餐馆，胡姆斯味道一流，晚上还有DJ用电子乐助兴，气氛非常嗨，服务员高兴了还会和顾客一起拼酒。www.yafoberlin.com

8mm

一家“草根酒吧”（dive bar），主顾包括形形色色的艺术家，可能有现场乐队演出，可能有DJ用朋克、garage等地下摇滚助兴。www.8mm.de

Standard

这家餐厅主打手工比萨，遵循那不勒斯比萨的传统，面团都是每天现做的，包括马苏里拉奶酪、番茄等许多食材都是直接从意大利进口的。www.standard-berlin.de

& vegan
4 p.m.
HERE
Schokolade
TRINKSCHOKOLADE
3.5€
3.5€
4.0€
4.5€
3.0€
Tee

CAFÉ SCHÄFER

Hauptstrasse 33, Triberg, Baden-Württemberg;
www.cafe-schaefer-triberg.de; +49(0)7722 4465

◆咖啡馆 ◆自带商店 ◆交通方便

一听到黑森林蛋糕（英语Black Forest gateau，德语Schwarzwälder Kirschtorte），想必你就会开始浮想联翩了：巧克力加樱桃，上面盖满厚厚的打发奶油，酒香四溢，热量高到爆，装在一个20世纪70年代的老式甜品推车上推过来供你享用……这东西吃起来是不是比想起来还要美呢？必须的！黑森林当地人徒步了一天，饥肠辘辘，回家吃上一口奶奶（Oma）做的樱桃蛋糕，总会美个不行，夸个不停。

黑森林樱桃蛋糕，就和身披冷杉的黑森林一样黑，一样深，一样迷人。想吃的话，全世界都有，但要想吃得正宗，追本溯源，只有一个地方才行。黑森林中有一座古色古香的小城叫特里贝格，里面有一家Café Schäfer，店内保存着这种蛋糕的发明者约瑟夫·凯勒在1915年留下的烘焙食谱，食谱被一代代厨师翻阅了一百多年，今天已经卷了边儿，沾满了指纹。守着这个宝贝，咖啡馆的老板克劳斯·沙夫（Claus Schäfer）每天早上都会制作黑森林樱桃蛋糕，数量只有一两块，中间是弹弹的巧克力海绵蛋糕，上面有丝滑的奶油，里面会用樱桃利口酒提劲儿，表面点缀上味道偏酸的莫利洛黑樱桃（morello cherries），最下面用杏仁泥酥皮打底，品相非常霸气。

克劳斯表示："制作黑森林樱桃蛋糕不是什么高科技，但需要时间、耐心和最新鲜的原料。我做的东西一点都不腻，连吃两小块都没问题。像奶油拉线、撒巧克力屑、摆樱桃圈这几个最后的步骤也非常关键。"说到樱桃，有件事你可别忘了：咱们不可能把樱桃蛋糕塞到行李箱里带回家，但装樱桃可没问题。克劳斯亲手制作的黑巧克力皮樱桃就是很好的纪念品，味道之美，用德国话说就是"wunderbar"！

周边活动

特里贝格瀑布（Triberger Wasserfälle）

德国最高的瀑布，藏在特里贝格森林之中，共分七层，水花四溅，水雾弥漫，可沿一条徒步小道从不同角度尽情观赏。www.triberg.de

全景小道（Panoramaweg）

樱桃蛋糕热量那么高，是不是得消耗一下才行啊？那就过来走走这条全景小道吧。小道能把你领进特里贝格上方的云杉林里，不管是阳光斑驳，还是白雪苍茫，一路总有美景相伴。www.triberg.de

Eble Uhren-Park

一家超大的钟表店，开在特里贝格外缘，商店本身就有一座巨大的布谷鸟钟，每到整点，一只4.5米高的布谷鸟就会冒出来报时，其规模仍然保持着吉尼斯世界纪录。www.uhren-park.de

斯托克森林瞭望塔（Stöcklewaldturm）

特里贝格瀑布那里有一条小道，沿路穿过森林和牧场，就能找到这座建于19世纪的瞭望塔。天气晴朗时，塔顶上可以看到阿尔卑斯山。www.stoecklewaldturm.de

EDELMOND

Zöllmersdorfer Dorfstraße 4, Luckau;
www.edelmond.de; +49(0)354 4558 9104
◆组织品鉴 ◆提供培训 ◆现场烘焙 ◆自带商店

Edelmond Chocolatiers是一家家族企业，位于德国景色优美的施普雷森林（Spreewald）地区，从柏林乘坐公共交通工具过来大约1.5小时。他家的产品在德国各地都能买到，但工厂本身就开设了一个小商店，四周田地葱郁，运河纵横，仿佛绿野中的威尼斯，亲身造访体验更妙。Edelmond是德国唯一一个经过“有机”和“公平贸易”认证的巧克力企业，家族成员总要亲赴海地、哥伦比亚等地挑选可可豆，确保供应链的透明性。生产过程全部在自家工厂完成，艰辛而耗时，要不厌其烦烘焙好的可可豆，还要经历50小时以上的精磨。他家的巧克力棒里会加入果干、坚果和香料，但最不能错过的是他家的生巧克力，里面的番茄、草莓和黄瓜全部产自以肥沃闻名的施普雷森林。

周边活动

勒德露天博物馆（Freilandmuseum Lehde）

施普雷森林中有一座迷人的村庄叫勒德，属于受到保护的露天博物馆，游客可以在那里参观古老的索布人（Sorb）农房，欣赏当地一百年前的乡村风貌。www.museums-entdecker.de

吕本城堡博物馆（Museum Schloss Lübben）

城堡不大，内有地区历史博物馆，城堡旁边有多个人工岛屿，名为城堡岛（Schlossinsel），岛上设有花园，可以从码头那里乘船随团游览。www.luebben.de

TRÜFFEL
PRALINEN
CAPPUCCINO
MILCHKAFFEE
KAFFEE
ESPRESSO
SCHOKOPRESSO
HEISSE
SCHOKOLADE
German Chocolate Master

KEVIN KUGEL CHOCOLATIER

Hauptstraße 37, Nufringen; www.kevinkugel.de;
+49(0)70 3278 4402 4

◆组织品鉴 ◆提供培训 ◆咖啡馆
◆现场烘焙 ◆自带商店 ◆交通方便

在德国，凯文·库格（Kevin Kugel）称得上是最年轻的巧克力师之一，更是最有哲学情怀的一位。他的这家Kevin Kugel Chocolatier，总店就开在自己的家乡，德国南部城市努夫林根（Nufringen），距离斯图加特（Stuttgart）30公里。

这位33岁的巧克力师及其团队，每天能在工坊中制作3000多块夹心巧克力。工坊旁边是商店，里面摆着时尚的黑色木货架，透过玻璃就能看到里面展示的各种巧克力艺术品。

说到凯文的巧克力哲学，其核心就是“可持续”与“透明”。他总要亲赴厄瓜多尔、墨西哥和多米尼加，在那里挑选出最上乘的豆子，再将其运至工坊，一步步制作成成品。

至于蔬果、香草等配料，则是凯文自己种植的。他家果园里种的梅子与梨，也会被他摘下来送到当地一家酒厂里做成果酒，用来给自己的甘纳许当夹心。

工坊咖啡馆在夏天会开放惬意的室外用餐区，你在那里除了夹心巧克力和松露，也能品尝到他家的时令特色，比如手工冰激凌。不久前，凯文的巧克力工坊还只有15家店面，但因为生意越来越好，2020年夏末，他又在辛德芬根（Sindelfingen）开了一家，规模比此前大许多，距离斯图加特也更近，未来不可限量。

周边活动

肖恩布赫自然公园（Schoenbuch Nature Park）

公园内不乏景色优美的徒步小道，还分布着不少景点，包括一家西多会修道院和一个360度全景观景台。www. naturpark-schoenbuch.de

牧师会教堂（Collegiate Church）

一座迷人的新教教堂，位于黑伦贝格（Herrenberg），其巴洛克风格穹顶、石质布道坛和唱诗间都是亮点。www.stuttgart-tourist.de/en/a-herrenberg-collegiate- church

Hasen Restaurant

这家餐厅就开在距努夫林根不远的黑伦贝格，主打丰盛实在的施瓦本地方料理，也有不错的素食可选。www.hasen.de/restaurant/restaurants-im-hasen

Schlosskeller Herrenberg

开在山顶上的一家啤酒花园，眼前可见黑伦贝格中世纪老城美景，座位上撑着伞，能品尝到啤酒、普洛赛克酒以及各种当地珍馐。www.schlosskeller-herrenberg.com

冰 岛

用当地话点热巧克力: Ég ætla að fá heitt súkkulaði。

特色巧克力: 当然是冰岛特色的甘草糖巧克力了。

巧克力搭配: 冰岛人爱喝咖啡，尤其是苦咖啡，用它搭配巧克力，入口肯定更丝滑。

小贴士: 甘草糖巧克力必须要试试!

冰岛的人口只有不到36万，没想到个个都爱甜口儿，以至于每个周六在这里都被称为“糖果日”（Candy Day），因为全国超市一到这天就会给所有巧克力、糖果类商品打5折。由于进口税率过高，冰岛最受欢迎的巧克力都是国内企业生产的。说“生产”也不准确，因为这些企业只是从他国大型生产商那里直接购买巧克力，然后将其重新融化塑形，变成巧克力棒等糖果，再拿到超市里卖。口味方面，牛奶、焦糖、椰子和太妃糖巧克力都很受冰岛人喜爱，但冰岛人的最爱绝对是甘草糖（lakkris）巧克力。事实上，把甘草糖和巧克力配成一对是这个北欧国家扬名国际的一个奇招。超市里每个品牌的巧克力至少都有一款甘草糖口味可选，而且这一款一般还都是卖得最好的。至于手工巧克力，全冰岛只有区区几家制造商，原料品质自然很高，但价格也高得让人心疼。全国唯一的手工巧克力品牌是Omnom Chocolate，其现代化的工厂就在首都雷克雅未克（Reykjavik）的老港口区（Old Harbour）。这家企业真的是从海外采购可可豆，然后一步步将其制成时尚的巧克力棒，产品已经获得了国际认可。总之不管你爱吃哪种甜，冰岛肯定能让你甜到饱。

OMNOM CHOCOLATE

Hólmaslóð 4, Grandi, Reykjavík;
www.omnomchocolate.com; +354 519-5959

◆组织品鉴 ◆提供培训 ◆咖啡馆
◆现场烘焙 ◆自带商店 ◆交通方便

好些巧克力迷竟然会专程前往冰岛，就是为了参观一下Omnom Chocolate的工厂，人数之多，说出来你都不信。工厂位于雷克雅未克市中心，原为一个废弃的加油站，改造后的厂房时尚现代，世界各地的巧克力从业者和发烧友都会难挡诱惑前来一探。工厂的可可豆来自马达加斯加、坦桑尼亚、尼加拉瓜和秘鲁，在这里经过烘焙、破豆、精磨、回火被制成巧克力棒，品相美得可以直接发到朋友圈里。巧克力中除了原产地特有的一组风味，也融入了完全属于冰岛的原料，比如冰岛甘草糖、冰岛牛奶或者冰岛海盐。爱吃黑巧克力的话推荐坦桑尼亚豆巧克力棒，纯度高达70%，带有杏肉和葡萄干的韵味。想吃甜的就试试焦糖牛奶巧克力棒（Caramel +Milk）。

周边活动

冰岛鲸鱼博物馆（Whales of Iceland）

你有没有试过在蓝鲸的肚皮下面漫步呢？这家博物馆就收藏了足足23种鲸鱼等大模型，这些鲸鱼都曾在冰岛海域出没。还有语音导览为游客详细介绍。www.whalesoficeland.is

Sægreifinn

餐厅是港口边的一个小屋，绿得很迷人，龙虾汤在首都首屈一指，还有满满一冰柜的海鲜串可为顾客当场烤制。www.saegreifinn.is

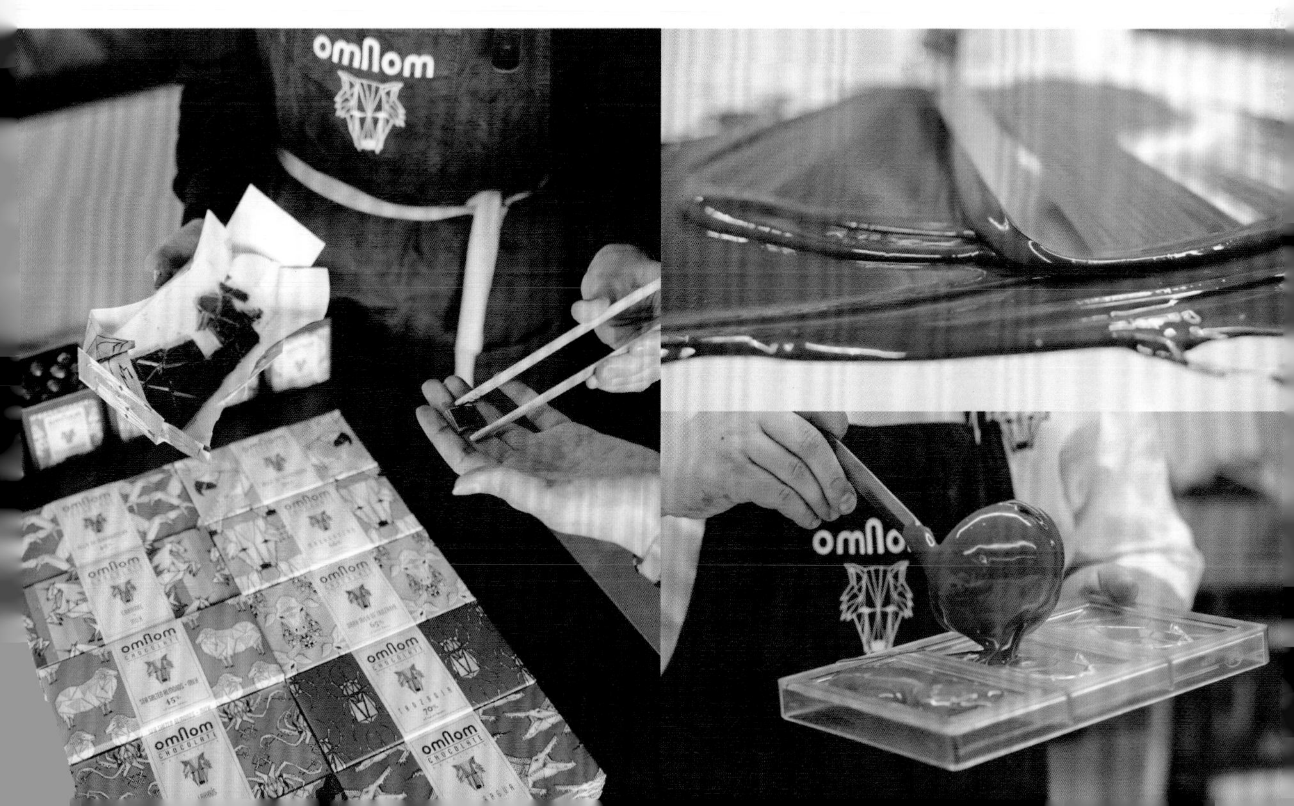

爱尔兰

用当地话点热巧克力: 巧克力在盖尔语里是seacláid。

特色巧克力: 焦糖牛奶巧克力。

巧克力搭配: 茶。

小贴士: 都说黑巧克力好,但牛奶巧克力其实也不赖。

参考国民人均巧克力消费量,爱尔兰能排在世界第三,仅次于巧克力强国瑞士和德国,绝对是一个了不起的角色。但奇怪的是,与周围几个国家比起来,爱尔兰的巧克力制造传统并不算悠久。近几十年,爱尔兰人越来越青睐那种有本国特色、有创意的手工巧克力,小型地方巧克力工坊越来越多,一款款美味的手工巧克力糖很容易吃到,大有后来者居上的架势。

国内巧克力主流文化中虽然出现了更多新奇口味,但有一个特点始终未变:牛奶巧克力仍然是最有代表性的爱尔兰巧克力类型。当然,买黑巧克力完全没有困难,但爱尔兰奶制品拥有独特的味道,以此制作出的牛奶巧克力当然很特别,所以当地巧克力师都不肯放弃这个优势。爱尔兰的牧场草质一流,奶牛吃下牧草和三叶草挤出的奶,据研究拥有更高的营养价值。用这样的牛奶、奶油甚至黄油做出来的巧克力,绝对是入口即融的丝滑。在这种口味偏好面前,不少国际品牌也只能妥协,硬是在销往爱尔兰的巧克力棒中多加了些真正的牛奶。

因为爱尔兰巧克力特有的浓郁,焦糖或者盐焦糖常是最好的巧克力搭配,但如果你认为不够腻,那就选择乳糖夹心巧克力。目前,巧克力棒在这里最常见,但夹心巧克力正在快速壮大,品类日益丰富,形势十分喜人。

Ó CONAILL HOT CHOCOLATE & COFFEE SHOP

16, French Church Street, Cork;
www.oconaillchocolate.ie; +353 21 437 3407

◆咖啡馆 ◆提供食物 ◆自带商店 ◆交通方便

爱尔兰气候温和，一年中什么时候都可以来上一杯细腻美妙的热巧克力。这家Ó Conaill Hot Chocolate & Coffee Shop位于科克市（Cork）热闹的艺术区里，属于独立咖啡馆，光热巧克力就有120种，还允许顾客自己调制专属饮品。底料可以选黑巧克力、白巧克力、牛奶巧克力或者是纯可可，调味配料五花八门，意式浓缩、各种香辛料、各种精油以及果仁，顾客想怎么混就怎么混，也可以参考店家柜台提供的招牌配方表，选好后在柜台那里溶化成饮料就行。他家有自己的蛋糕房，搭配新鲜糕点当场享用就是了。没过瘾还可以买巧克力棒，回家自制热巧克力。天气暖和就坐室外，天气冷了就在室内，隔着大玻璃窗打望行人。

周边活动

英国市场（English Market）

科克标志性的食品市场，从新鲜水产、肉类到奶酪、水果和自制果脯一应俱全，可以来这儿继续你的这场当地美食之旅。www.englishmarket.ie

圣安妮教堂的塔楼与珊东大钟（Shandon Bells and Tower of St Anne's Church）

赶上晴天，应该爬到这个教堂的塔顶，鸟瞰整个城市，也许还有亲自鸣钟的机会。www.shandonbells.ie

SKELLIGS CHOCOLATE FACTORY

The Glen, Ballinskelligs, Co Kerry;
www.skelligschocolate.com; +353 66 9479119

◆组织品鉴 ◆咖啡馆 ◆自带商店 ◆组织参观

Skelligs Chocolate Factory能让你在爱尔兰最偏僻、最震撼的一片天地里甜掉魂！工厂规模不大，却是爱尔兰仅有的全开放式布局巧克力厂，欢迎所有游客进入参观，不收取任何门票，并会为他们组织时间不长、气氛随意的导览游（注意，工厂周末停工，参观不到生产过程）。创新是Skelligs巧克力的一个关键词。像金汤力味、青柠黑胡椒味和辣椒味的巧克力在这里都属于常规产品，更具特色的时令糖果也十分丰富。身边的工作人员都很热情，肯拿出很多巧克力让游客免费试吃，包括他家著名的松露巧克力和获过奖的酒浸水果巧克力。锦上添花的是工厂的环境，那里在天气晴朗时风景绝佳，可以远眺到大名鼎鼎的斯凯利格·迈克尔岛（Skellig Michael）。

周边活动

凯里环线（Ring of Kerry）

这是一条风光梦幻的自驾路线，全程179公里，属于狂野大西洋之路（Wild Atlantic Way）的一部分，沿途尽是俏丽的村庄、美丽的海滩、刺激的冲浪地点与徒步小道。

凯里国际黑暗天空保护区（Kerry International Dark Sky Reserve）

北半球唯一一个被认定为黄金级的黑暗天空保护区，即使只用双筒望远镜或者入门级天文望远镜，也能获得无与伦比的观星体验。www.kerrydarksky.com

意大利

用当地话点热巧克力: Vorrei un cioccolato caldo per piacere。

特色巧克力: 榛果巧克力。

巧克力搭配: 意大利巧克力(cioccolatini)配一杯甜甜的雷乔托(recioto)红酒。

小贴士: 点卡布奇诺的时候,记得让服务员在上面撒一些可可粉。

巧克力在浪漫的意大利,也沾染了些情爱的味道:大情圣卡萨诺瓦就很爱喝热巧克力(cioccolato caldo),认为浓浓的热巧克力具有催情的功效;意大利金牌夹心巧克力Baci在意大利语中是“亲吻”的意思;金纸包裹的费列罗(Ferrero Rocher)更是把全世界人迷得神魂颠倒,仅日产量就高达不可思议的2400万颗!要知道,首次将可可豆带回欧洲的著名航海家哥伦布本身就是意大利人,只不过他是为西班牙效力,所以意大利本土并未直接受惠,反倒是16世纪被西班牙统治的西西里岛率先体验到了这种墨西哥土特产的奇妙——比利时巧克力文化的发展早于邻国也是由于同样的原因。经过精磨等现代工艺加工、口感细腻脂滑的巧克力,早已是世界其他地方的标配,但今天来到西西里巴洛克风格小城莫迪卡(Modica),你会发现当地巧克力师仍然在沿用阿兹特克人的古法制作“冷巧克力”。这种巧克力质地粗糙,颗粒感强,味道微苦,散发着烤可可豆的香味,里面常用肉桂、香草、辣椒和青柠提味,甚至还在当地拥有自己的节日——莫迪卡巧克力节(Choco Modica)。

在西西里独吞美味的时代,意大利甚至还不是一个统一的国家,而是处于一系列城邦或共和国割据的状态——比如美第奇家族统治的佛罗伦萨共和国以及威尼斯共和国。其中的萨伏依公国(Duchy of Savoy)国力极为强盛,都城都灵在意大利统一后成了第一代首都,如今更是无可争议的“意大利巧克力之都”。1678年,都灵的一家店从萨伏依公爵手中获得了史上首张皇家巧克力生产许可证,热巧克力之风随后席卷全城,一家家雅致的咖啡馆纷纷成立,后来的一系列机缘巧合最终让这座城市改变了现代巧克力文化的面貌。

拿破仑战争时期,欧洲硝烟弥漫,可可豆进口量大减,巧克力成本大增。当时都灵有两个巧克力师傅,分别是厄内斯托·卡法雷(Ernesto Caffarel)和米歇尔·布罗切(Michele Prochet),他们发现都灵周边的皮埃蒙特乡村地区长着许多榛子树,多油的榛果类似可可豆,价格却要低很多,于是想出了一个绝妙的点子,用当地榛果替代巧

克力中的一部分可可。这样做出来的榛仁巧克力酱非常好吃，卡法雷将其制成了一种可以一口一块的巧克力，套用都灵著名的狂欢节面具Gianduja将其命名为gianduiotto，顿时声名鹊起。后来，皮埃蒙特小城阿尔巴（Alba）的一位叫皮埃特罗·费列罗（Pietro Ferrero）的蛋糕师也制作出了自己的榛果巧克力酱（Pasta Gianduja），并于1946年以Supercrema的品牌对外销售，他的儿子米歇尔（Michele）在1964年对其重新命名，于是诞生了今天名满天下的能多益（Nutella）！费列罗现在已经发展成了一个巧克力帝国，旗下拥有费列罗金球榛果威化巧克力（Ferrero Rocher）、酒酿樱桃巧克力（Mon Chéri）、健达（Kinder）等多个系列，总部至今仍在阿尔巴，产品配方属于绝密，工厂完全不让参观。另一个意大利巧克力巨头，翁布里亚大区（Umbria）的Perugina却奉行着完全不同的经营哲学。他们在工厂里开设了巧克力博物馆，敞开大门欢迎公众游览，而且还协助举办了佩鲁贾欧洲巧克力节（Eurochocolate）。这个节日特别热闹，每年有将近100万人参加，花样包括洗巧克力浴，住巧克力屋，同吃世界上最长的巧克力棒。赶不上怎么办？那就去罗马著名的SAID dal 1923巧克力工厂，用那里的美味热巧克力安慰一下自己吧。

意大利五大热巧克力之城

Caffè Florian，威尼斯

www.caffeflorian.com

Caffè Platti，都灵

www.platti.it

Caffè Terzi，博洛尼亚

www.caffeterzi.it

Antica Caffè San Marco，的里雅斯特

www.caffesanmarco.com

Caffè Rivoire，佛罗伦萨

www.rivoire.it

大卫·毕塞托（Davide Bisetto）
Hotel Cipriani酒店
Venice's Oro餐厅米其林星级大厨

“意大利人从未像现在这样痴迷巧克力，我们的那些巧克力大师正在发挥创意，不断调整自己的作品，好能满足国人对于健康、伦理、有机巧克力的旺盛需求。”

ANTICA DOLCERIA BONAJUTO

Corso Umberto I, 159, Modica, Sicily;
www.bonajuto.it/en; +39 0932 941225

◆组织品鉴 ◆提供培训 ◆咖啡馆
◆现场烘焙 ◆自带商店

Antica Dolceria Bonajuto装潢雅致，特色巧克力棒的原料简单得让人很舒服：除了可可块和糖，只加一点点肉桂或者香草。自打1880年弗朗西斯科·伯纳尤图（Francesco Bonajuto）开了这家店，配方几乎就没变过。事实上，他家巧克力的血统比这还要古老很多，其做法在西西里已经延续了几百年，之前是他们从西班牙人那里学来的，最初又是西班牙人从中美洲当地人那里学到的。先把可可豆放在石头上手工研磨，之后混入糖和一些天然调味品，过程中并不加热，所以可可脂不会分离，糖也不会融化，成品巧克力棒上面可以看到闪闪发光的糖粒，吃起来有颗粒感，味道浓醇，尽管可可含量仅有50%，但出人意料地带劲儿。伯纳尤图的全流程自制实验室在夏季才对游客开放，而他家各种获过大奖的产品则是全年都能在店中吃到。

周边活动

Accursio Ristorante

一家米其林星级餐厅，大厨阿库索·克拉帕罗（Accursio Craparo）对西西里传统菜肴进行了时尚的改良。以这位大厨命名的咖啡馆兼鸡尾酒吧同样值得一探。www.accursioristorante.it

圣乔治大教堂（San Giorgio Cathedral）

莫迪卡的建筑瑰宝，巴洛克风格的奇观，已被联合国教科文组织收录，经过修复的多层塔楼和白、金、淡蓝三色教堂内饰都能让人如痴如醉。

LA CASA DEL CIOCCOLATO PERUGINA

Viale San Sisto 207/C, Perugia, Umbria;
www.perugina.it; +39 02 45467655

◆提供培训　◆咖啡馆　◆现场烘焙
◆自带商店　◆交通方便

Perugina是翁布里亚大区首府佩鲁贾的本土巧克力品牌，目前为瑞士食品业国际巨头雀巢所有，其工厂就在佩鲁贾城外不远。一般来说，巧克力工厂都把厂门关得很严实，但在2007年，这家工厂在巨大的厂区里开放了La Casa del Cioccolato Perugina，活脱脱就是电影《欢乐糖果屋》打造的那种糖果天堂，为公众提供了一种独一无二的巧克力体验。在那里，游客可以在导游的带领下参观巧克力博物馆，了解品牌历史和巧克力生产的基本知识，参加巧克力制作学校里的专业培训，从空中俯瞰整个生产过程——令人口水直流的品鉴环节自然少不了。Perugina的王牌产品Baci榛果夹心巧克力（gianduja）自1922年问世以来长盛不衰，日销量高达190万颗，银色的包装纸里总会藏着一小张爱情寄语，绝对是每位性情浪漫的意大利人最喜爱的甜蜜味道（Baci在意大利语中意为"接吻"）。注意，走上玻璃天桥从空中参观车间之前，参观者需要穿上白大褂并戴上帽子。品鉴室（sala degustazione）是参观的最后一站，那里的巧克力可以不限量试吃，绝对能让巧克力迷爽翻天！Baci的味道的确让大多数人难以抗拒，但巧克力达人更不会错过那款Perugina Nero，这种翻糖黑巧克力的可可纯度高达95%，口感浓烈得无法想象。

周边活动

沃鲁姆尼墓穴（Ipogeo dei Volumni）

墓穴的历史可以追溯到公元前2世纪，本身是一个更为宏大的埃特鲁利亚地下墓穴的一部分。www.polomusealeumbria. beniculturali.it/?page_id=5291

Augusta Perusia

这里能吃到各种奇妙的手工冰激凌，推荐起泡冰激凌Pop Rock，也可以试试来自Giacomo Mangano巧克力制造商的开心果夹心巧克力。www.cioccolatoaugustaperusia

Dal Mi' Cocco

这家意式小馆气氛欢快，价格便宜，菜量出了名的大，服务出了名的好，人气很旺，最好提前订位。+39 075 573 25 11

翁布里亚爵士音乐节（Umbria Jazz）

世界顶级音乐节之一，每年7月举行，各种音乐会持续一周，演出者中不乏凯斯·杰瑞（Keith Jarrett）、赫比·汉考克（Herbie Hancock）这种爵士乐大腕。www.umbriajazz.com

CAFFE AL BICERIN

5 Piazza della Consolata, Turin, Piedmont;
www.bicerin.it; +39 011 4369325

◆咖啡馆 ◆提供食物 ◆自带商店 ◆交通方便

都灵(Turin)的这家Caffe al Bicerin早在1763年就已开业，最初是家柑橘汽水店(acquacedratario)。19世纪时，巧克力与咖啡风靡都灵，于是店主对店面进行了重装(风貌至今几无变化，那些华丽的镜面墙壁、大理石餐桌和略有些松动的座椅都是当年的旧物)，改做咖啡馆生意，而且灵光乍现，将浓缩咖啡、浓浓的巧克力与奶泡放在一起，发明了一种叫bicerin的新奇饮料。这种“咖啡巧克力”今天在都灵每家咖啡馆里都能喝到，盛饮料的玻璃杯很别致，喝的时候一定不要搅动，每种成分都该单独入口，特别是在铜锅里用文火熬了好几个小时的巧克力。记得用bicerin搭配诱人的皮埃蒙特饼干和一小杯Regale巧克力利口酒，这种组合十分完美。

周边活动

波塔帕拉佐(Porta Palazzo)

这是一片热闹的集市区，有街市也有市场大棚，摊位大约800个，从羊绒衫到假珠宝，从味道浓烈的白松露到乡村奶酪，什么东西都能找到。

Caffè San Carlo

都灵是世界意式餐前小食之都，这家咖啡馆又是都灵最奢华的咖啡馆，过来点一杯味美思酒，就可以免费“贪享”款款小吃了。www.caffesancarlo.it

VIZIOVIRTU

Calle del Forner, Castello, Venice, Veneto; www.viziovirtu.com; +39 041 2750149

◆提供培训 ◆咖啡馆 ◆自带商店 ◆交通方便

15年前，玛丽安吉拉·彭佐（Mariangela Penzo）在威尼斯开办了第一家手工巧克力店兼咖啡馆，瞬间就让这座宁静之城（La Serenissima）为之躁动起来。今天，她的生意越做越大，在马可·波罗的出生地附近开了这家Viziovirtu，属于新派意式巧克力店兼实验室，凭借口碑已成了威尼斯每个美食主题团队游必到的一站。因为地处水城，空气的湿度过高，现场烘焙可可豆是不可能的，于是玛丽安吉拉和她的团队就把心思全花在了提升巧克力的风味上。她家的翻糖松露巧克力，每款都散发着浓浓的异域风情，口味可以是南瓜、莳萝、香醋、墨西哥辣椒，甚至是雪茄！蜜饯水果巧克力系列产品，用浓烈的黑巧克力皮包裹无花果、橙、姜、梅等蜜饯，堪称超凡绝伦的美味惊喜。商店每天都会组织品鉴活动，由专业人员为顾客介绍当地巧克力的历史——从1720年威尼斯圣马可广场（Piazza San Marco）Caffè Florian里诞生的第一款巧克力饮料直至今天。制作间还会举办培训课，让学员亲手尝试给巧克力回火，学习制作松露巧克力和热巧克力。怎么说这里也是意大利，所以商店里也准备了巧克力意面供顾客买回家吃，这种意面属宽面（tagliatelle），品相精美，里面加入了店家自制的可可粉。商店的招牌热巧克力叫Goldoni，得名自那位以即兴喜剧（commedia dell'arte）闻名的威尼斯剧作家，不但味道令人无法拒绝，还因为里面无糖无奶，让人根本没理由拒绝。

周边活动

公共小渡船（Traghetto）

学着威尼斯当地人的样子，搭乘只能站、不能坐的公共小渡船横跨大运河（Grand Canal），前去游览里亚托（Rialto）市场。船票只要€2，留下的回忆则是无价的。

医院博物馆（Ospedale Museum）

威尼斯医院位于一栋华丽的15世纪建筑中，一层为博物馆，介绍医学历史，内容很有吸引力。www.scuolagrandesanmarco.it

Osteria Al Portego

一家质朴的酒吧，室内木梁裸露，供应烤鱿鱼等可口的当地小吃（cichetti），葡萄酒论杯销售，一杯（ombra）只要€1。www.osteriaalportego.org

Giovanna Zanella

一家让人无法抗拒的手工皮鞋店，商品都出自一位才华横溢的女工匠之手，以威尼斯狂欢节为灵感创作的系列皮鞋尤其奇妙，很值得选购。www.giovannazanella.com

荷 兰

用当地话点热巧克力：Mag ik een warme chocolademelk。

特色巧克力：巧克力牛奶最荷兰！

巧克力搭配：一片吐司，上面码着水果，或者撒上一些巧克力碎（hagelsag）。

小贴士：一定要试试巧克力牛奶（chocomel），荷兰人的最爱，冷热皆可。

与旁边的法国、比利时这种巧克力强国相比，今天的荷兰在手工巧克力方面并不太出名，但在世界巧克力发展史上，荷兰却曾扮演过至关重要的角色。17世纪时，荷兰是全球最强大的殖民国与贸易国之一，是欧洲可可豆的主要运输国。别忘了，当时的巧克力只是一种饮料，那

么我们今天熟悉的巧克力棒是怎么来的呢？这里面又有荷兰人的一大功劳。1829年，荷兰化学家科恩拉德·凡·豪顿（Coenraad Johannes van Houten）发明了可可压榨工艺（cocoa press）。工艺本身并不复杂，就是将研磨过的可可豆糊与糖、可可脂一同混合压榨，形成可可粉。可可粉味道精致丰富，仿佛有一种魔力，赋予了今天巧克力那种入口即化的质地，也是冰激凌、奶昔、蛋糕等无数巧克力食品不可或缺的原料。豪顿开在阿姆斯特丹市郊的工厂今天仍在，

可惜不对公众开放，但对于荷兰著名的可可粉、牛奶巧克力和黑巧克力棒，荷兰人自己依旧是忠实的消费者。

与此同时，手工巧克力也在荷兰缓慢又稳健地复兴起来。从业者尤其关注商业道德，力图通过直购结束全球可可种植农遭受的剥削。想要一览荷兰巧克力的全貌，不妨在每年2月前往阿姆斯特丹市中心，参加为期2天的巧克力节（Chocoa Festival）。届时除了享用巧克力、葡萄酒、咖啡和精酿啤酒，你还能结识世界各地的全流程自制巧克力师。

荷兰五大巧克力体验

Jordino，阿姆斯特丹

香浓的巧克力好吃，丝滑的冰激凌好吃，而Jordino却能将其合二为一，把甜筒浸上巧克力（或焦糖），再在上面舀一勺冰激凌。他家的这种冰激凌共有100多种口味，每天都会推出其中的24种（含水果雪芭）。郁金香巧克力（chocolate tulips）等创意产品也很值得一试。www.jordino.nl

Hemelse Modder，阿姆斯特丹

这家餐厅主打北海海鲜和农场新鲜供应的农产品，店名意为“天泥”，指的是他家一款由黑巧克力和白巧克力制作而成的慕斯甜品，绝对不能不点。hemelsemodder.nl/en

De IJsmaker，鹿特丹

一家手工冰激凌店，开在Witte de Withstraat大街上，在味道上最讲究“鲜”，所有食材品质必须一流—巧克力当然也不例外。deijsmaker.nl

Van Stapele Koekmakerij，阿姆斯特丹

一家袖珍曲奇店，藏在Singel与Spuistraat之间的一条巷子里，深刻体现了“一招鲜，吃遍天”的道理。店内专卖现烤曲奇，外面是黑巧克力，里面是溏心白巧克力，咬上一口你就明白为什么门口老有人排队了。www.vanstapele.com

Graaf Floris，乌特勒支

一家漂亮的咖啡馆，来这儿就着热巧克力品尝著名的苹果饺子，绝对能让你过足甜瘾。graaffloris.nl

CHOCOLATEMAKERS

32 Radarweg, Amsterdam; www.chocolatemakers.nl;
+31(0)6 42765654

◆提供培训 ◆咖啡馆 ◆现场烘焙
◆自带商店 ◆交通方便

遵循公平贸易理念，从多米尼加小型种植户手中高价收购有机可可豆，让他们真的可以赚到钱，再派一艘雄伟的三桅大木船，把可可豆径直运到阿姆斯特丹——这种事本是安维尔·洛克（Enver Loke）与罗德尼·尼克斯（Rodney Nickels）的梦想，现在凭借两人创立的Chocolatemakers已经变成了现实。该品牌的巧克力棒几乎不加糖，口感异常浓烈，价格要比荷兰其他巧克力高出很多，但还是有许多人愿意掏钱来支持他们的情怀。最近，Chocolatemakers刚刚迁到了位于斯洛特迪克（Sloterdijk）的新厂区，那里距离阿姆斯特丹市区不远，紧守河岸，完全依靠太阳能运转。一袋袋可可豆可以从他们那艘大木船“三人号”（Tres Hombres）上面直接卸运进来，连糖果包装都是可降解的，保证不产生一点垃圾。目前，厂区每周仅周五一天允许公众参观，还需要预约，但绝对值得一去。另外，这家企业也从秘鲁和刚果进口可可豆，秘鲁那里有他们协助当地农民建造的工厂，刚果的豆子则被他们做成了“大猩猩”（Gorilla）巧克力棒。

大猩猩巧克力棒实际上是Chocolatemakers保护刚果维龙加国家公园（Virunga National Park）内大猩猩的一种手段，目的是激励当地村民种植可可豆，不要再通过砍伐树木去破坏大猩猩所剩无几的栖息地。买上这样一块巧克力，就等于为环保出了一份力——更何况这种巧克力棒吃起来香浓脂滑，就像在吃巧克力软糖的芯儿。

周边活动

Depot

一家生猛的仓库夜店，最多能挤进1000人，音乐风格多元，有deep house，也有那种嗨跳整晚的铁克诺之夜。www. depotamsterdam.com

Skatecafe

附近的北阿姆斯特丹码头区是玩滑板的好地方，这家滑板咖啡馆不但有室内滑板场，还能供应精酿啤酒和风格多样的美食，因此也很受滑板达人的喜爱。www.skatecafe.nl

Vineyard Bret

紧挨着Chocolatemakers的新厂区，属于社区葡萄园，由斯洛特迪克当地葡萄酒友亲自栽种打理，允许游客参观。www.wijnvanbret.nl

Het Lab Amsterdam

满眼工业风貌的斯洛特迪克竟然也有这样一家时髦的抱石运动中心！中心能为初次到访的新手提供免费攀岩辅导，自带餐厅的氛围随意，供应波奇饭（日式盖饭）、沙拉和蛋白质奶昔餐。www.hetlabamsterdam.nl

METROPOLITAN

135A Warmoesstraat, Amsterdam; www.metropolitan.nl; +31 20 3301955

◆组织品鉴 ◆提供培训 ◆咖啡馆
◆现场烘焙 ◆自带商店 ◆交通方便

吉斯·拉特（Kees Raat）是阿姆斯特丹精品巧克力界的先锋之一，他开的这家Metropolitan位于市中心的老城区，堪称全流程自制巧克力的天堂。烤豆、破豆、滚豆都由他每天早上亲自完成，所用可可豆全部来自南美，由此制成的可可块绝对纯正。这家店装潢现代精致，烘焙室里飘出的香味总能把一位位路人吸引至店中，落座后又会用其他花样继续"引诱"他们，比如那20款有机冰激凌，或是浇上浓浓热巧克力的传统华夫饼。喜欢真艾尔啤酒的人可以试试这里的可可啤酒，它们由精酿酒坊de School制造，而重口味巧克力迷可以试试一种新奇的吃法：用鼻子吸食吉斯自制的可可粉。

周边活动

阿姆斯特丹老教堂（De Oude Kerk）

一座建于14世纪的哥特教堂，现在已无宗教功能，而是用来举办艺术展和音乐会。隔壁的Old Church Coffeeshop很有意思，在阿姆斯特丹也很出名。www.oudekerk.nl

Condomerie

号称世界首家避孕套专门店，经营大约已有30年，又搞笑又专业，能提供定制服务，其中就包括巧克力口味的套套。www.condomerie.com

PUCCINI BOMBONI

17 Staalstraat, Amsterdam; www.puccinibomboni.com; +31 20 6265474

◆提供培训 ◆咖啡馆 ◆现场烘焙
◆自带商店 ◆交通方便

Puccini Bomboni的装潢赏心悦目，摆着一排排诱人的夹心巧克力和松露巧克力，乍一看就是那种经典传统的巧克力店。可仔细一瞧，你就会发现这里并不传统，也会明白为什么那些看重健康的新生代巧克力发烧友会这么喜欢光顾。原来店中许多产品，都是无黄油、无糖的健康糖果，人工添加剂统统不用，口味却异常有趣，辣椒、肉豆蔻、大黄、茶叶甚至苹果白兰地都可以用来给巧克力调味。糖果店紧挨着阿姆斯特丹歌剧院，所以老板才想到用著名意大利作曲家普契尼的名字给自己的买卖命名。店内销售的夹心巧克力——比如那款用黑巧克力与白巧克力混合而成的无花果杏仁泥巧克力（Fig Marzipan）——都出自荷兰巧克力大师萨宾·凡·威尔达（Sabine van Weldam）之手，每块要比普通的糖果大很多。据威尔达说，这是因为"好吃的做得大大的，才是大大的好吃"！

周边活动

Cafe de Jaren

阿姆斯特丹最美的水畔咖啡馆之一，正对阿姆斯特尔河，自带一个很好的沙拉吧，所在建筑原为银行，如今是当地人最喜欢的聚会地。www.cafedejaren.nl

伦勃朗故居博物馆（Rembrandt House Museum）

博物馆由伦勃朗的故居及画室改造而成，比凡·高博物馆要安静许多，内部经过精美的修复，只不过看不到伦勃朗的什么名作。www.rembrandthuis.nl

TONY'S CHOCOLONELY SUPER STORE

15 Oudebrugsteeg, Amsterdam; www.tonyschocolonely.com; +31 20 2051200

◆咖啡馆 ◆现场烘焙 ◆自带商店 ◆交通方便

Tony's Chocolonely Super Store是一个很魔幻的地方，爱吃巧克力的人来这儿，一定要做好脑洞大开的准备。商店开在地下室，室内色调五彩斑斓，仿佛一个光怪陆离的马戏团，包装纸的设计迷离梦幻，巧克力的形状千奇百怪，毫无章法，口味更是疯狂大胆，比如樱桃蛋白霜和爆米花迪斯科酱。商店位于阿姆斯特丹游客聚集区，所在地原来是荷兰可可贸易的中心，想到那个时代对于奴隶劳工的残酷压榨，想必这口巧克力吃起来也就不是滋味了。正是因为这个原因，他家的巧克力棒上都印上了一个鲜明的标语：百分之百无奴隶巧克力。

店名中的托尼就是老板本人，此前是荷兰的一名记者，曾经亲赴世界各地的可可豆种植园访查童工、奴工问题（这件事，他家的老顾客都知道）。创办这个品牌之后，他坚持公平贸易原则，所用可可豆都是从加纳、科特迪瓦等地的农民手中直接采购来的，就算是糖这样的配料也都经过公平贸易认证。该品牌巧克力棒在荷兰的销量已经超过了玛氏、雀巢等国际巨头，是荷兰巧克力行业的领军者，而且还远销英美等国。但随着巧克力棒一同传遍全球的，还有这个品牌对于人权问题的关注，也是这个产业亟待关注的一大弊端：长久以来，世界可可豆产业的生态大有问题，大部分利润都进入了终端制造商的口袋，生产原料的农民无利可图。正如Tony's Chocolonely品牌宣言中所讲，"我们的存在是为了改变巧克力行业，根除奴工问题，遏止童工问题"。

周边活动

Cut Throat Barber

这家"割喉理发店"绝非只是一家超酷的理发店。店中自带酒吧，理完头、刮完脸的你可以过去点一杯Hendricks G&T 金汤力外加一个汉堡。他家也会推出周末早午餐。www.cutthroatbarber.nl

Frank's Smokehouse

这家熟食店兼餐厅是阿姆斯特丹各家餐饮企业的首选供货商，装潢时尚，大名鼎鼎的熏鱼和熏肉值得一试，还有美味的三明治可以打包带走。www.smokehouse.nl

Stromma

Tony's Chocolonely Super Store对面是一个码头，你在那里可以乘坐Stromma玻璃顶游船进行游览，具体项目五花八门，1小时运河观光、奶酪葡萄酒品鉴游、晚餐夜游都有。www.stromma.com

荷兰抵抗运动博物馆（Verzetsmuseum）

"二战"中荷兰被德国占领时期的种种恐怖史在这座博物馆里得到了生动再现。建议留出两个小时进行参观。www.verzetsmuseum.org

TONY'S
CHOCOLONELY
chocolaatje erbij of gaat 't zo mee?
TONY'S
CHOCOLONELY
TONY'S CHOCOLONELY
knettersuiker wit
51% meringue kers

葡萄牙

用当地话点热巧克力: Um chocolate quente se faz favor。

巧克力搭配: 巧克力萨拉米蛋糕，在大多数又卖蛋糕又卖点心的葡式蛋糕房（pasteleria）里都可以买到。

小贴士: 葡萄牙著名连锁巧克力店Arcádia一定要去试试。

小贴士: 老式的巧克力包装一定不要扔掉，拿回去可以直接当装饰品。

在葡萄牙，cacau（可可）本身就是“钱”的俗称，说一个人“有可可”（ter cacau），意思就是这个人很有钱。究其原因，可可豆生产从17世纪起便是葡萄牙海外殖民地经济的一大支柱，从最初的巴西，到后来的安哥拉、东帝汶、圣多美和普林西比都是如此。史料显示，巧克力在葡萄牙的地位最初和在西班牙相仿，只是王公豪富才能享用的奢华饮品，普通大众基本上无福消受。18世纪葡萄牙女修道院流传出来的食谱——这些资料被视为葡萄牙饮食的圣经——还记录了一些用可可豆烹调出的菜肴，比如巧克力无花果（figos de chocolate）和巧克力猪肉（porco de chocolate），味道以咸香为主。

到了20世纪，葡萄牙出现了几家巧克力工厂，大多位于气候较为凉爽的北部地区，其中至今仍在经营的包括创立于1914年的Avianense和创立于1932年的Imperial（旗下现有著名品牌Regina）。在波尔图起家的Arcádia（创立于1933年）今天已把巧克力店开到了全国各地。葡萄牙人传统上将巧克力视为一种非常非常特殊的东西，所以不肯擅用，比如那些闻名世界的葡式糕点，除了巧克力萨拉米（salame de chocolate），大多只会放一点点巧克力，重点在精不在多。不过这种思维正在发生变化。目前，葡萄牙的手工巧克力店大举复兴，巧克力正变得又精又多。他们有些讲究延续传统，连包装都效法过去，有些则喜欢创新，比如里斯本的Chocolataria Equador，竟会用巧克力与波特酒搭配。

左起：© Nauris Vasilevskis / Shutterstock；

FáBRICA DO CHOCOLATE

R do Gontim 70, Viana do Castelo, Minho;
www.fabricadochocolate.com/en; +351 258 244 000

◆组织品鉴 ◆提供水疗 ◆咖啡馆
◆可以住宿 ◆自带商店 ◆交通方便

Fábrica do Chocolate是酒店、工厂、巧克力吧、博物馆，也是彻头彻尾的巧克力天地。能找到这么一个地方过足巧克力瘾，身为巧克力迷的你就偷着乐吧！酒店共18间客房，所在建筑原为葡萄牙最古老的巧克力制造商Avianense的厂房。

由此改造而成的酒店，本身就是一场甜蜜的视觉盛宴：酒店装饰艺术风格的外观乃是原貌，出自何塞·费尔南德斯·马丁斯（José Fernandes Martins；1866~1945年）之手。客房则经过考究的重装，主题缤纷，但万变不离巧克力，其中一间致敬电影《查理与巧克力工厂》（*Charlie and the Chocolate*），一间致敬电影《韩赛尔与格蕾特》（*Hansel and Gretel*），有些铺天盖地全是老牌知名巧克力的包装和标志，余下客房的装潢也散发着浓浓的巧克力风情。

要是你已经被巧克力迷得小鹿乱撞了，刚好可以借助酒店的巧克力主题养生项目（choco-therapies）放松下来，比如巧克力去死皮，或者巧克力按摩。

想把巧克力当作精神食粮来吃，一定不要错过酒店自带的巧克力博物馆。馆内展览以互动的形式介绍了巧克力的起源及其在全世界的发展历史。

终极享受要来了！酒店自带的巧克力吧里全是各种巧克力美味，包括一个巧克力喷泉。住客也好，非住客也好，都可以过来享用这里的主题早餐。主题早餐是什么主题？还用问吗，当然是巧克力了。

周边活动

传统服饰博物馆（Museu do Traje）

博物馆汇集了当地传统服饰中的典范，以此生动再现了昔日少数民族群体的生活面貌。

卡巴德罗海滩（Praia do Cabadelo）

一片华美沙滩，背靠沙丘，海风徐徐，很适合进行水上运动。乘坐渡船过来只要5分钟。

巴塞卢什（Barcelos）

一座甜美的小村，位于维亚纳堡（Viana do Castelo）东南方向，是葡萄牙花公鸡（这个国家非官方的象征）的故乡。

圣卢西亚山教堂（Monte de Santa Luzia）

教堂建于20世纪，为新拜占庭风格，装饰异常绚烂，站在那里可以望见维亚纳堡与大西洋的神奇美景。

西班牙

用当地话点热巧克力: Un chocolate caliente de taza por favor。

特色巧克力: 又黑又浓的热巧克力。

巧克力搭配: 吉事果。

小贴士: 这里的热巧克力一般相当浓稠，只放一点奶，或者不放奶。

爱吃巧克力的欧洲人，应该把一切感激之情都留给西班牙。从15世纪开始，西班牙的舰船源源不断地把美洲形形色色的新奇特产运回欧洲，其中就包括可可豆。美洲种可可豆的农民，总是用辣椒或者其他香辛料进行调味，西班牙人觉得味道不怎么样，于是想出了往里面加蔗糖增甜的办法。如此炮制的巧克力在欧洲越来越受欢迎，到了17世纪，已经不再是有钱人才能享用的西班牙特色美味了，而是成了整个欧洲的重要进口食品——把巧克力加热成又黑又浓又烫的热巧克力，这是西班牙人的首创，今天依然是西班牙人钟爱的吃法。后来，西班牙国内的巧克力产业以北部城镇阿斯托加为中心开始发展。在这个时期，西班牙巧克力（用西班牙语读choc-o-lah-tay）主要仍是液态巧克力，或者单独当作饮料喝，或者用来蘸吉事果等点心。制作热巧克力所用的巧克力砖，几乎全部是用美洲进口原料制成的黑巧克力。时至今日，黑巧克力在西班牙仍然被视为品位的象征。近年来，西班牙发生了以创新性、实验性为旗帜的美食革命，西班牙巧克力随之开始向新的方向演变。传统的吃法人气不减，但新奇的巧克力精品店却同样风靡起来，味道可甜可咸可怪，香醋甚至是香辛料都可以加到巧克力里，全流程自制巧克力品牌也开始在国内涌现，其中就包括加泰罗尼亚的Pangea和瓦伦西亚的Utopick。

巧克力博物馆

Avenida de la Estación 16, Astorga, León;
www.museochocolateastorga.com; +34 987 61 62 20

◆组织品鉴 ◆提供培训 ◆咖啡馆
◆现场烘焙 ◆自带商店 ◆交通方便

阿斯托加（Astorga）位于西班牙北部卡斯蒂利亚-莱昂（Castilla y León）地区的高地上，今天只是一个小镇，曾经却称得上是西班牙的“巧克力之都”。当年此地邻近金矿，而且还守着西班牙最赚钱的一条商道，所以在18、19世纪的时候，凭借从西班牙美洲殖民地运来的可可豆，这里的巧克力产业十分兴旺，在长达100多年的时间里，一直是当地经济的主宰。今天，阿斯托加只保留下了少数小型巧克力厂，好在其辉煌的巧克力传统在这座精美的巧克力博物馆（Museo del Chocolate）里得到了传颂。博物馆分上下两层，布展很有讲究，营造了一种“沉浸式”的氛围，完整介绍了巧克力的历史，那些曾经用来制作巧克力的老机器更让人看得津津有味，藏品级别的巧克力老海报、老广告、老包装纸也都可以供你尽情欣赏。

周边活动

主教宫（Palacio Episcopal）

阿斯托加的主教宫是一座天马行空的建筑珍品，也是安东尼奥·高迪（Antoni Gaudí）在巴塞罗那以外留下的少数作品之一。

Confitería Mantecadas Velasco

曼特卡达糕（mantecada）类似蛋糕，在西班牙各地都很受喜爱，是阿斯托加的特色点心，想吃就来这家店试试。www.mantecadasvelasco.com

古罗马博物馆（Museo Romano）

阿斯托加本是古罗马时代的一座美城，至今仍留有大量珍贵的古罗马文物遗址，许多都收藏在这座一流的博物馆里。turismoastorga.es/1264-2

Restaurante Las Termas

鹰嘴豆炖肉汤是西班牙内陆地区流行的冬季硬菜，阿斯托加的地方做法叫“cocido maragato”，想吃的话来这家餐厅准没错。www.restaurantelastermas.com

但博物馆在教育大众的同时，也没有忘记款待大众。在参观的最后，游客会看到一大面信息板，上面列出了巧克力的种种健康功效，比如降低胆固醇、促进心理健康、有效缓解悲伤与焦虑等。随后游客将进行免费品尝，接着就到博物馆的商店里选购巧克力（而且还能先尝后买）。有了之前那些信息作定心丸，吃起来就更加“肆无忌惮”。博物馆开在阿斯托加老城以北，位于城墙外，从城镇中心走过去只要10分钟。

CHOCOLATERÍA DE SAN GINÉS

Pasadizo de San Ginés 5, Madrid;
www.chocolateriasangines.com; +34 91 365 65 46
◆咖啡馆 ◆提供食物 ◆交通方便

周边活动

马德里皇宫（Palacio Real）

比例完美的马德里皇宫面朝优雅绝伦的东方广场（Plaza de Oriente），可以随团参观奢华的皇宫内部，也可以单纯地在外面欣赏日落美景。www. patrimonionacional.es

圣米盖尔市场（Mercado de San Miguel）

曾经的城市市集，通体由玻璃与铸铁打造而成，建筑上蔚为大观，里面聚集着许多西班牙小吃吧和葡萄酒吧。www. mercadodesanmiguel.es

马约尔广场（Plaza Mayor）

马德里最气派的公众广场，满地石砖仿佛望不到边际，抬头可见赭红色建筑，四周围绕着拱廊，广场本身则是马德里人生活的缩影。

Teatro Joy Eslava

这家非同凡响的夜店几乎就在圣基尼斯巧克力店隔壁，所在建筑是一座19世纪的戏院，自1981年至今，夜夜开门，一天不落。www.joy-eslava.com

马德里的Chocolatería de San Ginés历史大约可以追溯到1894年，如今乃是这座城市的金字招牌，主打吉事果蘸巧克力酱（chocolate con churros）。这可是最有西班牙特色的巧克力吃法，而他家的巧克力酱，论香醇，论浓稠，更是举国无双。只不过这样一家传奇老店之所以备受马德里人的爱戴，靠的绝非只是味道。论环境，他家店门对着的算是市中心最美妙的一个小巷拐角，而且常常会把大理石面的餐桌和座椅摆到室外供顾客流连，因此生意总是很好。另外，他家全年24小时营业，这对于崇尚夜生活的马德里人来说实在太有吸引力了，所以这里在后半夜反倒是最热闹的。不管是玩够了往家走，还是玩累了想垫补，马德里深夜街头熙熙攘攘的派对动物们总要过来照顾一下生意——吃烧烤或比萨是其他地方夜猫子的选择，马德里人只好巧克力吉事果这一口儿。这家店的确也卖其他东西，比如咖啡就不错，porras（和吉事果差不多，只不过更粗，更爱掉渣）也有一批死忠，但最不能错过的还是巧克力。不管什么时候来，都必须试试他家香醇浓稠的巧克力酱。浓稠到什么地步呢？立勺不倒！

ORIOL BALAGUER

Calle de José Ortega y Gasset 44, Madrid;
www.oriolbalaguer.com; +34 91 401 64 63

◆提供食物 ◆自带商店 ◆交通方便

这是一家规模不大的巧克力精品店，开在马德里高端时尚的萨拉曼卡（Salamanca）地区。巧克力制作在这里被升华成了一种艺术，从巧克力蛋糕到巧克力点心再到盒装的巧克力，商品似乎在以作品的形式对外展示，而整个光线充盈的空间也很有画廊的感觉。店名就是当家糕点师的名字，奥利欧·巴拉格（Oriol Balaguer）是加泰罗尼亚人，早年曾为享誉世界的名厨费兰·阿德里亚（Ferran Adrìa）打下手，后来自立门户，屡获嘉奖，曾凭借一道Seven Textures of Chocolate赢得了世界最佳甜品（World's Best Dessert）大奖，23岁时就摘得了西班牙最佳糕点师的头衔。所以他制作的巧克力，单论血统就已是不凡了，而店中的牛角面包同样值得一试。

他家的巧克力在口味方面可谓包罗万象，从甜到咸，有超过30种可选，形式上也很多样，马卡龙、棉花糖、松露、布朗尼等都有，即便是包装本身也格调不俗，品位一流。另外，巴塞罗那也有他开的店。

周边活动

拉扎罗·加迪亚诺博物馆（Museo Lázaro Galdiano）

萨拉曼卡是马德里历史悠久的富人区，而这座博物馆原来就是一座富丽堂皇的私家豪宅，目前馆内的艺术藏品中可以找到戈雅、埃尔·格列柯和康斯太勃尔等人的作品。www.flg.es

Astrolabius

一家西班牙小吃吧，由同一家族经营数代，菜肴中既延续了老一辈的料理传统，又融入了新生代的创意元素。www.astrolabiusmadrid.com

瑞士

用当地话点热巧克力:
Eine heisse Schoggi, bitte（瑞士德语）;
un chocolat chaud, s' il vous plait（法语）;
una cioccolata calda, per favore（意大利语）。
特色巧克力: 必须是牛奶巧克力。
巧克力搭配: 巧克力蛋糕、巧克力果仁奶油蛋糕、巧克力冰激凌、巧克力火锅、巧克力慕斯……总之就是用巧克力去搭配巧克力!
小贴士: 别老盯着名牌。瑞士新生代的手工巧克力制造商在全流程自制方面水准不俗,采购看重可持续性,种种充满创意的口味足以唤醒你的味蕾。

提到瑞士,你会想到多孔奶酪,想到可爱的小海蒂,想到白雪覆顶的高山,但同样不该漏掉巧克力。在一国三语的瑞士,巧克力可能叫Schokolade（德语）,可能叫chocolat（法语）,也可能叫cioccolata（意大利语）。不管叫什么,这种东西都是令瑞士人如痴如狂的国民美食,绝非偶尔用来解馋的零嘴儿。痴狂到什么地步呢?瑞士年人均巧克力消费量高达10.3公斤,傲居全球之首,而瑞士生产的巧克力,总要留出一半供自己享用,绝不肯轻易出口。这么馋,这么抠,说实话也怪不得人家。

和欧洲其他地方一样,瑞士的巧克力情缘也诞生于1528年西班牙征服者赫尔南·科尔特斯（Hernán Cortés）运至欧洲的第一批珍贵的可可豆。只不过一开始,瑞士人只是把它当作饮品,尚未发掘出固体巧克力的妙处。到了1819年,弗朗索瓦-路易·凯雅（François-Louis Cailler）在沃韦（Vevey）附近的科尔西耶（Corsier）成立了一家巧克力厂,开创了固体巧克力的先河。1826年,菲利普·苏查（Philippe Suchard）紧随其后,在塞利雷（Serrières）一个废弃作坊里也开起了巧克力厂。再后来,鲁道夫·莲（Rodolphe Lindt）与让·托布勒（Jean Tobler）分别于1879年和1899年投资建厂,瑞士的巧克力产业开始蓬勃发展。

只不过那时候的巧克力与今天大为不同,做起来麻烦,吃起来也麻烦,很费牙口。为了解决口感的问题,瑞士人着手对巧克力制作工艺进行改良。1875年,丹尼尔·彼得（Daniel Peter）想出了一个主意,往自己的巧克力里添加雀巢公司生产的炼乳,但最关键的突破则来自鲁道夫·莲。他在机缘巧合之下灵光一现,发明了精磨工艺,对可可液块进行长达数小时甚至数天的翻搅,使其不断与空气接触,从而产生如膏如脂、入口即化的质地——这在今天已经成了瑞士巧克力的典型特征。但瑞士人的创意并未就此打住:1930年,雀巢公司推出了Milky Bar系列,世界首款白巧克力正式诞生。时至今日,瑞士人仍然喜新求变,比如总部位于苏黎世的百乐嘉利宝（Barry Callebaut）,近来就创造了一种红宝石巧克力（Ruby chocolate）,颜色粉中透红,漂亮得让人不忍下嘴。

巧克力的确不是瑞士人发明的,但我们今天熟悉的巧

瑞士五大
巧克力体验

Durig，洛桑
当地风味巧克力，日内瓦
巧克力火车，蒙特勒
Milk Bar，韦尔比耶
Teuscher旗舰店，苏黎世

克力绝对是拜瑞士人所赐，从这个角度上讲，巧克力无疑是这个国家历史与饮食传统中不可分割的一部分。

瑞士巧克力何以如此出众？因为各家企业对于具体配方守口如瓶，我们未知其详，但配方之外，还是能找到几个关键的因素。首先是牛奶：阿尔卑斯牧场上饲养的奶牛，所产牛奶十分浓醇；其次是可可豆：瑞士企业选用的都是经可持续生产的豆子，品质自然是一等一，而且制作中可可粉用得多，可可脂用得少；最后，也是相当重要的一个因素，就是精磨工艺：可可液块需要被不断翻搅72小时，成品的口感因而细腻如丝绒，绝无一丝苦涩。瑞士人的严谨并非浪得虚名，国内的巧克力生产受到了瑞士巧克力产业协会（Association of Swiss Chocolate Manufacturers，简称Chocosuisse）的严格管控。做巧克力在这里可不是闹着玩儿的。

即使你还没来过瑞士，很可能老早就已经享用过瑞士的巧克力了，妙卡（Milka）那头紫色的奶牛，瑞士莲（Lindt）经典的金兔子，瑞士三角巧克力（Toblerone）包装上的马特峰，这些想必都能勾起你甜蜜的回忆。一旦到了瑞士，巧克力的出镜率可就更高了。街角商店里有卖，酒店客房的枕头上会放，还有巧克力浴可以洗，巧克力火车可以坐，巧克力节可以过。瑞士人相信：随便加点巧克力，生活就会更如意。随着瑞士小微巧克力制造商的队伍日渐壮大，对于全流程自制、单豆和各种新奇口味的追求日渐成风，这句话越品越有道理。

拉莫纳·奥德马特（Ramona Odermatt）
Max Chocolatier经理

"瑞士的巧克力产业已经开始从大批量生产转向小批量制作，讲究手工，讲究可持续性和地域性，讲究新鲜，讲究情怀。每个巧克力师都有自己的想法，但我们所有人都有同样的激情，也都相信对于巧克力来说，规模越小，东西越好。"

MAISON CAILLER

Rue Jules Bellet 7, Broc, Gruyères; www.cailler.ch; +41 026 921 59 60

◆组织品鉴 ◆提供培训 ◆咖啡馆
◆现场烘焙 ◆自带商店 ◆组织参观

Cailler是瑞士历史最悠久的巧克力品牌，由弗朗索瓦-路易·凯雅（François-Louis Cailler）创立于1825年。其巧克力工厂Maison Cailler现在能够组织团队游，内容很有趣，好比一场淋漓尽致的巧克力历史之旅，更因为给游客准备了大量免费试吃的巧克力，体验更是甜上加甜。此外，工厂还能组织各种主题培训，时长1或2小时，其中一些专门面向小朋友。参加培训可免费参观工厂，但必须通过邮件或电话提前报名。Maison Cailler位于小城布罗克（Broc），紧邻奶酪之乡格吕耶尔（Gruyères）。工厂自带咖啡馆。从1929年开始，Cailler已为瑞士糖果巨头雀巢所有，如今该品牌的所有巧克力产品，用的都是百分百可持续的西非可可豆，配料牛奶则是格吕耶尔的奶牛直供的。

周边活动

莫莱松高山奶厂（Fromagerie d' Alpage de Moléson）

奶厂源自17世纪，位于小村莫莱松（Moléson-sur-Gruyères），至今仍沿用古法制作奶酪，每天10:00允许游客参观。

格吕耶尔城堡（Château de Gruyères）

城堡塔楼高立，历史悠久，统治萨林河谷（Sarine Valley）长达500年的格吕耶尔伯爵，先后有19位在此居住，1493年失火后重建，堡内的挂毯织锦尤为可观。www.chateau-gruyeres.ch

FUNKY CHOCOLATE CLUB

Jungfraustrasse 35, Interlaken;
www.funkychocolate- club.com; +41 078 606 35 48

◆组织品鉴 ◆提供培训 ◆咖啡馆
◆自带商店 ◆交通方便

这家店的名字意为搞怪巧克力俱乐部，老板塔提亚娜（Tatiana）与弗拉基米尔（Vladimir）是两个充满激情的巧克力迷，店里的巧克力琳琅满目，讲究公平贸易和有机，其中能找到严格素食、无奶、无坚果和无麦麸等罕见的巧克力品种。除了巧克力火锅和热巧克力，你甚至还能买到专业的巧克力制作工具。商店每天会举办四次培训，为你揭示巧克力回火工艺的奥妙，让你自己动手，搞得一身脏，搅拌出自己的作品（小朋友会特别喜欢其中的装饰环节）。商店里的产品品质一流，顾客可以来此选购瑞士独有的特色巧克力，或者在巧克力火锅里涮草莓吃。喜欢滑雪的可以来这儿补充能量，不喜欢滑雪的可以来这儿安静地逛逛。总之来这里了解瑞士的巧克力，很搞怪也很可爱。

周边活动

圣贝尔多斯钟乳洞（St Beatus Caves）

这个洞穴经大自然千年雕琢而成，相传6世纪时，修士圣贝尔多斯曾在洞中闭关潜居，洞内有石笋、钟乳石和地下湖，在灯光的衬托下更显奇幻。

哈德昆观景台（Harder Kulm）

这个观景平台海拔1322米，坐缆车上来要8分钟，在那里举目四望，眼前尽是海拔4000米以上的雄峰，脚下则是壮阔的山谷，周围还有许多徒步小道可以体验。

PHILIPPE PASCOËT

Rue de la Cité 15, Geneva; www.pascoet.ch; +41(0)22 810 81 899

◆提供食物 ◆提供培训 ◆咖啡馆
◆现场烘焙 ◆自带商店 ◆交通方便

这家店的当家巧克力师菲利普·帕斯克（Philippe Pascoët）原本来自法国布列塔尼（Brittany），却在瑞士闯出了名号，赢得了美誉。不管是常规巧克力、夹心巧克力、甘纳许、全流程自制巧克力还是法式夹心巧克力，都是入口即融的绝味。口感与味道经过他变戏法般的转化配搭，形成了奇妙的组合，旨在捕捉巧克力师本人的心境与人生片段，比如含有迷迭香、鼠尾草、罗勒、薄荷与百里香的草本花园巧克力，比如含有百香果、香橙、青柠、藏红花与茉莉的异域水果加草木巧克力。他的旗舰店位于卡鲁日（Carouge），而这里介绍的是他经营的巧克力店兼茶室，位于日内瓦老城，交通更便利。你可以进来尝尝口感丝滑的热巧克力，夏天的话就点一杯巧克力奶昔，但最不能错过的是流浆巧克力蛋糕，有焦糖开心果等几种口味可选，入口令人如痴如醉，飘飘欲仙。

周边活动

欧洲核子研究组织（CERN）

该组织位于日内瓦西部，可以说是从事粒子物理学研究的大型实验室，内有用来给质子加速的大型强子对撞机。home.cern

万国宫（Palais des Nations）

恢宏的万国宫建于1929年至1936年，最初是原国联总部，1966年起为联合国欧洲总部。www.unog.ch

MAX CHOCOLATIER

Schlüsselgasse 12,8001 Zürich; www.maxchocolatier.com; +41(0)418 70 97

◆组织品鉴　◆提供培训　◆咖啡馆
◆自带商店　◆交通方便

走进Max Chocolatier，你就像爱丽丝掉进了兔子洞，误入仙境。老板柯尼希（König）一家都是充满激情的环球旅行家，他们经营的这家店自然超级有情调。更可贵的是，制作巧克力不减物力：一切产品都是手工的，所有原料都经过认证，豆子必须是可持续特级（Grand Cru）可可豆，其他配料也必须是纯天然的，就连包装盒和包装纸也都设计得极为精美。黑松露巧克力、全流程自制巧克力和甘纳许等产品已经很销魂了，但更销魂的是他家的单豆巧克力，口味千奇百怪：红茶、烟草、香草血橙、高山牧草、紫罗兰、青椒全都能找到，里面除了浓烈的口感，也能品出瑞士独有的工匠精神。他家每个季节都会推出时令系列产品——比如夏季就会有接骨木花和桃味巧克力，秋天有核桃杏仁泥巧克力——可以通过45分钟的品鉴活动一一享用，味道非凡，绝对物超所值。

周边活动

圣彼得教堂（St Peterskirche）

一家抢眼的巴洛克教堂，就在这家店的对面，教堂建于13世纪的钟楼十分雄伟，远远地就能望见。钟楼上的钟面直径8.7米，规模为欧洲之最。

林登霍夫（Lindenhof）

往北走几分钟便是林登霍夫公园。那里建在小山之上，遍栽青柠树，游人可在荫凉中俯瞰苏黎世的屋宇尖塔，以及那条蜿蜒的利马特河（River Limmat）。

TAUCHERLI

Fabrikhof 5,8134 Adliswil; taucherli.com; ++41 44 555 86 08

◆组织品鉴 ◆提供培训 ◆咖啡馆
◆现场烘焙 ◆自带商店 ◆交通方便

说巧克力制造商Taucherli的凯伊·库森（Kay Keusen）是全瑞士最有创造力的巧克力师，这话一点毛病也没有。他最初只是在自家车库里小打小闹地制作巧克力，但很快就成了全流程自制理念的信徒，从采购、烘焙到粗磨、精磨，一切都是亲力亲为，手段之高，令人瞠目。这家有一款不可不试的特色产品，就是用一根小棍插上夹心巧克力，往牛奶里泡一泡再入口，那种如膏如脂、又浓又纯的热巧克力风味，绝对是难以想象的美妙。店名在当地话中意为“蹼鸡”，在他家搞怪的糖果包装上就能看到这种当地原生水禽。他家的巧克力在口味方面可谓是五花八门，从辣椒菜籽油到跳跳糖，什么都能加，怎么加都好吃。其他特色还有听装巧克力火锅（这可是最瑞士的体验），以及红宝石巧克力（Ruby chocolate）——里面不用人工染色剂，红色来自未经发酵的可可豆。参观需提前预约。

周边活动

船厂（Schiffbau）

既然到了西区，就该来船厂看看。这里是由一个老船厂改造成的文化中心，设计上十分惊艳，内有爵士乐酒吧、餐厅和剧院（Schauspielhaus）。www.neu.schauspielhaus.ch

Frau Gerolds Garten

往南坐20分钟轻轨或者有轨电车，就来到了很有后工业风格的苏黎世西区。这家人气餐厅就开在那里，不妨坐在集装箱的包围中喝点东西。www.fraugerold.ch

英 国

用当地话点热巧克力：说英语就行，但在威尔士要说a siocled poeth。

特色巧克力：伯爵红茶口味的巧克力很有英国特色。

巧克力搭配：在苏格兰高地，巧克力应该配一杯苏格兰威士忌。

小贴士：一定要去约克探索一下巧克力在英国的历史。

巧克力首次登陆英国是17世纪50年代。这种奢侈的饮品当时在伦敦引起了巨大轰动，英国也从此正式入了巧克力的“魔道”。1824年，约翰·吉百利（John Cadbury）创立了吉百利公司，很快就把生产重点放到了巧克力饮品上，他的儿子继承了父亲的创新精神，专门为手下工人打造了一个模范村伯恩维尔（Bournville）。随着大型糖果企业的兴起，约克也成了一座巧克力重镇。原材料随着乌斯河（River Ouse）被运进约克，制作成成品后直接拿到约克大教堂那里销售。特里巧克力工厂（Terry's Chocolate Works）、朗特里（Rowntree；奇巧的鼻祖）以及克雷文（Craven's）等企业全都在约克兴旺起来。许多企业主都是贵格派教友，他们将巧克力作为酒精的一种健康替代品对公众推广。到了1875年，伦敦现存最古老的巧克力商店Charbonnel et Walker在邦德街（Bond St）开业，为英国的巧克力产业增添了一分欧陆风情。1902年，松露巧克力先驱、法国移民安托内·杜夫（Antoine Dufour）在伦敦创办了Prestat巧克力店，商店感官盛宴般的气场感染了作家罗尔德·达尔（Roald Dahl），为他日后创作经典小说《查理与巧克力工厂》提供了灵感。

许多昔日的糖果巨头，包括朗特里和布里斯托的福莱（Fry's），今天已经被更有实力的糖果集团接管了，但从伦敦到威尔士再到苏格兰高地，英国的手工巧克力产业都风生水起。根据近期的相关研究，英国年人均巧克力消费量超过8公斤，平均每人每周要吃3块巧克力棒，一辈子要吃掉1.5吨！如此食量，对于素来爱吃巧克力的英国人来说，也算对得起传统了。

巧克力精品酒店

5 Durley Rd, Bournemouth;
www.thechocolatebou-tiquehotel.co.uk; +44 1202-556857

◆组织品鉴 ◆提供培训 ◆咖啡馆
◆可以住宿 ◆自带商店

“歌手鲍勃·盖尔多夫（Bob Geldof）在我这儿住过几次，他与非洲渊源很深，所以聊起巧克力也很内行。”说这话的人叫盖瑞·威尔顿（Gerry Wilton），他在英格兰南部多塞特郡海滨小城伯恩茅斯（Bournemouth）开了一家巧克力精品酒店（Chocolate Boutique Hotel），像这样的逸事他还能讲出许多。这是因为他的经历非常丰富，巧克力师只是他的一个身份而已。他是伯恩茅斯传奇餐厅Jokers的前东家，是Celebrations Party Bus公司的创始人，是在游艇上举办巧克力讲座的第一人，肚子里的故事少得了吗？有趣的是，在买地开酒店之前，他还是全欧洲最大的巧克力喷泉机分销商，所以入住他的酒店，客人都可以选择给房间“升级”，把巧克力喷泉搬到自己屋里去。这家旨在招待巧克力粉丝的酒店于2007年开业，号称全球首创、英国唯一的巧克力主题酒店，所在的维多利亚风格建筑建于19世纪，属于英国国家二级保护建筑。客房的名称，比如松露巧克力套房、克里奥罗豆主题房、百分之七十主题房，听上去就已经很诱人了。入住时间一定要计划好，让自己能赶上盖瑞举办的巧克力培训，在那里学习用自制甘纳许制作松露巧克力，用巧克力雕出高跟鞋和配套的手包，或者创作一幅巧克力自画像。记得把这幅自画像拿回家挂在厕所里，鲍勃·盖尔多夫就是这么做的，至于这到底是怎么一回事，入住时一定记得去问问盖瑞。

周边活动

伯恩茅斯海滩（Bournemouth Beach）

沙滩长11公里，沙质柔软，曾荣获嘉奖，可以眺望到怀特岛（Isle of Wight），很适合散步。想静静就在伯恩茅斯码头（Bournemouth Pier）那里租个沙滩椅或者海滩小屋。

Arbor

伯恩茅斯最佳餐厅之一，高端美食、周日午餐、下午茶（三层托盘配温热的茶饼）都有，可以说面面俱到。www.arbor- restaurant.co.uk

Level8ight Sky Bar

英格兰西南部最高的酒吧，开在Hilton Bournemouth Hotel的8层，边品鸡尾酒边赏小城风光，不赖吧？ www.level8skybar.com

白浪岛（Brownsea Island）

这座岛是一个野生动物保护区，由国家信托负责管理，除了著名的红松鼠，岛上也有丰富的观鸟体验。可从普尔港（Poole Harbour）乘坐轮渡前往。www.nationaltrust.org.uk/brownsea-island

情迷巧克力之旅

地点遍布伦敦多地; www.chocolateecstasytours.com;
+44(0)20 3432 1306

◆组织品鉴 ◆提供培训 ◆组织参观 ◆交通方便

情迷巧克力之旅(Chocolate Ecstasy Tours)系列团队游的创始人叫珍妮弗·厄尔(Jennifer Earle),你要是有幸能碰到由她带队的团,很快就会发现她天生就是干这行的料。其中的Soho/Mayfair团,一路上要在许多地方驻足,游客手捧一杯浓醇的迎宾热巧克力,先要参观Hotel Chocolate 品牌的巧克力学校(School of Chocolate),听珍妮弗介绍巧克力的历史以及从可可豆到成品的制作过程。讲解中,她还常常会用到一些“教具”,都是她在游历全球可可种植园期间收集来的——巧克力之“毒”,乃至于斯!从2005年开始,珍妮弗就开始组织这种小型巧克力主题游览团(每团最多8人),在她的指导下学习巧克力品鉴,深入发掘自己的喜好,这只是收获的一部分。游客更可以从她口中学到许多有关伦敦巧克力的掌故,很多知识哪怕是当地人也不知道。你知道女王最爱吃什么口味的巧克力吗?知道作家罗尔德·达尔(Roald Dahl)的灵魂家园在哪里吗?知道福南梅森商店(Fortnum & Mason)那座钟背后的故事吗?团队游参观的所有巧克力企业都是名家,随团购买都可享受优惠,但就算不买也不必有压力。经过了巧克力品鉴环节,估计你已经吃到饱了。该系列团队游团型多样,路线不一,但推出已久的3小时 Mayfair Chocolate Tour人气最高。

周边活动

皇家艺术学院(Royal Academy of Arts)

学院所在建筑是伯灵顿府(Burlington House),一座抢眼的帕拉迪奥式宅邸,自1768年起便由艺术家集体负责管理,如今会举办精彩的艺术以及建筑展。www.royalacademy.org.uk

The Wolseley

号称伦敦第一家欧式咖啡厅,装潢华贵,细节中可见威尼斯和佛罗伦萨的元素,早餐和下午茶非常出名。www.thewolseley.com

Crosstown Doughnuts

杨保罗(Paul A Young;见86页)之于巧克力,好比Crosstown之于甜甜圈。店内肯定少不了各种稀奇古怪的时令风味甜甜圈,包括世界首创的发面甜甜圈和严格素食甜甜圈。www.crosstowndoughnuts.com

伦敦利伯提百货(Liberty London)

开业于1875年的利伯提不仅是伦敦最著名的百货商店之一,其都铎复兴风格的建筑本身就值得一访(其中所用木料来自两艘大船)。www.libertylondon.com

巧克力博物馆

187 Ferndale Rd, Brixton, London;
www.thechocolate-museum.co.uk; +44(0)772 3434 235

◆组织品鉴 ◆提供培训 ◆咖啡馆
◆现场烘焙 ◆自带商店 ◆交通方便

英国的很多博物馆总是规模宏大，气势雄伟，所以即便你从这家巧克力博物馆（The Chocolate Museum）门前路过，也很可能与它失之交臂。从外面看上去，这里有点像是一个五颜六色的临街教室——事实上，这里也的确是教室，因为里面经常会举办巧克力制作课，全英国的学生都会参加，这可是他们历史课有关玛雅与阿兹特克帝国一章的作业！一旦从教室里走人地下，你就会发现自己走进了巧克力历史的广阔天地。这家独立博物馆开设于2013年，创始人兼馆长伊萨贝拉·阿拉亚（Isabelle Alaya）是一位法国手工巧克力师，馆内有关巧克力的文物很是迷人，最古老的可以追溯到1792年。借助以巧克力故事为主题的互动式语音导游，欣赏着古老的巧克力广告海报，你可以了解巧克力全流程自制的历史。博物馆楼上是咖啡馆，学了一脑袋知识，正好可以去那里吃他一肚子热巧克力和蛋糕。伊萨贝拉于2008年在伦敦南部Peckham区开了一家名叫Melange的巧克力店，你在这里就能吃到许多她制作的巧克力。博物馆组织的松露巧克力制作课程很适合带孩子一同体验，上课不用提前预约，但要是当时人满了就只能过一会儿再来。其实，等空位的工夫，不妨再好好看看那些古老的展品，看看当年人们喝热巧克力不用杯而是用盘子是怎样一副奇怪的样子。

周边活动

布里克斯顿村市场（Brixton Village Market）

一条商廊市场，规模很大，堪称伦敦多元美食大荟萃，各国风味都吃得到，各种稀奇古怪的食材都买得到。www.brixtonmarket.net/brixton-village

Pure Vinyl Records

一家黑胶唱片音像店，老板本人是搞灵魂乐和雷鬼的高手，但店内卖的唱片则囊括了所有音乐类型。www.thedepartmentstore.com/pure-vinyl

Salon

这家餐厅开在布里克斯顿村市场内，推出含4道/7道菜的套餐，食材素多荤少，是领略新派英国菜的理想之选。www. salonbrixton.co.uk

布洛克威尔水上乐园（Brockwell Lido）

一个50米长的户外泳池，就在布洛克威尔公园（Brockwell Park）的边缘。即便英国的夏天天气难测，很多人还是喜欢携家带口来这儿戏水消暑。www.fusion- lifestyle.com/centres/ brockwell-lido

DARK SUGARS COCOA HOUSE

124-126 Brick Lane, London; www.darksugars.co.uk;
+44(0)7429 472606

◆咖啡馆 ◆现场烘焙 ◆自带商店 ◆交通方便

周边活动

Beigel Bake

一家24小时贝果店，位于Brick Lane，经营了许多年，体现了这一带深厚的犹太历史。贝果里面可以夹馅儿，奶油奶酪、盐腌牛肉或者鲱鱼碎都行。facebook.com/beigelbake

Tatty Devine

商店开在Brick Lane，最出名的就是风格前卫、由激光切割的亚克力珠宝，从姓名牌项链到龙虾造型耳坠都能买到。www.tattydevine.com

历史步行游

胡格诺派、东欧犹太人、南亚人……一批批移民造就了Brick Lane一带丰富多彩的历史，当地有几个历史主题步行游览团能为你详细介绍有关历史。

斯皮塔佛德市场（Spitalfields Market）

一家维多利亚时代的市场大厅，摊主中不乏当地工匠，周四主打二手物品，周末主打工艺品、服装和食品。www.spitalfields.co.uk

Dark Sugars Cocoa House开在Brick Lane，乍一看像是一家先锋前卫的珠宝店，产品被放在一片片原木上展示，很有艺术气质，可惜真实身份被气味出卖了：一屋子温香、辛香、烤香味，都说明这里卖的除了巧克力，还是巧克力。这家店缘起巴罗市场（Borough Market）里的一个摊位，现在已发展成伦敦最具创意的巧克力店之一，女老板法图·曼迪（Fatou Mendy）来自加纳，早年在自家农场上学会了制作巧克力，店内所用可可豆也都产自西非，经过商店烘焙室的处理，当场便化成了一款款惊艳的绝味。主打产品叫pearl，外形犹如明珠，色彩千奇百怪，一颗颗都被放在巨大的扇贝中展示，仿佛是美人鱼收集来的珍宝。珍珠里面包着软滑的甘纳许，口味包括柑橘、粉香槟和开心果等几种，一颗入口，满口爆浆。想吃那种更“成熟”些的东西，可以试试他家的pipette，就是在松露巧克力上加了个小滴管，里头装着利口酒，吃之前挤一下，让可可味里融入酒香。如果不赶时间，一定要尝尝他家的热巧克力：丝滑的巧克力液上高高地堆着巧克力屑，配方独一无二，舍此无他。注意，Brick Lane这条街上有他家的两个店面，彼此距离很近，其中旗舰店的门牌号是124-126，别搞错了。

福南梅森

181 Piccadilly, London; www.fortnumandmason.com; +44 020-7734 8040

◆咖啡馆 ◆自带商店 ◆提供食物 ◆交通方便

福南梅森（Fortnun & Mason）创立于1707年，号称“女王的杂货店”，至今仍然拒绝在时代潮流面前低头，装潢经典古雅，尼罗河水色（类似淡绿色）的色调宛如往昔。福南梅森现在不止一家，但开在市中心皮卡迪利的旗舰店绝对是个中翘楚。店内奢华无比，男女服务员仍然身着老式燕尾服，美食篮子、橘子酱、精品茶叶一应俱全，逛的时候别忘了到商店的Diamond Jubilee Tea Salon茶室里享用一顿下午茶。这家茶室在2012年曾招待过伊丽莎白二世女王。梅根王妃的专用化妆师丹尼尔·马丁（Daniel Martin）曾在Instagram中发过一张照片，照片中的王妃就是在用福南梅森的巧克力招待客人，其品牌影响力可见一斑。另外，你也可以在商店的Parlour用餐区试试他家的红宝石巧克力棒（Ruby Chocolate Bar）或者来一杯红宝石热巧克力（Ruby Hot Chocolate）。全流程自制倒是谈不上，但好吃是真好吃。

周边活动

皮卡迪利圣詹姆斯教堂（St James' s, Piccadilly）

教堂外表简朴，是以重建见长的克里斯托弗·雷恩（Christopher Wren）唯一一座全新设计并建造的教堂建筑（1684年），其洗礼池出自格林林灵·吉本斯（Grinling Gibbons）之手。

Beijing Dumpling

一家饺子馆，餐厅正面的玻璃窗蒸汽氤氲，可以看见师傅们在后面手速如飞地擀皮包馅，水饺按“篮”卖，好吃就多吃几篮。www.facebook.com/beijingdumpling

PAUL A YOUNG FINE CHOCOLATES

143 Wardour St, London; www.paulayoung.co.uk;
+44(0)20 7437 0011

◆组织品鉴 ◆提供培训 ◆自带商店 ◆交通方便

杨保罗(Paul A Young)是一位来自约克郡(Yorkshire)的巧克力师,制作巧克力的手段常被业内誉为“石破天”,他目前在伦敦开了三家Paul A Young Fine Chocolates,随便找一家逛逛,获誉的原因也就不言自明了。杨的旗舰店开在Soho区,店面装潢主打贵气的紫色,店内销售的松露巧克力千奇百怪,光是看名字,就能让不少顾客又是好奇,又是敬佩,不知不觉读出了声。“马麦酱”(Marmite)?“约克郡茶叶饼干”(Yorkshire tea and biscuit)?“啤酒薯片”(Beer and crisp)?“香辛十字包”(Hot cross bun)?“印度椰子馕”(Pashwari naan with coconut)?这些都可以和巧克力跨界吗?这些限量版时令巧克力系列,灵感常常来自杨保罗的旅行经历。他堪称店中的创意担当,产品的确非常吸引眼球,但最能体现他个人才华的,还是店中作为人气担当的核心产品系列。杨保罗曾在米其林星级大厨马可·皮埃尔·怀特(Marco Pierre White)手下担任过首席糕点师,后来决定专攻巧克力,在2006年开了第一家店,目前可谓伦敦为数不多的、真正的手工巧克力制作师之一——所有产品都是小批量手工制作的。商店的生产间里会定期举办讲座,让顾客可以走进幕后,真正见识到他的手段,内容可能是复活节彩蛋制作,可能是巧克力品鉴入门,也可能是由杨保罗本人执教的大师班。他家的巧克力,每款都值得一试,但那款著名的海盐焦糖巧克力(sea salt and caramel chocolate)曾经连续两年在世界巧克力大赛(International Chocolate Awards)中荣获金奖,最不应该错过。

周边活动

Lina Stores

这家餐厅距离巧克力店很近,位于Greek St,店面采用灵动的青柠色,里面的手工意面笑傲伦敦,午餐、晚餐时段建议提前订位。www.linastores.co.uk

Chin Chin Dessert Club

欧洲第一家液氮冰激凌店,名气绝非只靠吞云吐雾的噱头,实力也绝不让人失望。周末还能吃到他家得过大奖的樱桃派。www.chinchinicecream.com

Bar Termini

酒吧得名自罗马的中央火车站,连续三年跻身世界酒吧五十强(World' s 50 Best Bars),堪称尼克罗尼鸡尾酒(negroni)的天堂。www.bar- termini-soho.com

Flat White

号称伦敦首家主打馥芮白的咖啡馆,是南半球咖啡文化的先锋,爱喝咖啡、爱吃鳄梨酱吐司的人必须得来。www.flatwhitesoho.co.uk

BY APPOINTMENT
TO HER MAJESTY THE QUEEN
PURVEYORS OF CHOCOLATES
PRESTAT LTD. LONDON
PRESTAT
COUNTRY LIFE
PRESTAT

PRESTAT CHOCOLATES

14 Princes Arcade, St. James' s, London; www.prestat.co.uk;
+44 020 8961 8555

◆自带商店　◆交通方便

周边活动

圣詹姆斯公园（St James Park）

每到夏天，伦敦的有钱人便会来到这座皇家公园，在修剪齐整的草坪上拉开折椅躺下，打望鸭子、天鹅和鹈鹕在湖面上优雅滑行。www.royalparks.org.uk

Sketch

餐厅开在Mayfair，气质很潮，装潢很有创意，一家店分成了好几间餐室，每间都有独特的氛围。sketch.london

在丽兹酒店享用下午茶

传奇的伦敦丽兹酒店（Ritz）也在皮卡迪利，不妨走进酒店满是镜面的Palm Court餐厅里，享用一顿由温热的茶饼和手指三明治组成的下午茶。www.theritzlondon.com

伦敦西区（West End）

伦敦西区乃是著名的"戏剧一条街"（Theatreland），自打17世纪便是伦敦人看戏休闲的去处，华丽的剧院一家挨着一家，喜剧、正剧、音乐剧任你选。

法国巧克力师安托内·杜夫到底是不是松露巧克力的发明者？真相仿佛是可可粉漫天飞撒的厨房——扑朔迷离。但有一点可以肯定：正是这个人让松露巧克力在英国流行了起来。1902年，杜夫在伦敦开办了第一家巧克力店，自那时起，Prestat牌的松露巧克力就成了英国上流社会钟爱的零食。在皮卡迪利的Princes Arcade上就能找到他家的巧克力店，店面不大，精致得仿佛珠宝盒，淡紫色的墙壁、镀金压凹的圆线和造型夸张的水晶灯全都被包裹在一团浓浓的可可香气之中。店中不乏极具英国特色的经典巧克力，比如口感滑腻、用金酒提劲儿的松露白巧克力，比如薄如饼干的伯爵红茶圆盘巧克力，比如使用英国国宝级薄荷品种Black Mitcham制作的薄荷巧克力。商店的包装盒色彩明艳，设计张扬，上面还印有一个金色纹章。那是因为Prestat获得了皇家许可（Royal Warrant），有资格为女王直供巧克力。伊丽莎白二世每年都会从他家收到一枚巨大的复活节巧克力蛋，据说女王的母亲特别喜欢他家香气浓郁的紫罗兰奶油巧克力。作家罗尔德·达尔（Roald Dahl）也是他家的粉丝，他那部经典小说《查理与巧克力工厂》的灵感之源便是灵动诱人的Prestat。没办法亲赴位于皮卡迪利的专店也没关系，伦敦那些最高端的百货商场——包括哈罗德（Harrods）、利伯提和塞尔福里奇（Selfridges）——里面全能买到。

约克巧克力故事体验馆

3-4 Kings Square, York; www.yorkschocolatestory.com;
+44 1904 527765

◆组织品鉴 ◆提供培训 ◆咖啡馆
◆自带商店 ◆组织参观

曾几何时，约克的石砖老街上时不时就会飘来巧克力的香味，朗特里的糖果工厂一下班，骑自行车回家的工人们就会席卷街道。那种味道，那种场面，不少老约克仍然记忆犹新。可以说自18世纪起，巧克力制作一直都是这座英格兰北方城市最具代表性的产业，而约克巧克力故事体验馆（York's Chocolate Story）就为世人生动再现了当地的这段"甜蜜历史"。这里既是博物馆，也是一个互动体验中心，团队游设计得很好，时长约1小时，讲究寓教于乐。一开始，游客仿佛走进了一片中美洲雨林，在那里品尝世界上第一款巧克力饮品——不加糖，加辣椒，冷着喝。接下来介绍的是约克历史上著名的"巧克力家族"，比如缔造了特里巧克力工厂品牌的特里家族，就在约克生产出了世界上第一款盒装巧克力All Gold（今天仍在销售），以及著名的Chocolate Orange橘子形巧克力。朗特里家族也在这里为世人奉上了Rolos、Smarties、Quality Street、Aero和奇巧（Kit Kat）等知名产品。其中的奇巧巧克力威化如今的年产量大约有176亿条，其中许多都产自位于约克的雀巢工厂——1988年，朗特里的企业被雀巢收购。在团队游的尾声，游客仿佛走进了一片光怪陆离的巧克力世界，眼前尽是巨大的牛奶瓶、堆成小山的糖和滴滴答答的巧克力柱，许多展示都包含互动体验。参观者可以亲手装点棒棒糖，观看松露巧克力制作演示，最后到体验馆的商店兼咖啡馆里购买热巧克力（按原产地分类）、巧克力火锅或者巧克力品鉴板。

周边活动

约克大教堂（York Minster）

这是欧洲北部最大的中世纪大教堂，是约克最重要的地标建筑，教堂的地下博物馆（Undercroft）介绍了其与古罗马和维京文明的渊源。

勇商会馆（Merchant Adventurers' Hall）

这是约克最让人难忘的砖木结构建筑，为当地历史悠久的商人兄弟会组织勇商会所有，现为博物馆，专门介绍该组织的历史。www.merchantshallyork.org

Betty's Tea Room

这家典雅的茶室由一位瑞士移民创立于1919年，不来这里喝杯茶、吃些蛋糕，你的约克之旅就谈不上完满。www.bettys.co.uk

蒙克城门理查三世博物馆（Richard Ⅲ Experience, Monk Bar）

步行游览约克古城墙期间，记得来这家博物馆看看。博物馆开在一座中世纪城门楼里面，讲述了英王查理三世的生平。richardiiiexperience.com

YORK COCOA WORKS

10 Castlegate, York; www.yorkcocoahouse.co.uk; +44 1904 656731

◆组织品鉴 ◆提供培训 ◆咖啡馆

◆现场烘焙 ◆自带商店 ◆组织参观

“激励我开创这个事业的，主要是我对地域与原料的偏爱。”说这话的人叫苏菲·朱维特（Sophie Jewett），York Cocoa Works的创始人。约克在19世纪乃至20世纪初曾是英国糖果业巨头的大本营，而她在约克老城中心开办的这家企业，又在这座城市辉煌的糖果历史上增加了独立巧克力制作的新篇章。

“我渐渐发现自己不喜欢购买大批量生产的巧克力，因为他们的供应链很长，我不确定自己到底吃进去了什么东西。所以我制作巧克力，一定要让消费者知根知底。”出于这种理念，她的工坊选择从农场直接采购可可豆，合作农场遍布整条赤道带，包括乌干达、坦桑尼亚、玻利维亚、哥伦比亚乃至所罗门群岛。工坊最初只是一个咖啡馆，2018年已经发展成熟，融工坊与咖啡馆于一体，整个空间设计得好似一个玻璃盒子，让前来参观的游客可以亲眼看到可可豆经过一个个车间最终变成成品的全过程，让他们见证工坊对于“透明性”的极致追求。团队游每天3次，重点在于让游客了解巧克力口味的分类，丰富对巧克力的认知，参观中会指导游客进行6次品鉴，分辨不同地域的巧克力（可可块占比都是63%）的区别。工坊也会定期举办全流程自制讲座和大师班，每周日还会推出巧克力下午茶（Afternoon Chocolatada），席间的美味一道接着一道，味道或甜或咸，道道不离巧克力。离开前，一定要尝尝这里美味至极的西班牙热巧克力（Spanish Hot Chocolate）。

周边活动

Spark York

约克一片兴旺的创意园区，里面是一溜儿颜色鲜亮的集装箱，里面的商户都是搞餐饮和零售的初创，鲁宾三明治、酪乳炸鸡、金汤力全能买到。www.sparkyork.org

Brew York

精酿啤酒厅，木桌子风格粗暴，大大的啤酒缸一直杵到天花板，建议来一杯“Viking DNA”烟熏波特酒，拿到河畔露台上去享用。brewyork.co.uk

肉铺街（Shambles）

约克最有名的一条街，街道歪歪扭扭，两旁尽是中世纪砖木结构民房。那些线条微弯的店面，据说就是罗琳哈利·波特系列中对角巷的灵感之源。

约克城堡博物馆（York Castle Museum）

一家当地历史博物馆，就建在征服者威廉1068年修建的城堡原址上，亮点是一条仿建的维多利亚时代主街。www. yorkcastlemuseum.org.uk

NEW CHOCOLATE CO

Unit 4, Block B, Kelburn Business Park, Parklea Rd,
Port Glasgow, Inverclyde; +44 1475 743619

◆组织品鉴 ◆提供培训 ◆自带商店 ◆组织参观

格里诺克（Greenock）昔日是欧洲的糖业之都，但如今，旁边的格拉斯哥港镇（Port Glasgow）明显一马当先。镇上的这家New Chocolate Co成立于2017年，在英国巧克力产业界属于晚辈，但老板布莱恩（Brian）与乔安（Joanne）师出名门，受教于世界巧克力大师、Cocoa Black掌门人罗斯·辛克斯（Ruth Hinks）。两人的工厂时尚现代，自带一家商店，店中的巧克力具有浓浓的地域性与趣味性：比如那款甘纳许，里面就掺入了苏格兰国民软饮Irn-Bru汽水。

工厂可以组织团队游（需预约），为参观者介绍巧克力制作工艺的每一个环节，并为他们奉上工厂生产的高地系列（Highland Range）巧克力——其中一款大板巧克力上印有象征苏格兰的蓟花。感兴趣的人也可以在这里报班，动手学习制作巧克力。

周边活动

芬利森庄园（Finlaystone Country Estate）

庄园占地202公顷，林木茂盛，华贵的大宅建于18世纪，曾是麦克米伦家族（Clan MacMillan）的旧居，罗伯特·彭斯等名流都曾在此下榻。www.finlaystone.co.uk

Watt Institution

苏格兰最佳地方博物馆之一，刚刚经过重装，里面尽是船长们从各地收集来的奇珍异宝。

IAIN BURNETT HIGHLAND CHOCOLATIER

Grandtully, Perthshire; +44 1887-840775

◆组织品鉴 ◆提供食物 ◆咖啡馆
◆自带商店 ◆组织参观

Iain Burnett Highland Chocolatier开在苏格兰高地的一座河畔小村里，他家有一款丝绒松露巧克力，堪称英国工匠精神的范例：配方经过15年的打磨，不含防腐剂，而且制作时常常不用模具，非常麻烦。如果这不叫匠心，什么叫匠心？工坊生产的极品巧克力（包括丝绒松露），原料除了可可豆，只有当地奶牛出产的一种奶油，其味道微妙至极。建议你坐到工坊的巧克力吧里，在行家的指导下体验一次巧克力品鉴套餐，让自己的味蕾开窍。身为巧克力大师和艺匠的伊恩（Iain），其手段曾让米其林星级大厨拍案叫绝，为了开辟味觉的新疆土，不惜亲自开发机器设备。他对往巧克力里掺威士忌这种事是不屑一顾的，却又专门开发了几个系列的巧克力，用以搭配不同的苏格兰单一麦芽威士忌——就是这么讲究。

周边活动

巴林塔加农场（Balllintaggart）

这个农场在格兰特利（Grandtully）附近树林点缀的乡间，其餐厅备受推崇，开设有苏格兰风味的烹饪课。www.ballintaggart.com

泰河白水漂流（River Tay Whitewater Rafting）

泰河（River Tay）在格兰特利附近的一段河道，被一些人视为英国最佳漂流地，这一带能组织漂流的旅行社很多。

WICKEDLY WELSH

13, Withybush Trading Estate, Withybush Rd, Haver fordwest, Pembrokeshire; www.wickedlywelsh.co.uk; +44 1437 557122

◆组织品鉴 ◆提供培训 ◆咖啡馆

◆现场烘焙 ◆自带商店

如果想在威尔士获得最沉沦的巧克力体验，一定要去彭布罗克郡最具巧克力气质的小镇哈弗福韦斯特（Haverfordwest），找到这家Wickedly Welsh。这里可不是只靠名字（店名意为狡猾的威尔士人）吸引人，而是能全方位刺激你的感官。其巧克力工厂会定期举办生产展示活动。自带一家巧克力吧，能做巧克力比萨、巧克力烧烤，每样食物都被巧克力带跑了，但吃起来就是很对味儿。工厂还嫌不够夸张，甚至还打造了一个巧克力熟食店：巧克力现切现卖，论块销售。此外，在动手区（Have a Go），参观者可以亲手制作专属于自己的巧克力。商品方面，推荐加了安格尔西岛海盐和焦糖的牛奶巧克力棒，或者是掺了潘德林烈酒厂（Penderyn Distillery）出品的奶油利口酒的甘纳许。

周边活动

皮克顿城堡
（Picton Castle）

一座中世纪古堡，改造后十分惊艳，位于哈弗福韦斯特东南部，紧挨着优美的彭布罗克郡海岸小道（Pembrokeshire Coast Path）。www.pictoncastle.co.uk

纽盖尔海滩
（Newgale Beach）

彭布罗克郡众多传奇海滩之一，景色美妙，很多人喜欢过来冲浪和游泳，距离哈弗福韦斯特西北14公里。

十种神奇巧克力搭配

啤酒

比利时的巧克力丝滑醇厚，啤酒千奇百怪，两大知名特产搭配到一起竟然天衣无缝。建议用黑松露巧克力搭配霸道的艾尔啤酒，用牛奶巧克力搭配树莓啤酒或者樱桃啤酒，这样最能突显舌尖上丰富的味道。

墨西哥辣椒酱

墨西哥辣椒酱（mole poblano）已有数百年历史，口感十分丰富，各种味道实现了微妙的平衡，巧克力本就是其中一味原料。吃这道菜的时候一定不要急，要细品黑巧克力的味道是怎样缓和了番茄的酸爽与辣椒的火热，进而又是如何被丁香等香辛料放大的。

红酒

黑巧克力与红酒中都含有白藜芦醇，这种物质据说可以降低胆固醇，保护大脑功能。所以说哪怕不是为了好吃，下次给自己倒了满满一杯红酒时，也该顺手来几块巧克力。对于可可含量达到70%的黑巧克力来说，最好的伴侣是带西梅香的阿根廷梅洛。

猪肥膘

传统乌克兰冷盘萨罗（salo），也就是猪肥膘，同样是巧克力的好搭档。把猪肥膘裹上巧克力吃，最初本被当作笑话来讲，如今却真的成了一种吃法：肥腻弹韧的肉块与香浓的黑巧克力一同入口，似甜似咸，妙不可言。

苦艾酒

“酒中绿仙子”苦艾酒，长久以来一直是欧洲文人骚客最爱喝的迷魂汤。经典的法式喝法要用一只小勺配一块方糖，这种仪式感所独有的魅力是不能否认的。但用黑巧克力搭配苦艾酒的喝法也很可取，因为酒中的茴香味会与黑巧克力实现完美的平衡。在意大利，甚至直接就能买到用巧克力和苦艾酒调出的利口酒，要不去喝两杯？

巧克力属于那种很百搭的食物，跟甜的、咸的都能配成美妙的组合。我们在这里列出了十种巧克力搭配，某些也许相当另类，但每种都让人无法拒绝，目的是把你对巧克力的认识提升到新的高度。

10 INTRIGUING CHOCOLATE FLAVOUR PAIRINGS

炖牛肉

法国西南部的加斯科涅地区有一道特色菜叫加斯科涅炖牛肉（boeuf à la Gasconne），由牛肉和蔬菜经小火慢炖而成，而其中一味作料就是黑巧克力。蘑菇与百里香负责用泥土的清香给整体口味打底，而巧克力与雅文邑利口酒则负责增加甜蜜感。

蟋蟀

也许你在泰国路边摊见过炸虫子，感觉难以下咽，但事实上，节肢动物乃是一种具有可持续性的食物来源，而且味道出人意料地好。比如用炸蟋蟀蘸上黑巧克力，酥脆与丝滑两种矛盾的口感合二为一，能让人越嚼越上瘾。

烤猪肉

烤肉在美国南方是一门艺术，为了提升口味，猪肉上可以撒辣椒面，可以抹酸香酱，但某些人也会用上巧克力。在孟菲斯，培根可以蘸着巧克力吃，烧烤酱也有巧克力款可选，你不用多想，撸起袖子一口接一口地吃下去就是了。

蓝纹奶酪

黑巧克力拥有类似浓缩咖啡的浓醇，用它搭配那种味道很冲的蓝纹奶酪效果出奇地好。你在英国就能品尝到这对奇特的美食伴侣，巧克力用的是Green & Black牌的，可可含量达60%，入口如丝绒一般顺滑，奶酪用的是斯蒂尔顿（Stilton）蓝纹奶酪，味道很霸道。

鱼子酱

用鱼子酱搭配白巧克力，一顿普普通通的野餐或者晚餐马上就提升了一个档次。分子料理学家们信誓旦旦地保证，味道香甜、口感如脂的白巧克力能让味道咸香、口感灵动的鱼子酱变得更加可口。

Chitra'm
Craft Chocolates
Mango Lassi
Milk Chocolate

亚洲

TOP 3
CHOCOLATE
CITIES
三大顶级巧克力城市

ASIA

菲律宾达沃

达沃地区贡献了菲律宾全国80%的巧克力产量，菲律宾著名巧克力品牌Theo & Philo、Malagos和Auro Chocolate正是依靠达沃农民种植的可可豆才创造出了一款款独特的巧克力棒。来这里参观工厂，光顾巧克力店，一定能迷晕巧克力迷。

越南胡志明市

胡志明市是越南首个手工巧克力品牌玛柔（Marou）的大本营。你可以去该品牌的咖啡馆里，欣赏当地生产的公平贸易可可豆如何在师傅们熟练的操作下经过回火浇模变成巧克力，并且当场享用他们的劳动成果。而且，胡志明市并非只有玛柔一家独大，Belvie Chocolate Cafe、Cyrus Chocolaterie 等都很值得一访。

印度尼西亚乌布

巴厘岛的豆荚巧克力工厂就在乌布，游客在那里可以参观到印度尼西亚可可豆如何经发酵、晾晒、烘焙、研磨等工序，最终变成各种各样美味的精品。可可豆本就是印度尼西亚顶级出口作物之一，这些可可豆与种植它们的农民就是巴厘岛巧克力产业成长的肥沃土壤。

中国

用当地话点热巧克力：我们通常就叫热巧克力，但香港和澳门叫热朱古力，台湾叫热可可。

特色巧克力：可以试试台湾的茶叶巧克力。

巧克力搭配：新奇的吃法是搭配台湾的噶玛兰威士忌。

小贴士：在南方，夹心巧克力在夏季一定要放在冰箱里储存。

台湾是中国主要的巧克力产区。近十年来，台湾的巧克力师与巧克力品牌在国际顶级巧克力大赛中屡创佳绩，让评审们惊叹不已，也让台北的那些米其林星级餐厅争相与他们合作。台湾的巧克力产业起步较晚，发展势头却是欣欣向荣，前途不可限量。2018年，世界巧克力大赛甚至专门邀请中国台湾为其举办亚太区的揭幕赛。目前，台湾本地品牌越来越多，原料主要是进口豆，制作的松露和夹心巧克力水准一流，但是若想获得最最独特的台湾巧克力体验，那就必须要到当地的某个可可农场参观一番。

阳光炽烈的屏东县位于台湾南端，是全岛的可可种植中心。来到那里，你肯定会看到一个奇怪的景象：可可树常与高度两倍于彼的槟榔树种在一起。对于这一高一矮的组合，初来乍到的人想必不解其故。其实，槟榔在台湾被称为“绿色黄金”，种植收益极高，岛上的农民最爱种，但近来人们发现吃这种东西有害健康，于是销量受损，有关部门因此开始鼓励农民采取多元化种植。可可树就是一种替代性作物。更妙的是，可可树喜阳喜湿，但又禁不起大风和暴晒，把它们种在槟榔树旁边，大大的槟榔叶便成了它们的保护伞。在台风季，农民甚至还会把两种树绑在一起，确保可可树不被吹倒。宝岛少数民族为了提神醒脑咀嚼了数千年的槟榔，为被玛雅人奉为“神之食物”的可可提供庇护，这种跨越了时间与地域的组合是只有在台湾才能遇到的奇景。

邱铭松就是一位从种槟榔改到种可可的农民，2010年10月，他创立了台湾首个自有巧克力品牌邱氏。他说：“把可可豆变成巧克力并不是一朝一夕的事。我们最开始被人看作是傻瓜。好在经过年复一年的试验，我们终于给台湾的

中国台湾五大特色巧克力美味

巧克力啤酒，啤酒头酿造出品，台北市

www.facebook.com/taiwanheadbrewers

黑金凤梨酥，嘉义市

www.facebook.com/CemasKakanen

宫原眼科冰激凌，台中市

www.miyahara.com.tw

巧克力豆乳，台北市

www.soypresso.com.tw

抹着巧克力酱的土司面包加炸鸡排作早餐，台湾各地

巧克力产业画出了一条起跑线。”台湾产的可可豆品质极高，在高端市场里供不应求，大有成为“棕色黄金”之势。目前全岛的可可豆总种植面积大约300公顷，大多数集中在屏东县的万峦乡和内埔乡。品种方面，芳香的克里奥罗豆、浓烈的福拉斯特洛豆以及两者杂交出的特立尼达豆都有种植。成熟的可可果有木瓜大小，颜色或绿或红或黄。掰开果子，可以看到又白又软的果肉，可可豆就被包在里面。注意，可可果肉不但可以吃，而且很好吃，甜甜的，很像山竹。可可豆一年可种两季，一是3月至6月，一是9月至11月。台湾大多数可可农场都有自己的加工和生产车间，从树上的果变成嘴里的糖，往往只有几步之遥。你可以参观这些农场，学习亲手制作巧克力糖，品尝百分百当地的巧克力以及冰激凌、汽水等巧克力类食品。台湾巧克力口感强烈，味道的平衡度高，带有焦糖与浆果的韵味。但最与众不同的地方还是里面添加的那些本地配料。融入了高山茶叶或荔枝味儿的巧克力，才是最典型、最奇妙的“台湾味儿”。

邱氏可可

屏东县内埔乡富丰路328号; www.facebook.com/taiwancocoa;
+886 8-778-5070

◆组织品鉴 ◆提供培训 ◆现场烘焙
◆咖啡馆 ◆提供食物 ◆自带商店

邱氏可可（Choose Chius）位于绿意茵茵的小镇内埔，面前的公路很是安静，两旁有田有塘，种的是咖啡，养的是鳖。庄园的主人叫邱铭松，是台湾第一位全流程自制巧克力师。他的庄园是全台湾罕有的百分百使用本地可可豆制作巧克力的企业。庄园能够组织2.5小时的团队游，每团最多5人，至少要提前一周报名，带队的就是知识渊博、气度不凡的邱铭松与他的儿子邱育广。如果有幸加入，你可以从可可教父口中了解到台湾可可产业的历史，游览可可园，欣赏那些五颜六色的可可果，并通过讲座亲手制作夹心巧克力和巧克力饮料。老邱种过15年可可树，种过20年咖啡树，对于自己的心血饱含激情，言谈举止极富感染力。庄园自带一个工厂、一家餐厅和一家商店。邱氏巧克力的知名特点就是可可脂含量高，因而口感丝滑诱人。主打产品“招牌生巧克力”（Nama Chocolate），是用顶级可可豆和奶油制成的甘纳许生巧，上面撒着可可粉，每块四四方方，入口即化，美味得不可思议。他家的巧克力饮料同样是极品，作为原料的巧克力原浆也可以单独购买，回去加奶搅拌即可饮用。同样值得一提的还有可可果汁，这种东西在可可农场之外根本喝不到，里面含有大量抗氧化剂，味道甜美清爽——而且他家的可可果汁名字很有诗意，叫“月亮的眼泪”。庄园餐厅能供应各种传统台湾菜肴（包括火锅），也有巧克力冰激凌和巧克力冰沙可选。总之地方虽然偏僻，却绝对值得拜访。

周边活动

内惟跳蚤市集

高雄的这个周末跳蚤市场，天底下有的这里都卖，从不知道哪弄来的小人偶，到宝剑，再到提线木偶，什么都能淘到，更可以让你一睹当地市井生活。

旗津岛

狭长的旗津岛毗邻高雄，可以拿出半天时间前来游览，参观军事基地遗迹和寺庙，体验海岸骑行，享用海鲜大餐。

驳二艺术特区

这片艺术区紧邻高雄港，由一大片老仓库改造而成，里面能购物，能浏览艺术品，能吃能喝，体验很是美妙。pier-2.khcc.gov.tw

万吧

万吧楼下是餐厅，装潢既复古又有未来感，主打新派台湾南部料理，吃过饭还可以去楼上的酒吧区享用鸡尾酒。www.facebook.com/ONEBARRR

可茵山可可庄园

屏东县万峦乡复兴路2-55号; www.cocosun.com.tw;
+886 8-781-0569

◆组织品鉴 ◆提供培训 ◆咖啡馆
◆现场烘焙 ◆自带商店 ◆组织参观

这家可可庄园自定义为旅游型巧克力工厂，走亲子路线，庄园内到处都有可爱的可可主题装饰，还有一个迷人的果园。庄园餐厅除了砖炉比萨，还能供应各种巧克力美食。庄园商店里的商品不拘一格，除了水果、糖果，还有可可油润肤露这种纪念品。另外，这里是台湾为数不多的能够组织英语导览游的可可农场（需提前两周报名）。游客随团可以参观可茵山以先进著称的巧克力制作设备，观看可可豆变成美味巧克力产品的全过程，想一试身手的游客还可以参加庄园开设的40分钟夹心巧克力培训（需提前一周报名）。至于特色巧克力美味，推荐他们家用发酵可可果肉制作的可可果霜冰激凌，里面能品出柑橘和巧克力的韵味。

周边活动

万泰猪脚大王

万峦猪脚乃是当地一绝，这家餐厅面积不大，年头不短，卤猪脚十分软烂，调味大胆创新，因而在周边一众类似店面中脱颖而出。

五沟水

一个清代古村落，至今仍有人居住，内有三十多座古建，宅院、祠堂、寺庙都很养眼。

福湾巧克力

屏东县东港镇大鹏路100号; www.facebook.com/FuWanCacao; +886 8-835-1555

◆提供培训 ◆咖啡馆 ◆提供住宿
◆现场烘焙 ◆自带商店 ◆组织参观

周边活动

东隆宫

东隆宫原建于清代，建筑美轮美奂，是屏东县祭拜温府千岁的第一宫庙，那座遍体金箔的牌楼光华夺目，尤为可观。

烤味鲜

东港的一家烧烤大排档，鸡翅、五花肉、年糕、芦笋以及一切的一切，都可以串成串烤着吃，一个人来可以当零嘴，一群人来可以当大餐。

华侨海鲜市场

市场紧邻东港的港口与渡船，规模巨大，有鲜鱼鲜虾，也有鱿鱼干这种干货，更可以当场享用生鱼片。

小琉球岛

台湾最大的珊瑚岛，与东港有船只连接，可以去浮潜、观察海龟、参观寺庙、享用海鲜，玩几天都没问题。

许华仁是一位获得国际认证的巧克力品鉴师，他经营的这家福湾巧克力，融可可农场、巧克力工厂与度假村于一体。走进庄园的商店兼咖啡馆，你仿佛瞬间步入了大都市台北的某家潮店。整个空间以白打底，以黄绿作点缀，与庄园巧克力产品的包装相同，都反映了天然可可果的颜色。一面绿色宣传墙上赫然悬挂着世界巧克力大赛的奖牌。在巧克力方面，福湾的产品胜在风味微妙至极，有些配料更是用上了独一无二的本地食材，比如附近东港渔港的特产樱花虾，台湾少数民族特色香料马告（或叫山花椒），产自台湾北部山区的铁观音，这些东西统统都被用来给巧克力提味。他家美妙的巧克力饮料或加香料，或加红糖，或加君度利口酒，同样有丰富的味道结构。至于其他产品，比如无酒精可可鸡尾酒、琥珀色的可可浓浆、巧克力世涛啤酒、松露巧克力、修士巧克力（mendiants）以及巧克力花纹面包，也都值得购买。他家所用可可豆，有些产自当地（可以说是从可可树一路被打造成了成品），有些则是从巴布亚新几内亚和厄瓜多尔进口的。

福湾能组织团队游，游客可以随团参观庄园，并在专人指导下亲自动手制作巧克力。参观期间，你会经过晾晒可可豆的架子，会看到用香蕉叶覆盖的酒桶，还会在空气中闻到酸面团和酒精的味道。某位农民还会坐在树荫下，面前摊开鲜可可果，邀请游客品尝可可果汁。工作人员非常热情专业。

18度C巧克力工房

南投县埔里镇; feeling18c.com; +886 4-9298-4863

◆咖啡馆　◆自带商店　◆交通方便

这家店创立于2006年，老板本人就是在山镇埔里长大的，办店的初衷是为了实现自己用优质巧克力回馈家乡的梦想。店名中的18度（Feeling 18）说的是巧克力最佳储藏温度，工房的地窖就始终保持在这个温度。十几年经营下来，人气越来越高，规模自然越来越大，如今旗下已经拥有了咖啡馆、茶室、精品蛋糕店和手工冰激凌店等分支，遍及台湾多地。老店的隔壁就卖冰激凌，要是排队的人太多，不妨先过去尝尝当地风味的三球冰激凌——推荐阿萨姆奶茶味+荔枝玫瑰味+澳门盐花味。另外，埔里的百香果很出名，4月至10月，在镇上也能看到卖新鲜百香果的摊贩。

周边活动

日月潭

南投县的日月潭水色如碧，对于台湾少数民族来说意义重大，不管是乘缆车俯瞰，还是日落时泛舟，都能收获胜景。

九族文化村

文化村位于台湾地理上的中心，是一家以普及台湾丰富多彩的少数民族文化为宗旨打造的主题公园。

香草骑士

南投县埔里镇中山路一段241-2号; vanillaknight.com; +886 4-9299-2276

◆组织品鉴　◆提供培训　◆咖啡馆

◆现场烘焙　◆自带商店　◆交通方便

南投县距离香草的原产地墨西哥不知有几千公里，但这种植物在拥有热带气候的台湾省中部长势很好，这一“地利”就被这家香草骑士（Vanilla Knight）巧克力工坊看中了。2012年，农夫兼甜品师味正琳在距离工坊仅几条街远的一个温室里种下了第一批香荚兰（即香草树），发展至今，工坊中一切点心、巧克力和饮料所需香草，都可以自给自足。工坊在空间设计上也借鉴了开阔的香荚兰园，室内阳光充盈，挑高很高，天花板上描绘的香草收获的景象十分显眼。工坊可以组织农场导览游，导游能说简单的英语，活动需要预约。至于食品方面，星系主题的夹心巧克力堪称惊艳之作，香草布丁以及波旁威士忌香草冰激凌也值得专程前来品尝。

周边活动

喝喝茶台湾日月潭红茶厂

台湾中部盛产红茶，品种繁多，这家茶文化体验馆2019年开放，致力于向大众普及红茶生产知识。

埔里酒厂

埔里酒厂就开在埔里镇的中心位置，黄酒白酒都能生产，还拥有一家博物馆、品酒区和当地食品特卖中心。

畲室

台北市大安区仁爱路4段112巷3弄10号;
www.yuchocolatier.com; +886 2-2701-0792

◆组织品鉴 ◆提供培训 ◆咖啡馆
◆现场烘焙 ◆自带商店 ◆交通方便

周边活动

宝安寺

宝安寺经过修缮，香火重盛，曾被联合国教科文组织授予遗产奖，建筑十分精美，堪称台湾传统装饰艺术的大荟萃。www. baoan.org.tw/english

大稻埕

台北最古老的街区，最出名的就是里面的药材行、干货行、布行以及年货市场。

大安森林公园

这里是台北版的中央公园，从滑轮滑的小孩，到野餐的一家人，再到下棋的长者，似乎全台北的人都会来这儿休闲。

师大夜市

规模不大，人气不小，用蚵仔煎、猪肉包这样的传统小吃就着鲜果汁、珍珠奶茶下肚，一顿饭花不了几个钱。

台北这家高端时尚的巧克力店凭借其精致复杂的巧克力产品，如今在全世界都赢得了粉丝。当家巧克力师郑畲轩出生在高雄，大学时主修英文，后来迷上了巧克力制作，求学于著名的巴黎费朗迪厨艺学院（Ferrandi Paris），出师后曾先后任职于米其林三星餐厅Pavillon Ledoyen和Jacques Génin巧克力店，最终自立门户。畲室成立后不到两年就已在世界巧克力大赛中拿下了七块奖牌。

透过玻璃台，顾客就可以看到他制作的那些夹心巧克力、普拉林和松露巧克力，品相很是优雅。至于口味，想必百香果、乌龙茶、生姜都在你的意料之中，但要是看到酸糯米、腌梅，甚至酱油、香油这种烧菜才会用的食材出现在了巧克力配方里，你也不必惊讶。在巴黎巧克力沙龙展上，郑畲轩正是利用这些台湾当地精品美味与巧克力构成不可思议的组合，在世界巧克力界惊艳亮相。

畲室小而温馨，如果你足够幸运能够抢到一张桌子，不妨一边吃糖，一边喝酒，享受甜与烈的碰撞。柜台后面摆满醒目的酒瓶，干邑、朗姆、格拉帕（grappa），甚至连台湾著名烈酒噶玛兰（Kavalan）樱桃威士忌（他家本身就有一款用噶玛兰和桂圆提味的巧克力）都能找到。店员态度和善，如果不知道如何搭配，不妨向他们请教。另外，畲室每天都会推出一系列法式糕点和果挞。

印 度

用当地话点热巧克力：印度仅官方语言就有24种，点热巧克力用印地语说是“Ek garam chocolate doodh milega?”不过印度人并不爱喝热巧克力。

特色巧克力：简简单单、未加任何调味的牛奶巧克力最受欢迎。

巧克力搭配：必须是打发奶油！

小贴士：敢的话就试试印度的黑暗小吃：槟榔叶包巧克力。

印度人真的很爱吃甜食，但目前在巧克力方面道行尚浅。他们属于保守派，大多数人都觉得吉百利（现由亿滋印度经销）、雀巢以及本土品牌Amul生产的巧克力棒又便宜又美味，已经很好了，并不愿意接受新鲜花样。吉百利尤其精通营销之道，其地位在印度至高无上，被很多印度人都当成了“巧克力”的代名词。而且，尽管这些品牌也都推出了黑巧克力和白巧克力产品，原味牛奶巧克力棒始终在销量上遥遥领先。这种局面未来一定会发生变化，因为印度近来已经诞生了自己的手工巧克力企业，他们与

本国小型可可种植户（主要位于印度南部）合作，正在将触角伸向全国各地，希望印度人能爱上可可多、糖分少的“真东西”。在口味方面，这些企业也非常大胆。往巧克力里加咖啡、坚果、果干这种久经考验的配料不足为奇，但加花椒、番荔枝、鬼椒（bhut jolokia）、阿方索芒果或者红椒还真的是让人开眼界。

话说回来，手工巧克力在印度仍属小众——高昂的定价就是一个重要的原因——在当地食品店里可买不着。而且无论是可可种植，还是巧克力生产，印度在短时间内也完全没有可能超过那些巧克力强国。就拿2015年至2016年来说，印度全国的可可产量大约只有科特迪瓦的1%。实力弱是坏事，但换个角度看问题，实力弱也就是潜力大！

CHITRA' M

No.7, Sathyamurthy Rd, Coimbatore, Tamil Nadu;
chitramcraftchocolates.com; +91 98438-06006

◆组织品鉴 ◆举办讲座 ◆咖啡馆
◆提供食物 ◆现场烘焙 ◆自带商店

Chitra' m有好几个地方与众不同。当家巧克力师亚伦·维斯瓦纳坦(Arun Viswanathan)曾在布鲁塞尔接受过专业培训，制作巧克力绝对不用香草醛、磷脂酰胆碱、防腐剂、氢化植物油等化学品，调味只用粗糖等天然食材，所以他的巧克力自然更健康。另外，他家的巧克力棒总能品出印度独有的味道：黑巧克力上面会点缀姜黄和棕榈糖，或者会混入绿辣椒和生芒果，牛奶巧克力棒里会混入龙爪粟和椰子。

如此善于创新的Chitra' m在世界巧克力大赛上赢得了不少奖牌。品牌咖啡馆Infusion就开在工厂旁边，内有35个座位，是品尝Chitra' m各种产品的好地方——热巧克力也很值得一试。

周边活动

斯氏信托美术馆及纺织博物馆（Kasthuri Sreenivasan Art Gallery & Textile Museum）

这家博物馆对于印度手工纺织业的介绍相当精彩。www. kasthurisreenivasanartgallery.com

加斯森林博物馆及昆虫博物馆（Gass Forest Museum & Insect Museum）

博物馆诞生于殖民时代，由英国林业官员加斯(HA Gass)创立于1903年，里面自然史相关展品十分丰富，从动物标本到云母碎片都有。

ENTISI

Krishna Villa, Santacruz West, Mumbai, Maharashtra;
entisi.com; +91 80805-54554

◆提供培训 ◆自带商店

Entisi潮流指数很高，但面积很小，没有座位，美味的巧克力满屋子都是。意式浓缩与水果夹心巧克力被包在五颜六色的彩纸里，水果与坚果都穿着巧克力糖衣，在这些常见品种之外，还有杏仁巧克力和印度芝麻酱(til chikki)巧克力这种另类花样。

女老板尼姬·塔克尔(Nikki Thakker)选择从国外进口巧克力半成品，然后在自家好似电影《欢乐糖果屋》风格的巧克力实验室里将其“点化”成最终的产品。实验室里摆着许多大型设备，一个个巧克力师在设备的配合下手指飞快地操作着，每件巧克力作品都是尽善尽美。他家卖得最好的产品包括“Daily Dose”夹心巧克力礼盒(共7颗，每天吃一颗)、纯度为54%的方块黑巧克力以及类似能多益的自制榛仁巧克力酱。

周边活动

Granth Book Store

一家书店，从这里坐三轮车过去很近，面积虽小，书籍码放的密度却很高，种类也非常丰富。Granth.com

教堂巷(Chapel Lane)

小巷长300米，19世纪50年代曾立有一支木质十字架，这一带因而得名“圣十字区”(Santacruz)。如今原物已无，巷中却立起了三支十字架。

印度尼西亚

用当地话点热巧克力: Boleh saya mau es krim cokelat?

特色巧克力: 中爪哇省的特产椰奶煎饼(serabi)上面淋着巧克力。

巧克力搭配: 印度尼西亚在国际香料贸易中扮演了重要角色，所以应该吃一根含有辣椒、姜、肉桂或咖啡的巧克力棒聊表敬意。

小贴士: 加了冰和巧克力糖浆的鳄梨汁值得一试。

用印度尼西亚生产的可可豆做出的巧克力，一般颜色偏淡，风味独特。可可豆最初是由欧洲人带过来的，但种植始终断断续续，不成气候，直到20世纪后期，政府与农户联手协作，才最终让印度尼西亚发展成了今天全球第三大可可豆生产国。国产豆子大多数用以出口，但国内的需求也在缓慢上升，越来越多的企业也都开始在这里设厂，

用当地的豆子生产当地的巧克力产品。想了解印度尼西亚可可及巧克力产业的游客，应该去可可农场和加工厂参观一下。在巴厘登巴萨(Denpasar)的亚边塞玛(Abiansemal)村有一个农场Big Tree Farms，农场的椰糖及可可加工厂是世界上最大的竹结构商用建筑之一，是当初为了展示可持续建筑理念专门设计的，很值得拜访。Pod Chocolate Factory也能组织团队游。手工巧克力方面，印度尼西亚正在奋起直追。在爪哇岛上的日惹(Yogyakarta)，一位比利时旅居者于2015年创立了Chocolate Monggo，后来越做越大，其品牌咖啡馆已遍布全岛。印度尼西亚荣誉品牌Krakakoa通过对当地农民进行有机种植培训，也已形成了自己的手工模式。

POD CHOCOLATE FACTORY

29 Jalan Denpasar-Singaraja, Mengwi, Bali;
www.podchocolate.com; +62 361-2091011

◆举办讲座 ◆咖啡馆 ◆提供食物
◆现场烘焙 ◆自带商店 ◆组织参观

当地生产的可可豆，是否能造就世界顶级的巧克力？等你在巴厘岛的Pod Chocolate Factory结束了两小时津津有味的参观之旅，心中自然会有答案。参观期间，游客可以透过巨大的玻璃窗，亲眼观察现代化欧洲制造的设备如何对巴厘岛农民生产的可可豆进行烘焙和回火。但对于巧克力的品质来说，眼见不为实，入口才作数。因此，你必须要到工厂的咖啡馆里，坐在彩色的竹屋中，亲自尝一尝工厂巧克力大师的作品——特别推荐纯度高达99%的“The Purist”黑巧克力，以及用海盐、辣椒或肉桂提味的“Nectar”。工厂并没有开设正式的培训课，但每个人都有机会享受脏兮兮的乐趣，亲自塑造出一条巧克力棒带回家作纪念。

周边活动

亚提卢维梯田（Jatiluwih Rice Fields）

这片梯田拥有数百年历史，已被联合国教科文组织收录，景象神奇无比——“亚提卢维”在当地话中就是“神奇无比”的意思。

Warung Babi Guling Tabanan Ibu Dayu

来巴厘岛怎能不尝尝当地鲜嫩的烤乳猪（babi guling）？这家餐馆与工厂在同一条路上，距离很近，烤乳猪的手艺无可挑剔。

SORGA CHOCOLATE

Jalan Pura Mastima, Jasri, Karangasem, Bali;
www.sorgachocolate.com; +62 363-21687

◆提供培训 ◆咖啡馆 ◆现场烘焙
◆自带商店 ◆组织参观

Sorga Chocolate位于巴厘岛荒蛮的东海岸，厂房是竹制车库风格的建筑，在可可豆的收获季，游客可以抓住这一天赐良机，到工厂参观可持续有机巧克力的制作全过程——从发酵、晾晒、烘焙、研磨、回火直到浇模，一步不漏。要是赶上工厂开设的培训课，还可以亲自动手制作巧克力棒和松露巧克力。“Sorga Chocolate”的意思是“天界巧克力”，老板是美国人艾莫拉德·斯塔尔（Emerald Starr），在当地有一个响亮的绰号：“巴厘巧克力人”（Chocolate man of Bali）。20世纪90年代来到巴厘岛之后，他便开始向当地农民传授科学的可可豆种植技术，后来在2014年开办了这家工厂，其品牌宗旨是“用爱创造非凡之味”，尝过他家的姜味脆心巧克力（Ginger Crunch）和红毛丹巧克力棒（Rambutan bar）便知此言不虚。

周边活动

Jasri Bay Hideaway

这家酒店与工厂在同一个村子里，同一条街道上，晚上睡在紧邻大海的传统木屋里，那叫一个舒服。www.jasribay.com

乌戎水皇宫（Taman Soekasada Ujung）

从工厂沿着海岸驱车10分钟，便是这座水皇宫，宫殿周围环绕着池塘、水上亭台和葱郁的阶梯花园，风光清幽旖旎。+62 363-4301870

日本

用当地话点热巧克力: Hottochokore kudasai。（ホットチョコレートください）

特色巧克力: 抹茶巧克力。

巧克力搭配: 来一盘目前大热的舒芙蕾松饼（souffle pancakes）。

小贴士: 一边走一边进食在日本被认为是没有教养的行为。

日本人向来喜欢新奇时尚的东西，对于新奇时尚的巧克力自然也是情有独钟，所以你在这里才能找到芥末味儿的奇巧巧克力（Kit Kat）。日本人还喜欢小巧可爱的东西，所以这里的便利店才会有那么多迷你的巧克力熊猫饼干和袖珍的巧克力蘑菇。

但日本人又非常看重工匠精神，这让欧洲的顶级巧克力品牌闻风而至，纷纷在东京等大型城市开店设点。你在日本的那些“デパ地下”（即高端百货商场的地下美食广场）常常会发现这些欧洲品牌与若翼族（Royce）、明治（Meiji）等本土品牌同场竞技。日本人到别人家做客、与生意伙伴洽谈，总喜欢用高端巧克力作为见面礼。根据日本情人节的风俗，女性应该给男性送巧克力，给自己爱人伴侣送的叫“本命チョコ”，表达的是爱意，给普通朋友同事送的叫“义理チョ”，表达的是友谊，价格也不用很高。情人节前的一两周里，东京会举行盛大的“巧克力沙龙展”（Salon du Chocolat），能在那里亮相的都是最高端的品牌和最火爆的产品。

全流程自制运动在日本日益兴盛，手工松露巧克力与巧克力棒层出不穷，里面常会用抹茶、黑芝麻、香橙、紫苏等地方特产提味。目前日本的巧克力产业仍然只能依靠进口可可豆，但一家国内企业正着手在遥远的小笠原群岛（Ogasawara；亚热带气候）上种植可可，未来很可能有所突破。

© Manuel Ascanio / Shutterstock; © Jonathan Stokes / Lonely Planet

CACAOKEN

福冈县饭塚市东德前17番79号；cacaoken.com；+81 94 821 1533

◆组织品鉴 ◆提供培训 ◆现场烘焙
◆自带商店 ◆交通方便

Cacaoken属于家族企业，创立于2012年，品牌名在日语中意为“可可实验室”，经营地址就在自家房子旁边的一辆亮红色拖挂式房车里。一走进去，鼻子里闻到的是烤可可豆与热巧克力的浓浓香气，眼睛里看不过来的是数十种巧克力产品。柜台上还有一个巧克力喷泉坐镇，专门用来制作巧克力饮料和巧克力皮水果。店如其名，Cacaoken始终在进行着各种独特的“可可实验”。实验从未间断，产品种类自然不断增长，其特色是善于将日本本土植物和美食与巧克力跨界融合。尽管也有线上业务，但他家的时令特色巧克力只有在这个实体店里才能买到。可可粒蜂蜜、紫苏牛奶巧克力和红糖夹心巧克力都很受当地人喜爱。

周边活动

Patisserie Saison

这家店对于经典欧式甜品进行了美妙的日式创意解读，各种颇有人情味的糕点以及清新的法国风韵令当地人交口称赞。

胜盛公园（Katsumori Park）

一个理想的亲子型公园，当地人喜欢来此解忧，春季更是樱花烂漫。

GREEN BEAN TO BAR

福冈市中央区今泉1-19-22，西铁天神Class大楼；greenchocolate.jp；+81 92 406 7880

◆咖啡馆 ◆提供食物 ◆现场烘焙
◆自带商店 ◆交通方便

日本的巧克力制造商罕有涉足西点者，这家Green Bean to Bar却能身兼二者之长。他们每天早上都会拿出一系列单豆以及风味巧克力棒供顾客品尝，自制精品巧克力棒的款式每月轮换，口味从日本柑橘到樱花都有，全是日本之外无福消受的美味。柜台下面还能看到他们用全流程自制巧克力和优质地方水果制作的夹心巧克力。至于西点，他家因做工精细而名声大噪，点缀着可可碎粒的双份巧克力曲奇与多层巧克力慕斯绝不能不试。如果无法久坐，那就点一杯时令热巧克力打包带走，等候期间不妨隔着玻璃墙参观一下他家的制作间。

周边活动

福冈城（Fukuoka Castle）

福冈城建于江户时代，历史悠久，登顶并不费时，顶上可以环顾福冈市中心美景。

福冈市动植物园（Fukuoka City Zoological Garden）

植物园区共有1000多种植物，布置精妙，方便游客自行探索。动物园区规模不大。

白色恋人巧克力工厂

北海道札幌市西区宫之泽2-2-11-36;
www.shiroikoibitopark.jp/english; +81 11-666-1481

◆组织品鉴 ◆提供培训 ◆咖啡馆
◆自带商店 ◆交通方便

白色恋人(白い恋人; Shiroi Koibito)这个品牌的夹心饼干上下用的是兰朵夏(langue du chat; 形似猫咪舌头的棒状饼干),中间夹的是白巧克力,味道好吃,造型精巧,包装盒蓝白两色,上面画着利尻山(Mount Rishiri),是当地备受追捧的纪念品。除了北海道,你在日本其他主要城市及机场也可买到。品牌所有者石屋製菓(Ishiya)在札幌开了一家很袖珍的主题公园,名叫白色恋人巧克力工厂(白い恋人パーク),提洛尔风格的砖木小屋与维多利亚时代风格的砖石钟楼并肩站立,体现了日本人心中的"欧式风情"。你在这里可以买到白色恋人等石屋製菓公司生产的巧克力产品,在生产间里参观饼干制作,报名参加饼干工作坊(Cookiecraft Studio)里的饼干制作课,在咖啡馆里享用巧克力火锅和白色恋人芭菲。除了吃巧克力,骑小马和坐迷你蒸汽火车肯定也会让小朋友们开心。

周边活动

札幌啤酒博物馆(Sapporo Beer Museum)

札幌啤酒厂是日本第一家啤酒厂,成立于1876年。你在这里能够参观到布满藤蔓、帅气养眼的砖石老厂房,还可以去品酒室(Tasting Salon)里尝一尝北海道独一无二的"Sapporo Classic"。
www.sapporobeer.jp

大通公园(Odori Park)

大通公园就是一条狭长的绿地,在札幌市中心延伸了13个街区,公园中有一个滑梯雕塑叫"Black Slide Mantra",设计者是著名的日裔美籍雕塑家野口勇,很多小孩子都爱在上面玩。

奇巧巧克力精品店

东京中央区银座3-7-2; nestle.jp/brand/kit/chocolatory;
+81 3-6228-6285

◆组织品鉴 ◆咖啡馆 ◆自带商店 ◆交通方便

英国的巧克力威化奇巧（Kit Kat）在1973年首次进入日本市场，东西本身很普通，却在日本迅速走红，这里面可能是借了谐音的东风："kit kat"读起来像日文"きっとかつ"（kitto katsu），意思是"必胜"。但这个品牌真正迎来爆炸式发展是在21世纪初。当时，品牌母公司日本雀巢对这种威化开始进行口味试验，最先推出的还都是草莓味、绿茶味这种较为保守的新品，后来大胆创新，味噌汤味、酱油味、绿豆味甚至是止咳糖浆味的威化很快都在日本涌现出来。今天，你在奇巧巧克力精品店（Kit Kat Chocolatory）里，就能买到巧克力大师安正高木（Yasumasa Takagi）为奇巧制作的各种高端限量款产品。

周边活动

滨离宫庭园（浜離宮庭園；Hama-rikyu Gardens）

这里在江户时代本有一座将军府，如今早已荡然无存，只留下这座庭园。你可以到庭园中那座传统日式茶馆里品品抹茶，再在那些有着数百岁高龄的黑松下散散步。

筑地场外市场（Tsukiji Outer Market）

市场规模很大，曾经著名的金枪鱼拍卖如今已经改在别处举行，但这里逛起来仍然很有意思，有寿司当早餐，有厨刀陶器可供挑选。
www.tsukiji.or.jp/english

奇巧巧克力精品店的总店（日语称"本店"）位于东京繁华的银座地区，里面总有人排队，选用天然色素制作的红宝石巧克力粉色威化、奇巧芭菲以及许多种别处没有的新奇花样，在这里都能找到。

马来西亚

用当地话点热巧克力: 拉茶（the tarik）是大马的国饮，如果非喝巧克力不可，那就试试这里的特色Satu Milo sila。

特色巧克力: 榴莲夹心巧克力堪称美食冒险家的选择。

巧克力搭配: 带榴莲的点心。

小贴士: 马来西亚的加里曼丹岛总得去一趟才行。

马来西亚大多数可可豆都产自加里曼丹岛，这座岛屿由印度尼西亚、文莱和马来西亚三个国家划分。岛上的沙捞越（Sarawak）与沙巴（Sabah）两州都是农业重地，沙巴州丹绒亚路（Tanjung Aru）上的“可可王国”（Cocoa Kingdom）就是这一带比较方便参观的可可种植园，沙巴州的斗湖（Tawau）还有家德源可可博物馆（Teck Guan Cocoa Museum）值得一去。如果走不了这么远，首都吉隆坡（Kuala Lumpur）的Harriston Boutique也很过瘾，那里不但卖巧克力，还有一条小批量生产线制作巧克力，能让你品尝到榴莲夹心巧克力等罕见的口味，只不过常有旅游团光顾，要有心理准备。和那些生产可可豆用以出口的国家类似，马来西亚近来在出口量持续增长的情况下，也出现了越来越多的本土巧克力工厂和全流程自制企业。

CASA LATINA & CACAO LAB

20 Persiaran Ampang, Kuala Lumpur;
www.casalatinacacaolabkl.com; +60 3-42652332

◆组织品鉴 ◆提供培训 ◆咖啡馆
◆现场烘焙 ◆自带商店 ◆交通方便

两年前，委内瑞拉名厨塔马拉·罗德里格斯·桑切斯（Tamara Rodríguez Sanchez）定居大马，闲不住的她很快就创立了Casa Latina & Cacao Lab，打算在这个小天地里完美还原南美巧克力文化。原料方面，她既会从祖国进口发酵好的可可豆，也会选用马来西亚彭亨州一家种植园种植的可可豆，然后在自己的工坊里当场烘焙，并将其制作成普拉林和松露，而且款式风味总有变化。她的工坊还能举办实操培训课，内容非常丰富，除了制作全流程巧克力、松露巧克力这类巧克力课程，还会教授拉美烹饪，甚至是萨尔萨舞！塔马拉还说："我们的巧克力主要用拉美独特的原料提味——包括皮斯科酒——但有一次我们把当地的榴莲做成了普拉林，结果很快就被抢购一空。"

周边活动

Hari Hari Datang

一个很受欢迎的美食广场，几乎就在Casa Latina隔壁，里面密密麻麻的摊位荟萃了大马的小吃精华，马来菜、中餐、印度菜都有，价格还便宜。

Ampang Point

现代化的商场在吉隆坡比比皆是，想要血拼过瘾，来这家就行。里面的顾客多是当地人，除了时装精品店，也有酒吧和法式小馆。www.ampangpoint.com.my

---

SENIMAN KAKAO

29 Jalan Pudu Lama, Kuala Lumpur;
www.senimankakao.com; +60 3-74907788

◆提供培训 ◆咖啡馆 ◆提供食物
◆现场烘焙 ◆自带商店 ◆交通方便

Seniman Kakao是一家很酷的新店，经营团队极具使命感，就是要全力推广马来西亚生产的可持续可可豆，并将其制作成高品质的全流程自制巧克力。他们亲自考察全国各地的小型种植户，以高于市场标准的价格进行采购，并与一家手工烘焙坊合作，将其制成又纯又健康的可可粉，最终以此为原料，大胆创新，创造出了一款款妙不可言的普拉林、松露以及一种美味的巧克力饮料，饮料可以用来混合咖啡、椰汁或豆奶。

工坊位于吉隆坡市中心，建筑是一栋经过美妙修复的殖民时代店屋，未来很快会推出巧克力制作课和品鉴活动，目前能够全天供应食物——那道巧克力炸香蕉，敢问谁人能拒绝？

周边活动

中央市场（Central Market）

装饰艺术风格的中央市场是吉隆坡的地标，当年侥幸逃过拆迁大劫，如今生意火爆，里面尽是销售工艺纪念品和当地美食的摊位。www.centralmarket.com.my

Mr Chew's Chino-Latino Bar

这家潮店位于吉隆坡夜生活中心武吉免登（Bukit Bintang），有给力的马天尼，有可口的西班牙小吃，深夜还有DJ助兴。www.mr-chew.com

菲律宾

用当地话点热巧克力：菲律宾的菲式热巧克力叫sikwate，是用碎可可豆（tablea）与热水调制成的。

特色巧克力：Theo & Philo 品牌的那款青芒果黑巧克力棒。

巧克力搭配：直接用菲律宾当地的巧克力粥当早餐，健康又美味。

小贴士：菲式热巧克力应该用发酵过的碎可可豆做，否则味道就寡淡了。

喜欢巧克力的人来到菲律宾，应该径直奔赴棉兰老岛（Mindanao）上的达沃（Davao）。位于菲律宾南部的达沃地区处在世界“可可带”之内，菲律宾全国1万吨可可豆的年产量，大约有80%是由这里贡献的，年收入高达600万美元。菲律宾的可可豆产业乃是拜西班牙殖民者所赐，但在很长一段时间里，种植不成规模，全国少有大型可可农场，多是农民在自家后院里栽上一些可可树，只为能轻轻松松地喝上自己做的菲式热巧克力。如今，菲律宾的可可产量重新开始攀升，但要追上东南亚可可大国印度尼西亚，还有很长的路要走。

达沃也是Malagos（详见对页介绍）的根据地，这个品牌刚刚在2019年的巧克力学院奖（Academy of Chocolate）评选中获得了大丰收。说完了菲律宾南部，那菲律宾北部有好吃的巧克力吗？有。马尼拉之外的Tigrey Oliva与马尼拉市内的Theo & Philo都不错。这两个品牌都是利用达沃产的可可豆制作单豆巧克力棒，后者的产品中还会用到内格罗斯岛巴科洛德（Bacolod）生产的糖。吕宋岛上还有Hiraya Chocolate，原料可可豆来自棉兰老岛的马拉博格地区（Barangay Malabog），生产的巧克力在口味上很有菲律宾特色。

MALAGOS CHOCOLATE GARDEN

Malagos, Baguio District, Davao;
malagoschocolate.com; +63 82-221-8220

◆组织品鉴 ◆提供培训 ◆咖啡馆
◆提供食物 ◆可以住宿 ◆自带商店

Malagos Chocolate Garden位于达沃的一片可可农场上，如今已成为所有巧克力迷的打卡地。这里设有障碍赛跑道、蝴蝶园和人体棋盘等亲子设施及项目，一家人玩了半天，经常会选择在这里的餐厅吃午饭。花园后部设有巧克力博物馆，旁边还有酒店和水疗馆，爱享受的人都喜欢在那扎堆儿，来一把巧克力按摩或者巧克力浴。约不上也不要紧，因为花园的礼品店同样不会让游览了一天的游客失望。黑巧克力棒、可可碎粒、松露巧克力、巧克力皮刺果番荔枝、巧克力皮芒果等在里面都能买到。这个农场所产的可可豆味道非凡，最近已得到了遗产级可可保护基金会（Heirloom Cacao Preservation Fund）的认可。

周边活动

Cacao City

这是达沃市一家专卖可可豆与巧克力的商店，进来喝杯热巧克力也行，买些用菲律宾豆在当地制作的产品也行。cacaocity.com

菲律宾鹰保护中心（Philippine Eagle Center）

中心内生活着数十只巨大的菲律宾鹰，除了照顾这些极度濒危的动物，每天也会组织团队游为游客普及相关知识。philippineeagle foundation.org

新加坡

用当地话点热巧克力: 中文是新加坡的法定语言，大多数时候用中文就行!

特色巧克力: 牛奶巧克力在这里最普遍。

巧克力搭配: 配咖啡或茶都好。

小贴士: 记得在巧克力棒与巧克力甜品中留意当地特色原料。

亚洲并无悠久的巧克力传统，巧克力产业在过去很长时间也是乏善可陈。传统的新加坡甜品常以班兰叶、红豆、榴莲调味，味道非常丰富，但如果一个新加坡人请你吃巧克力，进嘴的东西估计不是巧克力冰激凌三明治，就是绿茶味的奇巧巧克力。不过最近几年，亚洲对于巧克力的需求暴增，成了全球增长最快的巧克力市场，新加坡尤为抢眼，目前年人均巧克力消费量为2公斤，尽管和美国的4.3公斤相比还有差距，但和亚洲平均数0.45公斤相比已经高出很多了。

换言之，新加坡并不是典型的亚洲国家。这里受到了来自中国、东南亚以及欧洲的影响，文化具有很高的国际性。在新加坡，巧克力常被视为奢侈品，属于完美的礼品，比利时和瑞士等著名巧克力品牌在市场上占主导地位，歌帝梵、瑞士莲之类可谓司空见惯。但是新加坡也同样拥有一流的本土巧克力师、全流程自制工坊和糕点师，尽管他们中许多仍在效仿外国，制作那种欧式的松露和夹心巧克力，但包括Fossa在内的一些企业也正在创造明显具有亚洲风格的糖果与甜品。那些黑芝麻、香橙乃至荔枝巧克力，能让你从新的角度去欣赏这个多元而又独特的国度。

FOSSA CHOCOLATE

在新加坡有多家分店; www.fossachocolate.com; +65 9679-8088

◆组织品鉴　◆提供培训

新加坡全流程自制巧克力品牌的先驱之一，获过大奖，包装炫酷，口味有趣——比如印度尼西亚单豆巧克力棒，比如海虾鲣鱼黑巧克力。尽管工厂不对公众开放，但该品牌的“巧克力品鉴俱乐部”（Chocolate Tasting Club）会定期举行活动，让你可以品尝来自全球各地的巧克力产品，学习巧克力制作技艺，提前预约的话甚至可以为你量身定制专属于你的巧克力体验。品牌创始人当年是三个二十多岁的年轻人。三人在品尝过一块带水果香的马达加斯加单豆巧克力棒之后，突然意识到原来可可豆的味道可以如此丰富，于是决定从零开始制作巧克力，并用马达加斯加岛独有的一种长尾灵猫（fossa）给自己的公司命名，Fossa Chocolate就这样诞生了。

周边活动

实龙岗花园忠忠熟食中心（Chomp Chomp Food Centre at Serangoon Garden）

这个熟食中心里的饭菜超好吃，福建面、参巴酱魔鬼鱼、沙爹肉串等都有，当晚餐当夜宵都可以。

碧山宏茂桥公园（Bishan-Ang Mo Kio Park）

新加坡最大的公园之一，内有大片草坪可以野餐，有慢跑道和骑行道，还有一片令人难忘的游乐场。www.nparks.gov.sg

越 南

用当地话点热巧克力: 在越南你估计只能喝到冰咖啡，好在这东西很有巧克力的韵味。点冰咖啡就说nâu đá或cà phê sữa đá。

特色巧克力: 越南人超喜欢用当地种植的特立尼达豆制作的巧克力。

巧克力搭配: 一杯鸡蛋热巧克力或者鸡蛋咖啡。

小贴士: 在越南一定要找家可可农场参观一下。

19世纪末，法国传教士首次把可可豆传到了越南，但产量一直半死不活，到1907年，政府还停止了对可可农的补贴，越南的可可豆产业随即进入休眠期，直到20世纪末才苏醒过来。今天，越南可可豆产量每年都在增长，所选品种主要是用福拉斯特洛与克里奥罗杂交出来的特立尼达豆。至于巧克力产业，目前在越南刚刚诞生，国内首个手工巧克力品牌玛柔（Marou；详情见下页）可谓其领军者，在胡志明市（Ho Chi Minh City）就能找到该品牌的体

验店。不过按照现在的趋势，可可豆产量的增加肯定会带来巧克力店数量的增加。

紧随其后的是位于邦美蜀（Buon Ma Thuot）的Azzan Chocolates，其可可种植园允许参观，但必须提前预约。胡志明市还有Belvie Chocolate与Pheva这两家企业，前者以比利时巧克力制作工艺加工本国产特立尼达豆，后者主要生产单豆全流程自制巧克力，所用特立尼达豆产自槟椥。

在湄公河三角洲地区，有个Lam The Cuong可可农场，游客可以前去参观，了解地区农业状况，以及可可豆生产与巧克力制作的全过程，晚上还能在农场的家庭客栈Mien Tay Homestay中过夜。

西贡玛柔巧克力店

167–169, Calmette, Phường Nguyễn Thái Bình, Quận 1, HCMC; marouchocolate.com; +84 28-3729-2753

◆组织品鉴　◆提供培训　◆咖啡馆
◆现场烘焙　◆自带商店　◆交通方便

玛柔（Marou）这个品牌于2011年诞生，创始人是常住越南的法国人萨缪·马鲁塔（Samuel Maruta）和文森·莫洛（Vincent Mourou），主攻单豆巧克力，生意日渐兴旺。在胡志明市的这家西贡玛柔巧克力店（Maison Marou Saigon）里，你可以了解到两位创始人所取得的成就、玛柔品牌的法国血统以及旗下各式各样的夹心巧克力、巧克力糕点与巧克力饮品。玛柔在原料方面只选取越南六个地区出产的可可豆，店内的食品源自哪个产区都有明确标识。此外，这家店还会举办多种活动，内容定期轮换。如果你能小坐片刻，推荐点一杯鸡蛋热巧克力（egg chocolat）——那是北越招牌饮料鸡蛋咖啡的"巧克力版"，口感令人沉沦。记得在离开前买上一些这家店独有的夹心巧克力棒和法式夹心巧克力，让自己回家后仍能回忆起越南的味道。

周边活动

胡志明市博物馆（Ho Chi Minh City Museum）

博物馆讲述了越南这座城市的传奇历史，里面既有能体现战争创伤的遗物，也有能反映越南众多少数民族传统的文物。hcmcmuseum.edu.vn

滨城市场（Ben Thanh Market）

天天开门的滨城市场是西贡的象征，销售各种当地工艺品、纪念品、南越菜肴和饮料，是品尝当地小吃的打卡地。ben-thanh-market.com

亚洲十大巧克力美味

巧克力月饼，中国

中国人一到中秋节就会吃月饼，传统的月饼一般用莲蓉、咸蛋黄做馅儿，但如今也出现了豪华的巧克力月饼（Chocolate Mooncakes），里面包着坚果或者融化的焦糖，当礼物送人，非常别致。

鸡蛋仔，中国

香港人气小吃鸡蛋仔（Eggettes，gai daan zai）其实是一种华夫饼，上面鼓着一个个小球，烫手又烫嘴。那种塞进巧克力碎粒或者能多益巧克力酱（Nutella）的鸡蛋仔，巧克力迷肯定爱吃。

巧克力粥，菲律宾

巧克力粥（champorado）是最能让菲律宾人感到温馨的国民美食。这种浓稠的甜粥是用糯米和浓缩可可块熬出来的，上桌时还要在表面浇几圈炼乳，可当早餐，也可当午后小吃。

菲式热巧克力，菲律宾

菲律宾人喜爱的菲式热巧克力（tsokolate），原本是西班牙殖民者在18世纪从墨西哥传过来的，本身是用一种圆圆的可可块（当地叫tablea）加热制成的，其间要用一根木棍（batirol）不断翻搅，口感十分浓稠。

百奇，日本

这种裹着巧克力的饼干棒（Pocky）是日本便利店里一道独特的风景线，除了榛仁、抹茶、蓝莓和椰子，也别忘了经典的黑巧克力口味（日本管这个叫“男士口味”）。

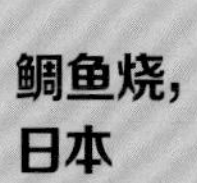

鲷鱼烧，
日本

在日本的百货商场地下美食广场（日本叫“デパ地下”），你肯定能找到这种鱼形的华夫饼。鲷鱼烧（Taiyaki）传统上都是红豆馅儿的，但巧克力、奶酪、蛋奶糊等新口味如今同样热卖。

榴莲巧克力，
马来西亚

关于榴莲的味道，有人说那是香草、大蒜、松脂的合体，有人说那是烂洋葱，甚至是腐肉的恶臭。总之爱的爱死，恨的恨死。榴莲巧克力也不例外。

美禄恐龙，
新加坡

澳大利亚麦乳精品牌美禄（Milo），在新加坡人气火爆，在当地的“小贩中心”（Hawker Centre，即户外美食广场）里，就有一种叫“美禄恐龙”（Milo Dinosaur）的冰饮，还未溶解的麦乳精堆在上面好似小山，吃起来咯吱咯吱的，很有嚼头。

巧克力派，
韩国

两片圆圆的蛋糕，夹住棉花糖，裹上巧克力，这就是韩国情怀小吃巧克力派（Choco Pie），不但备受韩国人喜爱，在朝鲜的黑市里也非常抢手。

绵绵冰，
中国

台湾这种细细绵绵的刨冰（Snow Ice）如今也有了巧克力版，冰沙上会淋上些巧克力糖浆，上面再点缀些草莓和圆子，人气很高，值得一试。

美洲

TOP 3
CHOCOLATE
ICE CREAMS
三大顶级巧克力冰激凌

THE AMERICAS

Heladería Emporio La Rosa,
智利圣地亚哥

这家冰激凌店的手工冰激凌，口感格外脂滑，在各地备受欢迎，你可以用一个巧克力冰激凌球搭配某款包含当地水果的冰激凌球，也可以单点一个巧克力辣椒冰激凌球。他们的生意越做越大，如今在圣地亚哥已有12家分店。除了冰激凌，不妨再来一份酥脆的巧克力夹心可颂（pain au chocolat），找张镀铬餐桌坐下享用。

Van Leeuwen,
美国纽约

这个品牌是纽约布鲁克林区手工美食运动中的一员猛将，最初不过是一辆餐车，如今在曼哈顿和布鲁克林一共开了6家分店。这里的巧克力冰激凌原料由法国巧克力制造商Michel Cluizel供应，可可豆全部来自使用生物动力法的有机种植园。还有一款"mint-chop"口味的冰激凌，里面加了纯度72%的单豆巧克力片，原料来自密苏里著名巧克力制造商Askinosie。

Smitten Ice Cream,
美国旧金山

这家冰激凌店原本与伯克利的巧克力制造商TCHO合作，如今供货商换成了已在旧金山传承五代的家族巧克力制造商Guittard。他家的甘纳许冰激凌巧克力纯度为61%，为了增强巧克力的口感，里面还加了Guittard制作的"Cocoa Rouge"可可粉。湾区多地都有这个品牌的分店。

阿根廷

用当地话点热巧克力：记得点"submarino"，那是阿根廷特色的热巧克力，就是把一块巧克力泡到热牛奶里。

特色巧克力：阿根廷很有代表性的人气甜品巧克力蛋糕（choco-torta），味道令人沉沦，里面最重要的原料是牛奶焦糖酱。

巧克力搭配：吉事果是必备。

小贴士：阿根廷有不少瑞士和德国后裔聚集的村镇，里面保留着欧洲做巧克力和吃巧克力的传统，一定要去参观一下。

总体上看，阿根廷人似乎完全不在乎糖分摄入过量。早餐吃的是甜甜的可颂（medialunas），喝的是加了糖的牛奶咖啡（café con leche），一天中任何时候都可以大大方方地来一份冰激凌。在巴塔哥尼亚（Patagonia）北部，瑞士文化的遗存十分深厚，因此当地两座相邻的城镇，圣卡洛斯德巴里洛切（San Carlos de Bariloche）与埃尔伯松（El Bolsón）便成了全国手工巧克力产业的中心。前者有一条街甚至还被贴切地誉为"巧克力梦想大道"。

在这里买巧克力，一定要说明自己想吃多苦的：可可纯度偏高的巧克力叫"chocolate amargo"（苦巧克力），纯度偏低的叫"semi-amargo"（半苦巧克力），纯度最低的牛奶巧克力叫"con leche"。事实上，当地人更偏爱奶味与甜味，所以超黑巧克力虽说不是买不到，但的确很难找。阿根廷有两种热巧克力，传统热巧克力叫"chocolate caliente"，但更为常见的是一种叫"submarino"的热巧克力，其实就是一杯泛着泡沫的热牛奶外加一小块巧克力，饮用时把巧克力泡进去，喝到最后，尚未完全融化的巧克力还会粘在杯底，点的时候不要弄混了。

巴塔哥尼亚是阿根廷巧克力产业的焦点，当地巧克力常常会用核桃、黑加仑甜酒（cassis）、自制牛奶焦糖酱这种地方特产调味。在圣卡洛斯德巴里洛切（San Carlos de Bariloche）和布宜诺斯艾利斯都能找到的Rapanui巧克力店里，最著名的一款产品就是用树莓先蘸泡白巧克力，后蘸泡黑巧克力，最后冻成糖球。而Mamuschka糖果店则有数百种巧克力与当地食材的组合，展示柜摆得满满当当，让人看得眼花缭乱，非常过瘾，可以免费试吃的样品也很多。在埃尔伯松（El Bolsón），一定记得去逛逛城镇中心的艺匠集市，在里面找到琳达（Linda）的摊位。那位大妈朴实直率，卖的都是自己制作的黑巧克力皮樱桃，里面还加了自己酿造的樱桃利口酒，巧克力与酒的劲头都很足。

JAUJA

Av San Martín 2867, El Bolsón, Río Negro;
www.heladosjauja.com; +54 294-449-2448

◆组织品鉴 ◆提供培训 ◆咖啡馆
◆现场烘焙 ◆自带商店 ◆交通方便

小城埃尔伯松位于巴塔哥尼亚北部的一座山谷中，周边尽是小规模有机种植园，当地人素来玩世不恭。1980年，Jauja在这里呱呱坠地。这里制作的巧克力绝不使用任何人工增味剂，调味只用当地最新鲜的食材，比如加仑果、黑莓、卡拉法特浆果（calafate berry）、牛奶焦糖酱（dulce de leche）与核桃。虽然专攻巧克力，但一到夏天，Jauja也会在隔壁制作并销售冰激凌，外面的队伍总是排得老长。巧克力方面，推荐“皮尔特利慕斯”（Mousse de Piltri），一款牛奶焦糖酱慕斯，里面用焦糖杏仁做夹心，名字是在致敬附近巍峨的皮尔特利基特隆峰。也可以考虑“深奥与矛盾”（Profundo y Contradictorio），一款可可纯度高达80%的冰激凌，口感偏苦，里面加了很多自制蛋白霜和牛奶焦糖酱。

周边活动

皮尔特利基特隆峰（Mt Piltriquitrón）

这座雄峰在埃尔伯松中心区就能望见，可以前往那里体验滑翔伞运动。天气晴好时可以望到邻国智利的火山。

蓝河（Rio Azul）

蓝河属于亲子漂流目的地，难度为2级，漂到一半，还可以在岸边（有遮阳棚）体验浮潜，欣赏鳟鱼在透明的河水中游泳。

mamuschka
CACAO VENEZUELA
TIMBAL NOUGAT
PLATA / SILVER
BRONZE / BRONZE

MAMUSCHKA

Mitre 298, San Carlos de Bariloche, Río Negro;
www.mamuschka.com; +54 294-442-3294

◆组织品鉴 ◆咖啡馆 ◆现场烘焙 ◆自带商店

位于阿根廷湖区的圣卡洛斯德巴里洛切在19世纪时涌入了一批爱吃糖果的瑞士移民，所以如今城中到处都是巧克力店。在这样一个地方，敢说自家的产品是“El chocolate mas rico”（最香浓的巧克力），听起来有点自负，但Mamuschka真的有自负的实力。店门前的巴里洛切大街（Bariloche Street）被阿根廷人亲切地称为“巧克力梦想大道”，巧克力商店一家挨着一家，但论资历，Mamuschka绝对是一大元老，论名气也是数一数二。事实上，在整个拉丁美洲只要报出它的大名，当地人很可能就会口水直流，目光迷离，脑海中泛起甜蜜的回忆。糖果店装潢用的是明亮的红色与金色，氛围怀旧，糖果展示十分诱人，坚决贯彻“先尝后买”的原则，因此总是顾客盈门。

一定要先去抢这里的“榛心巧克力”，好吃得让人魂不守舍，里面的夹心既有巴塔哥尼亚产的榛子，也有销量最好的产品马姆什卡酱（Mamusch cream；这种酱用秘鲁或厄瓜多尔的巧克力打底，里面有许多榛子）。那款“奶油焦糖酱巧克力”也超级诱人，夹在里面的那层奶油焦糖酱本就是阿根廷的著名特产。糖果店咖啡馆里还有很多可以当场享用的美食，尤其是热巧克力，其浓醇绝对是你的舌头这辈子没尝过的。出门沿着大街走几步，就是Mamuschka的冰激凌店，里面几乎所有冰激凌都含有某种巧克力元素。众多巧克力迷排起的长队说明了一切。

周边活动

纳韦尔瓦皮湖（Lago Nahuel Huapi）

一个冰川湖，位于城市边缘，是当地首屈一指的旅游景点，湖水清澈，群山环绕，气质神秘。

雷山（Cerro Tronador）

圣卡洛斯德巴里洛切山势雄奇，登上这一带的最高峰雷山（3554米）才能收获最美山景。山坡上保留有6个冰川。

大教堂山（Cerro Catedral）

城外的这座大教堂山是南美洲顶级冬季运动目的地，滑雪设施世界一流。夏季的徒步体验同样无与伦比。

埃尔伯松（El Bolsón）

这一带可不是只有圣卡洛斯德巴里洛切能做巧克力，往南120公里，埃尔伯松也能让你过瘾。这座小城景色优美，氛围悠闲，气质时尚，除了巧克力，还有超级美味的奶酪与精酿啤酒。

伯利兹

用当地话点热巧克力：英语是伯利兹的官方语言，但在伯利兹南部生活着许多玛雅人的后裔，进行巧克力主题观光时，你要是能热情地用一句“Yo' os”和他们打招呼，人家肯定会对你刮目相看。

特色巧克力：托莱多（Toledo）的高端度假村Cotton Tree Lodge除了提供奢华享受，也有美味的自制巧克力。

巧克力之外的体验：托莱多在每年5月的第三周会举办可可节，地点就在玛雅古城遗址卢巴安敦（Lubaantun），庆祝活动持续数天，主题除了可可还包括玛雅文化。

小贴士：古玛雅人的确曾把可可豆当作货币使用，但今天的玛雅人更喜欢现金。除了伯利兹元，美元的接受度也非常高。

伯利兹被国人誉为“中美洲之珠”，那里有诱人的丛林、原始的海滩和超级悠闲的节奏，数十年来一直是旅游胜地。事实上，这个曾经被叫作“英属洪都拉斯”的地方最开始是兴盛的玛雅文明的一部分。祖先既然将巧克力视为食物、药物与神物，今人也就顺理成章地搞起了“巧克力旅游”，让伯利兹更添魅力。这里气候炎热，当地人待客热情。伯利兹既是著名的可可豆生产国，也有很多技艺精湛的全流程自制巧克力制作者，巧克力体验活动非常丰富，不止品鉴，还有农场观光。一定要尽可能地品尝接近原料地的巧克力，这样才够新鲜美妙。

珀拉什奇亚半岛（Placencia Peninsula）是伯利兹巧克力巨头Goss Chocolate的大本营，其五花八门的产品一定要品尝一番。在安伯格里斯岛（Ambregris Caye）上的圣佩德罗（San Pedro），有一家伯利兹巧克力公司（Belize Chocolate Company），他们生产的“Kakaw”牌手工黑巧克力及牛奶巧克力不但美味，而且在小岛之外很难买到，不可错过。铁杆巧克力迷一定要前往伯利兹最南端的（也是游客最少的）托莱多区，那里不但是全国首屈一指的可可产地，也分布着不少家族可可农场，里面包括品鉴游、烹饪课等活动，玛雅文化氛围浓郁，体验独一无二，特别推荐的农场包括Agouti Cacao Farm（位于San Pedro Columbia村）和Ixcacao Maya Belizean Chocolate（位于San Felipe村）。另外，托莱多区的Maya Mountain Cacao作为全国的“豆界领袖”，也值得参观一番。

GOSS CHOCOLATE

Placencia Rd, Seine Bright, Placencia;
www.goss-chocolate.com; 501-523-3544

◆组织品鉴 ◆现场烘焙 ◆自带商店

在伯利兹随便走进一家食杂店，你很可能会在冰柜里找到Goss巧克力棒，外面包着闪亮的锡纸，上面骄傲地写着“Organically Grown”（有机种植），形象相当可爱。生产这些巧克力的公司Goss Chocolate位于伯利兹逍遥闲适的珀拉什奇亚半岛。公司规模不大，由家族经营，创办于2007年，产品经过“公平贸易”认证，原料百分百都是当地的有机可可豆，配料包括当地的蔗糖以及纯天然的整粒香草豆，其他东西很少，人工增味剂、夹心和色素更是一概没有。这样做出来的巧克力棒，口感香浓丰满，是伯利兹特有的味道。Goss Chocolate遍布国内的商店与咖啡馆，纯度从牛奶巧克力到特浓黑巧克力都有，品型包括松露、巧克力饮料以及一些特色款。作为一个与伯利兹难分彼此的巧克力品牌，Goss就连广告海报和产品包装上的图案都是由罗拉·戴尔加多（Lola Delgado）等当地艺术家创作的。你也许有很多理由想来伯利兹旅行，现在又多了一个。公司负责批发的办事处会在每周三的办公时间对公众开放，但如果没机会亲自拜访也不怕，因为在气候较凉爽的季节，Goss会推出巧克力邮寄服务——生意相当不错。

周边活动

珀拉什奇亚的海滩（Playa Placencia）

伯利兹的海滩都很美，最美的却都在珀拉什奇亚半岛上，漫步也好，游泳也好，保证让你尽兴。

罗拉·戴尔加多工作室（Lola Delgado’s Studio）

伯利兹著名艺术家罗拉·戴尔加多是小村塞纳拜特（Seine Bight）的本地人，参观她的工作室可以让你近距离观看她作画（当场购买也可以）。Goss多款巧克力产品包装上都有她的作品。

珀拉什奇亚镇休闲（Chill in Placencia Town）

酒吧、餐厅、现场音乐、足球场、瑜伽馆……加勒比海滩小镇该有的东西，珀拉什奇亚镇一个不少。

加里福纳音乐（Garifuna Music）

在珀拉什奇亚半岛正中心的塞纳拜特村，当地独特的加里福纳音乐堪称一大亮点。当地制鼓匠波比能够提供这种传统鼓乐的培训课。霍普金斯村也有一个加里福纳音乐中心。

巴 西

用当地话点热巧克力: Um chocolate quente cremoso, por favor。

特色巧克力: 味道清爽的可可果汁(Suco de cacau)。

巧克力搭配: 巴西牛奶布丁(Pudim de leite)。

小贴士: 如果当地人请你到家吃饭,一定要尝尝家庭自制的由可可粉与炼乳制作而成的糖球(brigadeiro)。

一个多世纪前,巴西本是世界最大的巧克力生产国之一,可惜在20世纪80年代,一种叫“女巫扫帚病”(Vassoura de Bruxa)的真菌开始在巴西肆虐,巧克力产量占全国80%以上的巴伊亚州遭到重创,绝大多数可可种植园颗粒无收,许多种植园从此一蹶不振,其带来的连锁反应也十分严重,不但造成了地方经济崩溃,还导致约25万工人失业。

到了21世纪初,转机出现了。走低价路线的巴西可可巧克力产业渐渐成为过去,小型种植方与更加关注品质的手工巧克力制造商开始在巴西崛起,在国内消费者的支持下,市场逐步壮大,手工巧克力产业略显规模。今天,全国全流程自制巧克力企业已超过40家,自2018年起,圣保罗每年还会举办全流程自制巧克力周,为先锋巧克力师提供交流平台。

巴西的可可豆生产也坚定地走上了可持续发展的道路。在亚马孙雨林地区,当地牧场主罕见地与大自然保护协会(Nature Conservancy)等环保组织联手协作,在被畜牧业掏空的土地上重新种起了可可(葡萄牙语为cacau)。因可可树不喜暴晒,当地人又在它们身旁栽种了红木、重蚁木等更为高大的本土树种,让原已荒芜的自然变得生机勃勃。目前,已有超过1700平方公里的退化牧场被改造成了可可种植园,面积在未来还会增长。

CHOCOLATE Q

Garcia d'Ávila 149, Ipanema, Rio de Janeiro;
www.chocolateq.com; +55 21-2274-1001

◆组织品鉴 ◆提供培训 ◆咖啡馆
◆现场烘焙 ◆自带商店 ◆交通方便

周边活动

Gilson Martins

Gilson Martins品牌位于伊帕内玛的旗舰店，手包、钱包等配饰上那些抢眼的图案，灵感来自里约的经典风光。www.gilsonmartins.com.br

Zazá Bistrô Tropical

餐厅距离伊帕内玛的海滩有一个街区远，开在一栋摆满艺术品的别墅里，主打巴西创意料理，偏重亚洲元素。www.zazabistro.com.br

Lagoa Rodrigo de Freitas

一片咸水潟湖，紧挨伊帕内玛北侧，沿湖小道漫长，很适合慢跑与骑行，水畔露天酒吧——比如Palaphita Kitch——环境也很令人难忘。

Polis Sucos

巴西的热带水果缤纷多彩，不尝尝鲜榨果汁（比如可可果汁！）可就白来了。这家当地著名果汁吧就能让你如愿。www.polissucos.com.br

伊帕内玛（Ipanema）是里约一个高大上的街区，海滩最为出名，可事实上，那里还拥有巴西数一数二的巧克力店。走进萨曼莎·阿奎姆（Samantha Aquim）经营的这家小店Chocolate Q，你仿佛走进了一个珠宝盒，当然，是那种弥漫着浓醇黑巧克力香的珠宝盒。货架上码放的巧克力棒包装非常精美，上面的彩图都是大西洋沿岸热带雨林（Mata Atlântica）中的动植物，比如凤梨、棕榈、巨嘴鸟和穿山甲。商店推出了1小时指导品鉴活动，知识渊博的工作人员将为你介绍巧克力制作的流程，带你由淡至浓依次品尝这里的优质巧克力，并一一介绍原料可可豆的产地——最淡的叫“suave”，可可纯度为55%，口感柔和；最浓的叫“intenso”，可可纯度高达85%，黑巧克力迷绝不能错过。

制作这家家族商店所有产品的可可豆都来自列奥林达农场（Fazenda Leolinda）。该农场位于巴伊亚州大西洋沿岸热带雨林中，种植方式讲究环保。就像来自优质产区的红酒，用那里的豆子做成的巧克力，也有该地域独有的味道，每一口都能隐约品出香蕉、菠萝蜜等热带水果的感觉。他们认为巧克力完全可以为自己代言，所以制作时除了纯可可、可可脂和糖，一切增味剂都不用。除了买些包装精美的巧克力棒带回家，你也一定要在商店咖啡馆里当场享用一杯令人沉沦的热巧克力。

加拿大

用当地话点热巧克力: 一般说英语就行，在魁北克记得说法语“Chocolat chaud”。

特色巧克力: 加了枫糖浆的巧克力。

巧克力搭配: 推荐加拿大独一无二的甜品纳奈莫条(Nanaimo bar)——用一片全麦饼干打底，上面一层蛋奶糊加一层巧克力。

小贴士: 别把巧克力与肉汁薯条(poutine)混在一起吃。

加拿大的巧克力暂时还不太出名，但精酿啤酒、精酿烈酒、咖啡“第三浪潮”“食之当地”运动都已在这个广袤的国家大行其道，所以手工巧克力早晚必成气候。加拿大历史最悠久的独立巧克力公司是1873年诞生于新不伦瑞克省(New Brunswick)圣斯蒂芬市(St Stephen)的加农兄弟公司(Ganong Bros Ltd)。到了19世纪80年代，加拿大的巧克力文化发生了西移。查尔斯(Charles)与利亚·罗杰斯(Leah Rogers)在不列颠哥伦比亚省维多利亚市开设了一家杂货店，开始时卖的巧克力都是从旧金山进口的，后来查尔斯决定自己制作，进而成立了Rogers Chocolates。查尔斯数十年前发明的“Victoria Cream”奶油巧克力至今仍在销售。

今天，加拿大每个大城市里都有销售全流程自制巧克力的商店，原料多来自小批量有机可可农场，成品味道多元且富有创意，国内各省的小城镇里也能找到巧克力工坊。至于配料，当地出产的枫糖浆和蜂蜜，以及蓝莓、树莓、樱桃等得益于北方夏季昼长夜短的水果，都非常常见。

热巧克力在这里向来很受欢迎，冬天溜完冰、滑完雪的人尤其爱喝，咖啡馆里也渐渐出现了那种意式浓缩一样的小杯热巧克力。巧克力冰激凌在加拿大人气同样很高，而且也许是受到了法国传统食物的影响，巧克力夹心可颂(pain au chocolat)在许多地区的面包房里也很容易买到。随着吸食大麻在加拿大合法化，没准加了大麻的巧克力会成为这里的新风尚。

THE CHOCOLATE PROJECT

Victoria Public Market, 1701 Douglas St, Victoria;
www.chocolateproject.ca;
◆组织品鉴 ◆提供培训 ◆自带商店 ◆交通方便

对于巧克力，大卫·明塞（David Mincey）爱得激烈，甚至爱得有些痴狂。为了帮助世界各地的手工巧克力制作师在与糖果巨头企业的竞争中能够有尊严地活下去，他在维多利亚市（Victoria）创立了The Chocolate Project，与全球60多个小型全流程自制巧克力制作者直接合作——其中许多他都曾亲自造访——把他们做的300多种巧克力棒拿到维多利亚公众市场（Victoria Public Market）里的一个小摊位上销售。面对顾客，他总是滔滔不绝，恨不得把所有巧克力的知识一股脑地说出来，独门绝招就是能为顾客定制“巧克力派对套装”（party pack），让他们拿回家与亲友一同品鉴。你只要把自己的预算和偏好说出来，他就能为你搭配出套装，顺便还会告诉你品鉴方面的一些窍门。

周边活动

The Pedaler

一家骑行旅行社，团型很有意思，比如以美食为主题的“吃喝骑行”（Eat. Drink. Pedal），比如以精酿啤酒为主题的“骑一路喝一路”（Hoppy Hour Ride），都能带你全面欣赏并且“品尝”到维多利亚市的魅力。www.thepedaler.ca

皇家不列颠哥伦比亚省博物馆（Royal BC Museum）

博物馆设计巧妙，追溯了不列颠与哥伦比亚省的自然史与文明史，有关省内原住民的展览尤为精彩。www.royalbcmuseum.bc.ca

CHOCOLATE TOFINO

1180A Pacific Rim Hwy, Tofino; www.chocolatetofino.com; +1 250-725-2526

◆咖啡馆 ◆自带商店 ◆交通方便

Chocolate Tofino开在温哥华岛(Vancouver Island)的西海岸。那里是鲸鱼迁徙的必经之路，也是著名的观鲸目的地，所以小店的那句宣言“保护鲸鱼，除非他们是巧克力”可以说是恰如其分。这里卖的都是小批量手工制作的巧克力，鲸鱼造型的巧克力当然少不了，顾客还可以参观制作过程。老板金(Kim)与坎姆·肖(Cam Shaw)两人原本生活在萨斯喀彻温省(Saskatchewan)，搬到海滩小城托菲诺(Tofino)就是为了能痛快地冲浪和做巧克力。两人推出的“海岛风味巧克力套餐”内含三款美食，包括用当地采摘的黑莓制作的黑莓奶油霜、薰衣草松露巧克力，以及含有当地蜂蜜的野花蜂蜜甘纳许。三样东西吃下来，你肯定会对他们搬家过来的决定感到庆幸。如果水上运动让你疲惫不堪，他们那款用高纯度黑巧克力制作的“午夜掠夺者”意式冰激凌就是最完美的身体燃料。

周边活动

切斯特曼海滩(Chesterman Beach)

一条长2.7公里的沙滩，正对太平洋，很受冲浪客的喜爱，日落景色尤其壮丽，可以把野餐食物或者巧克力带到这里享用。www.tourismtofino.com

The Wolf in the Fog

一家位于二楼的小馆儿，菜肴的创意在托菲诺数一数二，主打当地海鲜，还有精品鸡尾酒。www.wolfinthefog.com

WILD SWEETS

12191 Hammersmith Way, Unit 2145, Richmond; www.dcduby.com; +1 604-765-9507

◆组织品鉴 ◆提供培训 ◆现场烘焙
◆自带商店 ◆交通方便

多米尼克(Dominique)与辛迪·杜比(Cindy Duby)两口子一个是糕点师，一个是巧克力师，他们的工坊藏在大温哥华区列治文市(Richmond)的一个工业园区里，靠近历史悠久的史提夫斯顿(Steveston)街区，取名Wild Sweets，做起巧克力也的确有些狂野，款款产品都是别处没有的新鲜货色。一年中，两人总会举办几次“Meet the Maker”参观活动，让顾客前来品尝不同制作阶段的巧克力(从烤可可豆，到巧克力原浆，再到单豆巧克力棒)，试吃糕点、冰激凌等巧克力食品，体验用巧克力去搭配葡萄酒、啤酒和烈酒。此外，他们的工坊(两人更喜欢称其为“工作室”)也有其他参观活动，一般安排在周五、周六和周日，参观时间不长。别的不说，他们自制的全流程自制巧克力一定要尝尝。

周边活动

国际佛教观音寺(International Buddhist Temple)

这座华人佛寺殿宇富丽，花园宁静，来这儿散步可以帮你释放巧克力带来的亢奋。www.buddhisttemple.ca

Mama’s Dumplings and Coffee

一家中餐馆，主打上海风味小笼包，也有各种咖啡。www.mamasdumpling.com

加农巧克力博物馆

73 Milltown Blvd. St Stephen; ganong.com, www.chocolatemuseum.ca; +1 506-466-7848

◆组织品鉴 ◆提供培训 ◆自带商店

加了百香果、粉花椒、抹茶什么的松露巧克力不过是赶时髦，有时候我们还是该回归经典。成立于1873年的加农兄弟（Ganong Brothers）是加拿大最古老的巧克力公司，公司的老工厂位于新不伦瑞克省平易近人的边境小城圣斯蒂芬（St Stephen），那里已经开设了一家加农巧克力博物馆（Ganong Chocolate Museum），里面那些古老的烘焙机、旧式的糖果盒以及各种有关巧克力制作过程的互动展示，能让你了解这个公司可爱的历史。品尝环节也非常精彩，加农1920年推出的“Pal-o-Mine”花生软糖巧克力棒与1885年推出的“Chicken Bones”（造型就像鸡骨头，外面是脆脆的肉桂硬糖，里面是巧克力软心，说不上为什么，越吃越上瘾）等长久以来周边居民圣诞节必备的传奇产品，今天的你仍然可以吃到。博物馆的礼品店里还有许多巧克力花生酥、巧克力皮樱桃和焦糖可以选购。

周边活动

加农自然公园（Ganong Nature Park）

公园原为加农家族所有，占地140公顷，位于圣斯蒂芬郊外，正对圣十字河（St Croix River）与圣十字岛（St Croix Island）。ganong-naturepark.com

海滨圣安德鲁（St Andrews By-The-Sea）

一座精致的度假小城，距离圣斯蒂芬半小时车程，历史之悠久可在北美称最，芬迪湾（Bay of Fundy）一线尽是雅致的客栈。standrewsbythesea.ca

ALICJA CONFECTIONS

829 Bank St, Ottawa; www.alicjaconfections.com; +1 613-884-5864

◆组织品鉴 ◆提供培训 ◆咖啡馆
◆现场烘焙 ◆自带商店 ◆交通方便

哪种旅行明信片最好？那必须是巧克力明信片啊！在加拿大首都渥太华，有一家喜气洋洋的Alicja Confections，老板艾莉夏·布克维奇（Alicja Buchowicz）制作的各种夹心巧克力，论色彩之灵动，足以在全国称最，但更有趣的是，她还把自己的巧克力棒包装成了明信片，不但设计可爱，而且真的可以邮寄给亲人和朋友。艾莉夏做巧克力最初只是爱好，有一天偶然把一条巧克力棒放在了一摞信封上，突然灵机一动：把巧克力包在信封里真的邮寄出去，这样做难道不行吗？巧克力明信片就这样诞生了。她的这家糖果店于2017年开业，位于渥太华的格雷布区（Glebe），如今销售的巧克力明信片超过24种，其中的“嬉皮明信片”（Hippy）包含枸杞、可可碎粒和奇亚籽，“尼古拉斯明信片”（Nicholas）以牛奶巧克力打底，含有薯片，得名自艾莉夏的丈夫尼古拉斯。店内甚至还卖邮票，不用你自己准备。

周边活动

里多运河（Rideau Canal）

北美洲持续通航时间最长的运河，两旁的树荫河堤适合散步。冬季河面结冰之时，就是全球最大滑冰场诞生之日。

国会山（Parliament Hill）

那座气派的国会大厦是去加拿大首都必须打卡的景点，多年来一直在进行修复，目前虽未完工，但游客仍可通过网上报名前来免费游览。visit.parl.ca

SOMA CHOCOLATEMAKER

32 Tank House Ln, Toronto; www.somachocolate.com;
+1 416-815-7662

◆组织品鉴 ◆提供培训 ◆自带商店 ◆交通方便

原为建筑师的辛西娅·梁(Cynthia Leung)与原为糕点师的大卫·卡斯特兰(David Castellan),有感于马利塞·普利西拉(Maricel Presilla)的那本《巧克力的新味道》,决定联手投身甜蜜的事业,精挑细选全球各地的可可豆用以小批量制作巧克力,因此于2003年在多伦多创立了SOMA Chocolatemaker,并推出了首款单豆巧克力棒。当时,全流程自制巧克力的概念至少在加拿大还属于新鲜事物。

品牌旗舰店位于多伦多的古酿酒厂区(Distillery District)——另有一家分店位于443 King Street West——两人辛苦探索的结晶,包括松露、巧克力饮料、曲奇、意式冰激凌以及各种小批量巧克力,在那里都可以买到。你也可以报名参加店中的巧克力品鉴活动,在专家的指导下获得更深入的了解。SOMA正筹备在位于帕克戴尔区(Parkdale)的工厂中开设一个"可可豆实验室"(Cacao Bean Lab),到时候将会推出更为丰富的品鉴以及巧克力培训讲座活动。感兴趣的话一定要时刻关注。

至于产品本身,他家的小批量全流程巧克力都很值得一试,尤其是Guasare——一款纯度为70%的黑巧克力,可可豆由委内瑞拉罗萨里奥德佩里加(Rosario de Perijá)地区的4个小农场专门提供,美味不说,本身就是两位品牌创始人痴迷于巧克力的产物。

周边活动

古酿酒厂区(The Distillery District)

Soma旗舰店所在的古酿酒厂区,得名自曾经建在这里的烈酒厂Gooderham & Worts Distillery,如今是一个画廊、咖啡馆与商店遍地的时尚前线。www.thedistillerydistrict.com

圣劳伦斯市场(St Lawrence Market)

市场所在建筑原为多伦多市政厅,建于19世纪,如今成了一个人头攒动的食品市场。市场内Carousel Bakery卖的经典豌豆培根三明治值得一试。www.stlawrencemarket.com

桥下公园(Underpass Park)

位于古酿酒厂区东边,在密密麻麻的公路和高架桥桥下,是一片展示壁画、雕塑与街头艺术的"室外美术馆"。www.explorewaterfrontoronto. ca/project/underpass-park

糖果沙滩(Sugar Beach)

安大略湖(Lake Ontario)岸边的一片都市沙滩,得名自附近的一家制糖厂,沙滩上插着俏丽的粉伞,很受多伦多市民的喜爱。www.explorewaterfrontoronto.ca/project/canadas-sugar-beach

AVANAA CHOCOLAT

309 Rue Gounod, Montreal, QC; www.avanaa.ca;
+1 514-618-4305

◆组织品鉴 ◆提供培训 ◆现场烘焙
◆自带商店 ◆交通方便

凯瑟琳·古勒（Catherine Goulet）是加拿大第一批全流程自制巧克力师之一。原为气象学家的她在秘鲁工作期间爱上了当地的手工巧克力，后来花了一年时间环游世界，了解各地的巧克力文化，最终在蒙特利尔维勒利（Villeray）地区创立了Avanaa Chocolat。Avanaa在因纽特语中的意思是“来自北方”。

工坊所用的可可豆都来自厄瓜多尔、多米尼加和哥伦比亚的小型种植者，从筛选、烘焙、研磨、回火直至包装，巧克力制作的所有流程都在工坊内完成。在客人品尝挑选的同时，凯瑟琳很乐意为他们介绍自己那些产品的产地以及风味特征。至于目前最值得购买的单品，推荐“酥脆巧克力棒”（Crunch Bar）——用脂滑的黑巧克力打底，用可可碎粒做点缀。

周边活动

让塔隆集市（Marché Jean-Talon）

这个市场大厅诞生于1933年，全年开放，规模可在北美称最，农产品、奶酪、糕点和熟食一应俱全。www.marchespublics-mtl.com

Bar St-Denis

酒吧靠近让塔隆集市，是深夜聚会的时尚之选，葡萄酒、啤酒和鸡尾酒品种丰富，供应的小盘美食菜式虽少，创意却多。www.barstdenis.com

CHOCOLATERIE DES PÈRES TRAPPISTES DE MISTASSINI

100 Route des Trappistes, Dolbeau-Mistassini;
www.chocolateriedesperes.com; +1 418-276-1122

◆提供培训 ◆咖啡馆 ◆提供食物
◆现场烘焙 ◆自带商店 ◆交通方便

Chocolateie des Pères Trappistes de Mistassini位于魁北克城西北的萨格奈地区（Saguenay），地处乡野山林，俯瞰圣让湖（Lac Saint-Jean），诞生于20世纪40年代，由一群特拉普会修士负责运营。他们最有代表性的产品是巧克力皮蓝莓，因为所用蓝莓必须是从周边新鲜采摘来的，所以在7月至9月之外根本吃不到，季节性非常强。萨格奈地区是著名的蓝莓之乡，当地人因此都有了“蓝莓佬”（les bluets）的绰号，就连巧克力工厂面前的那条骑行路也被叫作“蓝莓骑行路”（La Veloroute des Bluets）。这些修士和工人制作的巧克力棒、巧克力皮蔓越莓等糖果，全年都可以在修道院的商店里买到，但我们还是建议你提前安排好时间，赶在蓝莓收获季过来尝尝那种“莓”妙的滋味。

周边活动

马什图伊雅什印第安人博物馆（Musée Amérindien de Mashteuiatsh）

博物馆位于圣让湖畔的美洲印第安人保留地马什图伊雅什，主要介绍佩夸卡缪奴亚什（Pekuakamiulnuatsh）魁北克第一民族的文化。www.cultureilnu.ca

波音特塔永国家公园（Parc National de la Pointe-Taillon）

这片怡人的公园邻近圣让湖，内有沙滩、营地以及长长的骑行徒步小道。www.sepaq.com/pq/pta

ÉTAT DE CHOC

6466 Blvd St-Laurent, Montreal; www.etatdechoc.com;
+1 514-657-6466

◆提供培训 ◆咖啡馆 ◆现场烘焙
◆自带商店 ◆交通方便

État de Choc的创始人毛德·高德鲁(Maud Gaudreau)曾经是一位商务顾问，“从没想过自己会拥有一家巧克力工厂”，后来发现消费者越来越“关注食品企业的伦理性与其对环境的影响，同时又极其热衷精品美食”，于是决心自立门户，为他们提供符合采购伦理的手工巧克力，于2018年在蒙特利尔小意大利区(Little Italy)开设了高端巧克力商店État de Choc。商店里既卖自己生产的巧克力(包括玉米辣椒、啤酒花、斯里兰卡咖喱等罕见口味)，也卖世界各地全流程自制企业生产的产品。店内可以入座消费，冷天可用热巧克力驱驱寒，热天可用冰巧克力或者可可果汁无酒精鸡尾酒消消暑。针对死忠巧克力迷，他们还推出了巧克力品鉴讲座和DIY巧克力制作培训。至于非买不可的东西，推荐他家的招牌全流程产品Grands Crus Lingots。

周边活动

Le Butterblume

蒙特利尔大道(Montreal Main)上吃早午餐的首选去处，不管是用金桔、膨化藜麦自制的格兰诺拉麦片，还是西葫芦单片三明治，菜肴都很有创意。www.lebutterblume.com

Alambika

自称是鸡尾酒爱好者的“玩具店”，销售比特酒、糖浆、席拉布、高品质玻璃酒具等酒吧“必备物资”。www.alambika.ca

加勒比地区

用当地话点热巧克力：加勒比地区常年炎热，基本不喝热巧克力。

特色巧克力：加入肉豆蔻以及热带水果的巧克力。

巧克力搭配：成年人可以用朗姆酒配巧克力。

小贴士：岛屿这么多，别只去一座。

加勒比群岛往西一点就是可可豆的发源地中美洲，所谓近朱者赤，这里可可树种得好一点都不奇怪。充足的阳光，加之火山造就的肥沃土壤，赋予了加勒比地区许多岛屿理想的可可种植条件，历史上在此争来抢去的殖民列强对此也没有视而不见。1525年，西班牙人率先在特立尼达种植可可。从16世纪末开始，随着欧洲可可豆需求量的上升，越来越多的奴隶被从非洲运到了西印度群岛。他们在这里辛勤劳作，只为了满足一个遥远大陆对于巧克力不断变大的胃口。

随着奴隶制的废止，当地种植可可的成本有所提高，再加上印度、非洲等地也开始利用进口的可可树种植可可，加勒比可可种植园的地位渐渐下滑，最终导致价格崩盘，可可豆大幅减产。到了21世纪，这里却迎来了复兴，这回唱主角的全都是当地人。随着全世界对于食品质量与地域性的日渐关注，生产规模小、产品过硬、善待工人的当地生产企业正在改变整个产业的面貌。事实已经证明，这种更强调手工制作、全面贯彻全流程自制理念的经营模式能让从种植者到消费者的每一方都受益。

加勒比地区目前出口的可可豆，论数量还很小，只占全世界总产量的5%左右，论质量却很高。事实上，全世界顶级的巧克力产品，大多用的都是这里的豆子。当地农民主要种植克里奥罗与特立尼达两个品种，其风味异常丰富，水果、花香、草本植物、坚果、焦糖等韵味皆可呈现。现在，加勒比可可产业面临的最大难题是提高消费者对于精品可可豆的价值认知，让他们愿意为品质买单，愿意更认真、更专注地去享受巧克力，也让当地种植户有动力一代代地继续下去。

另一个难题则来自加勒比地区与生俱来的多元性。岛屿如此之多，每个岛屿发展可可及巧克力产业的目的都不相同。对于有些岛屿来说，巧克力更像是农业旅游的一个工具，通过参观品鉴来吸引游客；对于格林纳达、巴巴多斯和牙买加来说，巧克力生产是当地农妇自强自立的手段；在加勒比巧克力强国特立尼达，巧克力被视为未来的经济支柱，用以填补该国正在快速缩减的天然气及石油出口收入。虽说“道不同”，但加勒比诸国在最近几年也开始联手合作，“加勒比巧克力”也终于重新回到了世界的视

野中。过去，当地几乎没有巧克力工厂，可可豆都是被运到别处进行加工的。如今，特立尼达和多巴哥精品可可公司、格林纳达巧克力公司等企业已经可以在本岛上完成整个生产过程，把产品价值牢牢留在了国内。这里现在既有设备非常先进、巧克力品质极高、专供海外米其林星级餐厅的巧克力工厂，也有规模不大、散发着乡村风情的企业，他们就在可可种植园里制作美味的巧克力。不管哪种生产方式，都让当地农民得到了真金白银的实惠，也都让世界各地的巧克力迷渐渐体会到了加勒比可可豆的极致风味，所以都是一种共赢。

加勒比地区五大顶级巧克力体验

Agapey Chocolate Factory, 巴巴多斯

工厂位于布里奇敦（Bridgetown），使用加勒比可可豆与本国蔗糖制作巧克力棒，其“凯珊朗姆焦糖”（Mount Gay Rum Caramel）融入了当地生产的朗姆酒。能组织团队参观。www.agapey.com

Jouvay, 格林纳达

工坊开在一座18世纪的朗姆酒厂里，用本国可可豆制作6款巧克力棒，其中就有格林纳达肉豆蔻这一口味。www.jouvaychocolate.com

Antillia Brewing Company, 圣卢西亚

一家精酿啤酒厂，用当地鲜烤有机可可碎粒酿造的巧克力世涛啤酒（Chocolate Stout）获过嘉奖，值得一试。www.facebook.com/antilliabrewing

Tobago Estate, 特立尼达和多巴哥

种植园自制的Laura 45% Dark Milk能品出蜂蜜、坚果和太妃糖的韵味，在世界巧克力大赛上频频获奖。www.tobagococoa.com

Emerald Estate, 圣卢西亚

这个种植园种植的可可豆，采用手工采摘，慢火烘焙，石碾研磨，如此制成的巧克力棒品质一流，味道浓烈，可可纯度在60%和92%之间。www.emeraldchocolate.com

艾什莉·帕拉斯拉姆（Ashley Parasram）
特立尼达和多巴哥精品可可公司创始人兼CEO

“起源、土地、品种、历史、传承……加勒比地区的巧克力故事既丰富又精彩。”

BOIS COTLETTE

Roseau, Dominica; www.boiscotlette.com;
+1 767-440-8805
◆组织品鉴 ◆组织参观 ◆提供食物

Bois Cotlette是多米尼加现存最古老的种植庄园，种植可可、咖啡、甘蔗的历史绵延约300年，最初在18世纪30年代由一个来自马提尼克岛（Martinique）的法裔家族开辟而成。2011年，一个叫乔纳森·莱赫（Jonathan Lehrer）的美国企业高管来到这里，从原家族后人手中买下了这个庄园，决定退隐商海，当一个农民兼巧克力师。他接手之时，庄园因为长期缺乏打理多已荒废，如今却是重获新生。莱赫在庄园里种植自己所需的食物，用环保的方式获取能源，顺便也种起了有机可可豆，搞起了巧克力主题观光。游客在这里可以探索庄园的可可种植历史，亲自把豆荚里的可可豆一步步变成巧克力棒，并通过大量的品鉴，重点学习辨别手工巧克力与工业巧克力在味道上的差别。其实，最有意思的是参观这个庄园本身。庄园藏在一条火山山谷中，热带的天气再残酷，这里也不大受影响，而且18世纪的建筑与布局在莱赫接手时并未经过大的改动，莱赫又以此为基础进行了极尽完美的复原，很值得欣赏。另外，考古学家还在这里找到了很多有趣的发现——包括一个完整的奴隶村——这为你了解巧克力生产的复杂历史提供了一个独特的角度。

周边活动

Pointe Baptiste Estate

卡里比西（Calibishie）附近的一家客栈，拥有一个家族经营的小型巧克力工厂，能制作姜、肉豆蔻、辣椒、丁香等风味的巧克力棒。www.pointebaptiste.com

Banana Lama Eco Villa

一个乡村时尚风格的河畔度假别墅，完全能让人在自然的怀抱中放松，招待客人的甜点中，常会出现老板梅丽莎（Melissa）制作的巧克力。www.bananalamaecovilla. com

Secret Bay

一家精品生态度假村，建议订一个别墅，报名参加这里的培训课，学做创意菜肴，食材包括可持续捕捞的狮子鱼和度假村花园里的食用花。secretbay.dm

Cocoa Cottages

一家艺术范儿的客栈，名字里带着“可可”，魅力也离不开可可，最出名的就是这里的雨林美景和自制巧克力——所用有机可可豆除了来自周边农场，也有自家园地所产。www.cocoacottages.com

格林纳达巧克力公司

Upper Hermitage, St Patrick Parish;
www.grenadachocolate.com; +1 473-442-0050
◆现场烘焙 ◆自带商店 ◆组织参观

周边活动

Belmont Estate

16世纪创立的咖啡甘蔗种植园，如今为有机可可种植园，自带工厂生产巧克力，能组织全流程自制主题游览。www.belmontestate.net

True Blue Bay

当地的一个度假村，每周会在自带餐吧Dodgy Dock Bar举办朗姆酒与巧克力品鉴活动，除了喝酒吃糖，也能让你了解到关于这两种东西的知识。www.truebluebay.com

Crayfish Bay Estate

有机可可种植园，生产小批量单豆巧克力棒，自带一家朴实的客栈。www.facebook.com/ crayfishbaygrenada

House of Chocolate

迷你博物馆、商店与咖啡馆的三合一，位于首都圣乔治，里面能买到岛国顶级巧克力企业的产品，还能为你讲述可可种植幕后的故事。www.houseofchocolategnd.com

格林纳达巧克力公司（Grenada Chocolate Company）是伦理型巧克力生产企业的典范——当然，东西好吃是不用说的。公司的前身是1999年成立的有机可可农与巧克力制作者合作社（Organic Cocoa Farmers' and Chocolate-Makers' Cooperative），创始人除了格林纳达当地农民道格·布朗内（Doug Browne）与埃德蒙·布朗（Edmond Brown），还包括一位很有远见的美国人摩特·格林（Mott Green）。合作社的经营相当成功，用事实证明了巧克力生产不但可以在格林纳达本土完成，同时还能让当地人受益。如今，合作社的有机可可农场面积超过80公顷，收购价格高于市场价大约65%，他们的成功不但让这个岛国成了该地区巧克力产业的中心，也为其他手工巧克力企业带去了灵感与鼓舞，最终促成了2014年首届格林纳达巧克力节（Grenada Chocolate Festival；每年5月于圣乔治市举行）的诞生。

格林纳达巧克力公司的糖果店每周除周六外天天开门，游客前往那里先要经过一段葱郁起伏的山路。店内除了销售他家的手工松露和获奖巧克力棒，也会播放介绍巧克力制作的视频。他家的巧克力都属于黑巧克力，其中比较推荐纯度71%的盐香巧克力（Salty-Licious），里面加了加勒比海盐；也推荐100%的纯可可，吃起来劲头超大，浓到发咸。可以组团参观公司的小工厂，内有依靠太阳能的生产设备，能看到可可豆的发酵过程。

GINA' S CHOCOLATE TRUFFLES

Goodwood Park, Diego Martin, Port of Spain;
www.facebook.com/ginaschocolates; +1 868-794-6202

◆组织品鉴 ◆自带商店

吉娜·哈代(Gina Hardy)是特立尼达和新加坡混血，毕业于法学院，曾在金融圈打拼，后来中了巧克力的"毒"，去比利时完成了高级巧克力师培训，如今在西班牙港做起了巧克力。她的松露与大板巧克力，用的是当地百分百的单一产区特立尼达豆，调味出奇制胜，品相令人叹为观止，被她自豪地称作"来自天堂的小球"。松露巧克力尤其令人沉沦，当地的朗姆、咖啡、烤椰子、坚果、水果与香料都可入味，迄今已创造了50多种口味。值得一提的包括含有开心果和小豆蔻的"泰姬松露"(Taj Truffles)，还有"百香齐放"松露礼盒(Passion Unleashed)，一共12款，每款都以百香果为主配料，分别与玫瑰、香蕉、番荔枝、普洛赛克酒等食材搭配。英国女王伊丽莎白二世、美国前总统奥巴马等VIP全都品尝过吉娜的松露，东西好不好，不说也知道。

周边活动

阿里亚皮塔大街(Ariapita Avenue)

西班牙港的"第一街"(De Avenue)，当地人吃饭聚会(lime)的好地方，小吃就在摊上买个特立尼馅饼(Trini gyro)，大吃就去Veni Mangé享用克里奥尔大餐。

圣克鲁兹农产市场(Santa Cruz Green Market)

西班牙港北边不远的圣克鲁兹，周六会举办农产品市场，当地有机农产品、鲜鱼、工艺品应有尽有。www.greenmarketsantacruz.com

特立尼达和多巴哥精品可可公司

Hilton Trinidad, Lady Young Rd, Port of Spain;
www.ttfinecocoa.com; +1 868-225-2182

◆咖啡馆 ◆自带商店 ◆组织参观

特立尼达和多巴哥的可可豆年产量在过去的一个世纪里下降了98%，但特立尼达和多巴哥精品可可公司（Trinidad & Tobago Fine Cocoa Company，简称TTFCC）却希望通过在可持续性和品质上做文章来扭转这一颓势。特立尼达种植的特立尼达豆共有100多个亚种，TTFCC公司将它们统统收入囊中，并将其制作成了千奇百怪的优质巧克力，复杂程度犹如酿葡萄酒。除了用更好的口味愉悦消费者，该公司也看重为当地农民带来更高的经济收益，与多个当地种植园建立了合作关系。其中的统一种植园（La Reunion Estate）占地200公顷，公司在那里建立了一个现代化加工厂，生产出的巧克力不但斩获了大奖，甚至杀进了英国著名高端百货商场哈罗德（Harrods）。游客可以通过预约前往工厂参观。想在当地购买TTFCC的巧克力，最好去希尔顿酒店的糖果店The Chocolate Box，里面有该品牌生产的各种松露巧克力，口味包括茶香朗姆、凤梨、椰林飘香等。店内也会举办品鉴活动。

周边活动

西印度群岛大学可可研究中心（Cocoa Research Centre, University of the West Indies）

该中心的国际可可基因银行（International Cocoa Genebank）汇集了世界上最丰富多样的一批可可树标本，随团参观能让你了解到有关巧克力的一切。www.sta.uwi.edu/cru

Ortinola Estate

这个诞生于18世纪的种植园也是TTFCC的合作伙伴，能组织可可及巧克力体验游览，其间可以让游客自己动手做巧克力棒。游览必须预约。www.ortinola.com

智利

用当地话买巧克力： Me muestras los chocolates?（能给我看看巧克力吗？）

特色巧克力： 裹着巧克力的焦糖夹心曲奇（Alfajores con manjar）。

巧克力搭配： 当地特色美食礼盒（una caja de regalo）。

小贴士： 买到的手工巧克力，一定要在低温环境下存放。

智利是个很有趣的国家，轮廓仿佛跑步运动员健硕的大长腿，大腿根在阿塔卡马沙漠（Atacama Desert），脚是大风呼啸的合恩角（Cape Horn）——即科考队探索南极前的最后一站，大腿内侧是安第斯山脉，外侧是太平洋。如此奇异的地理状况，意味着你在这里总有山爬，总有水玩，南美洲最佳户外探险目的地的头衔当之无愧。

生活在这样一个容易累的国家，智利人的胃口自然超好，对于甜的东西更是没有抵抗力。

巧克力在智利属于新兴食物。长久以来，当地人一直迷恋大的雀巢巧克力棒，直到最近，随着经济与文化的发展，才对那种更好的巧克力开始有了认识。全流程自制巧克力的市场已经出现，正在试图向智利享誉世界的葡萄酒看齐。这股浪潮已经从时尚的首都圣地亚哥，传到了湖区腹地的水畔度假小城巴拉斯港（Puerto Varas）。

巴拉斯港人口只有2.5万，精品巧克力店却和加油站一样多。之所以如此迷恋巧克力，也许与那位“邻居”不无关系——小城靠近阿根廷的巴里洛切，那是一座由瑞士人建设的山城，巧克力店闻名遐迩。你在巴拉斯港这一带，少不了要去温带雨林中徒步，或是乘坐渡船、迎着冷风勇闯巴塔哥尼亚的峡湾，因此一杯有温度、有营养的热巧克力绝对是完美的旅行伴侣。智利在巧克力消费量上能傲居南美诸国之首，原因不难理解。

CHOCOLATERIE DOMINIQUE

Walker Martínez 239 B, Puerto Varas;
chocolateriedominique.com; +56 9-9788-9532
◆组织品鉴 ◆提供培训 ◆咖啡馆
◆现场烘焙 ◆自带商店

对于多米尼克·维尔基恩斯特（Dominique Vergeynst）来说，选择巧克力师作为职业就等于选择了幸福。她小时候在刚果（金）和比利时都生活过，长大后因为爱情来到了智利的湖区（Lakes District），后来却因为创业在这里定居下来。她那些手工制作的巧克力，里面加入了当地的浆果与智利的榛子，口感细腻温暖，很适合这一温带雨林地区，是当地独一无二的特产。糖果的包装同样很有艺术感，巧克力礼盒尤其华美，上面描画着当地的生物，用的是百分百生物降解材料，即使是透明糖纸也不例外。

多米尼克曾求学于比利时巧克力学院（Belgian Chocolate Academy），创立工坊之后，一直在对当时学到的种种巧克力配方进行改良，至今已有八年。她的Chocolaterie Dominique开在巴拉斯港（Puerto Varas）可爱的主街上，商店与小小的开放式工作间相邻，拥有一批铁杆顾客。她知道智利人特别特别爱吃甜，所以为了让他们慢慢接受全球巧克力市场的风尚，会拿出纯度各异的样品供他们试吃，低的有54%，高的有85%。国外旅行者一定要试试她制作的地区经典曲奇（alfajore），里面用当地制作的牛奶焦糖酱作夹心，外面裹着巧克力。她的特色巧克力名字很简单，叫"Mmhh"，就是把丝滑的甘纳许盖在一块肉桂饼干上，再在牛奶巧克力里蘸一下，吃了这种美味，保管能让你生龙活虎地去探索周围的湖泊与火山。

周边活动

文森特·佩雷斯·罗萨勒国家公园（Vicente Perez Rosales National Park）

智利游客量最多的公园，坐拥完美如锥的奥索尔诺火山（Osorno Volcano）以及火山脚下的兰奇胡亚湖（Lake Llanquihue），能徒步，能滑雪，能泡温泉。www. conaf.cl/parques/parque- nacional-vicente-perez-rosales

Birds of Chile

一家可持续旅行社，能带你追寻达尔文的足迹，深入温带雨林，收获沉浸式的自然体验。www.birdschile.com

湖上剧院（Teatro del Lago）

一家世界级的演出场馆，建在兰奇胡亚湖之上，音效极佳，装潢精美，善用当地的山毛榉木为建材。www.teatrodellago.cl

Mesa Tropera

一家嘈杂热闹的啤酒屋，直接探进了湖水里，每晚人气都很高，饭菜朴实，景色迷人，还有自家酿制的12款啤酒可选。www.mesatropera.cl

哥斯达黎加

用当地话买巧克力：Chocolate por favor。（请给我一块巧克力）

特色巧克力：用特立尼达豆制作的巧克力。

巧克力搭配：哥斯达黎加国际化程度很高，咖啡馆文化正在蓬勃发展，法式可颂、美式布朗尼、意式饼干这几种热巧克力搭配都能找到。

小贴士：一定要参观当地的可可农场。

有关哥斯达黎加的巧克力往事，当地从业者朱丽叶·戴维（Juliet Davey）说："我20世纪90年代末搬到哥斯达黎加，当时一块像样的巧克力都吃不到。明明是一个种植可可树的地方，巧克力却都是进口的、廉价的垃圾食品。" 如今变化天翻地覆。在雾气氤氲、火山相伴的拉福图纳地区，"巧克力主题游览"的广告标牌几乎随处可见（我们从中挑选了乐趣最多、历史最久的一家重点介绍）。

瓜图索县（Guatuso）下辖的小村比加瓜（Bijagua）靠近水色碧蓝的特诺里奥河（River Tenorio），是全国的巧克力"明星"。村中的ASOPAC组织（由北哥斯达黎加80个可可生产者组成，隶属哥斯达黎加环保型可可种植者协会）已为该国的巧克力产业培养了许多女企业家。

2008年，历史学家朱里奥·费尔南德斯·亚蒙（Julio Fernandez Amón）与记者乔治·索里亚诺（George Soriano）创立了巧克力品牌Sibú（得名自布里布里人神话中的创世之神），发展至今也有相当的规模，还凭借创新与环保屡次受到嘉奖。创立于2011年的Nahua，主要是用特立尼达豆制作巧克力，其产品"具有可可豆的浓香，又兼具黄色水果、红色浆果与焦糖的韵味"。

然而今天哥斯达黎加巧克力界的主角是那些小批量制作者，比如Two Little Monkeys，比如朱丽叶·戴维。Two Little Monkeys位于瓜图索附近的圣卡洛斯（San Carlos），是一个小型全流程自制企业，善用椰子及当地热带水果制作极具当地特色的巧克力。朱丽叶·戴维绰号"可可妈妈"，做事风风火火，凭一己之力举办了多种巧克力/可可主题活动，包括帕里塔一年一度的"可可沙龙展"（Salón de Cacao），以及有关羽翼蛇神和可可豆神话起源的讲座。她认为"哥斯达黎加的可可豆细腻、鲜明、带果香，名气正在飞速提升，国内的可可产业也迎来了复兴"。其言确否，亲身造访便知。

DON OLIVO

Via 142, La Fortuna; www.donolivochocolatetour.com; +506-2469-1371

◆组织品鉴 ◆提供培训 ◆咖啡馆
◆现场烘焙 ◆自带商店 ◆交通方便

唐·奥利沃(Don Olivo)的农场位于拉福图纳(La Fortuna)郊外,经营之初,哥斯达黎加的旅游业尚未兴起,更没有像现在这样渗透到全国经济的方方面面。朴实的农场在他的家族手中已传承了三代,唐·奥利沃现在已经当了爷爷,他种的东西除了水果、香料和咖啡,当然也包括可可。每当有游客前来参观,这位老人就会忙着过来迎接,手里的砍刀都不记得放下来,然而吓人归吓人,热情是真热情。

唐·奥利沃的巧克力主题游览,之所以能在这一带独占人气之王宝座,带给游客感官超负荷的美妙体验,诀窍就是在可可之外,还加入了其他元素:咖啡、有机水果、香草、辣椒、甘蔗以及非干不可的朗姆酒,所有这些都会为你一一奉上。许多农场都试图效仿他的这种模式,但总有刻意之感,不像唐·奥利沃的农场那么自然,也没人像他那样提着砍刀来迎客。

周边活动

La Fortuna Pub

这家酒馆距离拉福图纳主广场只有一个街区,供应味道丰富的自酿啤酒和令人满足的酒吧食物,偶尔还能欣赏到音乐。www.facebook.com/ lafortunapub

火山温泉徒步

找家旅行社,来一场一日徒步,领略拉福图纳的精华——感觉Red Lava Tours这家的项目最有意思——喜欢的话还可以选择两日徒步,一直走到蒙特维多(Monte-verde),夜间在林中露营。www. redlavatouristservicecenter.com

Bike Arenal

这家旅行社能组织骑行团,让你骑着质量过硬的公路自行车,挑战火山周边的陡坡。提供自行车日租服务。也有探索哥斯达黎加其他地区的多日游览团。www.bikearenal.com

Arenal Oasis的夜间观蛙游

这家旅行社组织的夜间观蛙游(Night Frog Tour)由一位训练有素的博物学家带队,团员将在夜间沿着小道搜寻眼睛闪着红光的青蛙——也许还会遇到别的什么东西……www. arenaloasis.com/frog- watching

整场游览很适合带孩子一同体验,游客会沿着小道参观果园里的37种果树,参观草药香料园,品尝香蕉、芒果和木瓜,喝甘蔗汁以及用甘蔗汁蒸馏出来的朗姆酒(别看两者同宗同源,这朗姆酒的热烈可不是闹着玩的!),最后还会品尝一杯热巧克力——那种热气腾腾的架势,活像附近火气超大的阿雷纳火山(Volcán Arenal)。

MAMA
CHOCOLATE
POWERING THE PEOPLE
CACAO

MAMÁ CACAO

Parrita; www.facebook.com/pages/ category/Company/ Mama-Cacao-Choco- late-171192356238905; +506 8383-5910

◆组织品鉴 ◆提供培训 ◆现场烘焙

在哥斯达黎加的帕里塔，蒸笼般的中太平洋海岸边有一处丛林茂密的山坡上，藏着一家阿尔卡桑种植园（Finca Alcazan），去那里参观体验无异于一场信仰之旅。种植园的经营者叫朱丽叶·戴维，20世纪90年代她发现哥斯达黎加缺少高品质巧克力，失望之余又在朋友的这片种植园里偶然发现了野生可可树，于是决定在这里自己种自己收，将可可豆制成简单的松露巧克力，拿到当地农夫市场、面包房和酒店里去卖。

如今，朱丽叶闯出了名号，被当地人称为“可可妈妈”（Mamá Cacao），致力于向全世界推广哥斯达黎加的巧克力。她每次制作的数量不多，除了可可豆、松露与可可饮料，也有巧克力棒供应当地市场——你在她的种植园肯定能吃到。

除了做巧克力，可可妈妈也会举办培训讲座和巧克力品鉴活动，烹制含3道菜的可可大餐招待游客，还能安排你参加可可仪式，仪式主持人亚力桑德罗·奎罗斯来自巴甲奇部落，该部落向来视可可为命根子。

她制作的布朗尼，由可可豆、鸡蛋、黑豆、咖啡、香草与小豆蔻混合而成，看着是从她的烤箱里端出来的，吃着却像是从仙界偶得的奇味，让人死也甘心。她组织的两小时培训讲座，可以为你深入介绍有关可可的传奇、历史与信仰。当然，用哥斯达黎加有机可可豆制作巧克力，弄得两手腌臜，才是整场讲座最开心的事。

周边活动

Oceans Unlimited Diving

该潜水学校教练全部经过PADI认证，环保意识强，值得推荐。www.scubadiving costarica. com

Manuel Antonio Surf School

该冲浪学校位于克波斯（Quepos）以南，教练指导细心，善于培养学员的自信心。manuelantoniosurfschool.com

曼努埃尔·安东尼奥国家公园（Manuel Antonio Parque Nacional）

全国口碑最好、人气最高的公园之一，里面猴子、树懒、鸟类无数，海边的冲浪体验也很好。

Titi Canopy Tours

该冒险乐园距离克波斯市中心很近，得名自树顶上出没的伶猴（titi），提供绳降体验，那个荡索项目能让你找到人猿泰山的感觉。www.titicanopytour.com

古 巴

用当地话点热巧克力: Un chocolate caliente por favor? 更简单的说法是un chorote por favor?

特色巧克力: 用糖和75%的生可可制成的巧克力。

巧克力搭配: 古巴甜筒(由椰肉碎、蜂蜜、杏仁和水果混合而成,卷在一片棕榈叶上)。

小贴士: 古巴是生可可之乡,那种品相豪华、包着锡纸的巧克力棒可不容易吃到。

500多年前,探险家哥伦布率船队驶进了今天古巴最东端的巴拉科阿湾(Bay of Baracoa),并将眼前所见记录到了航海日志中,说那里“树木无数”“长着美丽的棕榈”“田地绿意盎然”。其实,巴拉科阿的山区地处热带,雨水充足,阳光灿烂,如果哥伦布看得足够仔细,应该能在山上看到香蕉树、咖啡树、芒果树、菠萝蜜树、木瓜树……还有可可树。包在那些或红或黄或绿的椭圆形豆荚里的可可豆,不管是特立尼达豆、福拉斯特洛豆还是克里奥罗豆,最终让巴拉科阿发展成了古巴可可产业的中心。

古巴最初开始人工种植可可豆是在17世纪,当地人将其作为早餐首选饮料一直喝到了19世纪。全国最主要的可可豆加工企业是鲁本·大卫·苏亚雷斯·阿贝拉巧克力工厂(Rubén David Suárez Abella Chocolate Factory),这家工厂是阿根廷裔革命家、游击队领袖切·格瓦拉(Che Guevara)在1963年创立的,所以又叫切·格瓦拉巧克力工厂。2001年,在加泰罗尼亚糖果师奇姆·卡普德维拉(Quim Capdevila)的帮助下,哈瓦那开办了一家巧克力学校,古巴在巧克力方面的声名随后开始壮大起来。比利时品牌马可里尼(Marcolini)在五六年前率先在市场上推出了古巴巧克力棒,欧洲各大糖果公司随即开始从巴拉科阿进口可可豆,成品最终出现在了欧洲各首都的巧克力精品店里。

2016年,巴拉科阿的可可种植园遭到飓风马修(Hurricane Matthew)的重创,2017年,政府为当地出资购置了一系列欧洲先进的设备机器,希望能让可可产量翻倍,达到每年3000吨。巴拉科阿的可可农业合作社一年收获两次,如今无须自己找买家,政府百分百回购。每年3月,El Güirito附近的Jamal会举办巧克力节。每年情人节期间,巴拉科阿还会举办“情色艺术展”(Arte Erótico),让游客见识充满情调的巧克力。

FINCA LAS MUJERES

Carretera Baracoa-Yumurí, El Güirito, Baracoa; +53 5479-3717

◆组织品鉴 ◆提供培训 ◆咖啡馆 ◆现场烘焙

Finca Las Mujeres位于古巴最古老的城市巴拉科阿(Baracoa)郊外，被葱郁肥沃的自然所怀抱。女主人黛西·佩勒格林·科巴斯在巴拉科阿的地方志中被尊称为“可可女王”，每有游客前来参观，她就会亲自迎接。庄园拥有15公顷的有机可可种植园，前面是一栋淡蓝色的农房，黛西会在房子里向游客讲解有关巧克力的知识。她为人热情大方，还爱开玩笑，一有机会就会拿巧克力的壮阳功效来戏弄男游客。等大家围着一张桌子靠在皮质座椅上坐好，黛西就会开始介绍自家的这个庄园，其间会拿桌上摆着的各种巧克力产品做演示。这个农场采用了香蕉树与可可树混种的方式，让可可树不会遭到暴晒，产出的可可豆当场就会被制作成巧克力，桌上的那些未经抛光的巧克力棒、银纸包裹的巧克力糖球以及精巧的夹心巧克力就是成果。黛西还会拿出很多当地独有的东西让游客品尝，其中一种巧克力饮料由可可豆、椰奶、肉桂和蜂蜜调制而成，用香蕉粉增加黏稠度，其灵感来自历史悠久的“古巴甜筒”，也是一代代古巴东部农民的“燃料”。桌上那些朴实无华的巧克力棒，是用克里奥罗、福拉斯特洛和特立尼达三种豆制成的，黛西会掰下来让大家试吃。桌上一直摆着一种网球大小的棕色球体，经她的演示游客才知道，那原来是用可可豆压出来的可可球，做菜要用可可时，刨一刨就行，巴拉科阿每家每户都有。桌上那些夹心巧克力，巧克力皮只含有可可与糖两种原料，里面的夹心则由软软的香蕉和刨碎的大蕉构成，美味无比，难怪黛西会把它们留到最后才让大家分享。

周边活动

Restaurant Baracoando

古巴唯一一家严格素食餐厅，就开在大厨亚利思迪德·史密斯(Aristides Smith)的家中，主食之外还有新鲜果汁和传统古巴甜筒。www. facebook.com/pages/category/RestaurantBaracoando- 459318957748813

大西洋海滩骑行

巴拉科阿南边的海滩面朝大西洋，棕榈婆娑，风貌狂野，不妨参加一个骑行团，骑着助力脚踏车探索一番，沿途渴了就喝椰林飘香(piña colada)，饿了就吃美味烤鱼。

La Cocina de Ortiz

餐厅主厨英艾迪斯·奥提斯(Ineldis Ortiz)曾受训于哈瓦那多家顶级餐厅，主打河虾、鲜果汁和热乎乎的巴拉科阿巧克力布朗尼。Calle Rafael Trejo 15,+53 5800 1237

河里游泳，瀑布戏水

找当地人带你到清凉的杜阿巴河(River Duaba)里游游泳，在沿河瀑布下玩玩水，或者前去探索遍地黑沙的杜阿巴海滩(Playa Duaba)——即杜阿巴河入海口。

厄瓜多尔

用当地话询问哪里有可可农场: Donde hay una granja de cacao?
特色巧克力: 用阿里巴可可豆（Arriba/Nacional）制作的巧克力。
巧克力搭配: 高原地区无所不在的饼干（当地叫bizcocho，略带黄油的感觉）是巧克力的标配。喝热巧克力可以配白奶酪（泡进去，喝完再吃）或者配面包（蘸着吃）。
小贴士: 当地的可可豆不能不试。

厄瓜多尔拥有两大享誉世界的特产，一是切花月季，一是高品质可可豆，如果你爱花又爱豆，来这儿旅行再合适不过了。厄瓜多尔能种出这么好的可可豆，原因很明显：可可豆本就是亚马孙地区的原生物种，考古人员在厄瓜多尔南部地区出土的某些陶器中就曾发现了残留的可可豆，距今已超过5000年。这里曾经是世界第一大可可出口国，如今重整旗鼓又杀了回来，不单是可可豆，巧克力生产也越来越兴旺。单从可可豆产量上看，厄瓜多尔目前排名

世界第七，并不如西非和印度尼西亚，但当地特有亚种阿里巴豆香气馥郁，具体风味因地而异，品质难以比拟，备受欧洲顶级巧克力制造商的追捧。

本土品牌Pacari今天已是全国乃至全世界巧克力舞台上的一颗明星，2002年创立时就瞬间扬名海外，随后在世界巧克力大赛上一口气拿下了三枚金牌。类似的故事也发生在了总部位于基多的Republica de Cacao身上。如今，这些厄瓜多尔品牌早已闯出了亚马孙，连纽约的电影院里都能买到他们的糖果。

安第斯山脉云雾森林中的明多，也已顺理成章地成了一个生产厄瓜多尔巧克力的中心。巧克力迷到了那里，最爽的一件事就是在一日辛苦徒步之后点一杯热巧克力，把一大块软软的白奶酪泡到里面，喝完热巧克力吃奶酪，或是用一块酥脆的当地饼干边蘸边吃边喝。到底有多爽，试过才知道。

EL QUETZAL DE MINDO

9 de Octubre, Mindo; www.elquetzaldemindo.com;
+593 862-63805

◆组织品鉴 ◆提供培训 ◆咖啡馆
◆现场烘焙 ◆自带商店

厄瓜多尔高品质可可豆的产量位居世界第一，El Quetzal de Mindo是厄瓜多尔国内第一个全流程自制巧克力品牌，自2009年创立以来一直被模仿，从未被超越。品牌工厂开在基多北边一片风景如画的云雾森林之中，单就地理环境来说已经是无与伦比了。工厂采购的可可豆事实上来自周边几个农场，但基本上等于是在一个地方就让你看到可可树种植、采摘、发酵、烘焙、脱壳扬筛和巧克力制作的整个过程，这种机会绝对难得。工厂每年还会举办两次培训，每次长达4天，学员可以亲身参与巧克力制作，人气火爆，报名从速。除了令人陶醉的山景，工厂还有一家美妙的餐厅，里面的食物，从烤肉酱到布朗尼，都会用到工厂自己小批量生产的巧克力，所以很多参观者都希望能够住在这里，慢慢享用——当然，这没有问题，工厂可以提供住宿，住客可免费参加工厂团队游。老板芭芭拉（Barbara）与何塞（José）两人在美国密歇根州也有巧克力工坊，所以他们在这里生产的巧克力，用的虽是厄瓜多尔豆，配料虽有厄瓜多尔特色，但其中也有密歇根州的地方特产（比如蓝莓）和澳洲坚果。又因为整个生产过程完全在当地实现，他家的巧克力里还会品出原料本身的风味，比如从可可果中提取的可可蜜（miel de cacao）。

周边活动

Mashpi Lodge

南美最奢华的游猎度假村之一，位于美景云雾森林保护区之内，占地1200公顷，可以观察到的鸟类多达500种。www.mashpilodge.com

美景云雾森林保护区（Bellavista Cloud Forest Reserve）

保护区内除了观鸟，也能看到眼镜熊和巨鼬，山峰之美更是令人叹为观止，就算不为了那家游猎度假村也该来此探索一番。www.bellavistacloudforest.com

马奇普库纳生物保护区（Reserva Maquipucuna Biológica）

一片私人保护区，占地14,000英亩，是厄瓜多尔生态旅游业的先驱，向导会为你一一指点森林中的亮点。www.maquipucuna.org

Mindo Canopy Adventure

一个惊险刺激的滑索乐园，共10条滑道，带你飞速穿过丛林树冠，让你找到雨林飞禽或者说僧帽猴的感觉。www. mindocanopy.com

YUMBO' S CHOCOLATE

Av Quito, Mindo; www.yumboschocolate.com; +593 98 000 4417

◆提供培训 ◆咖啡馆 ◆提供食物
◆现场烘焙 ◆自带商店 ◆组织参观

2016年，厄瓜多尔人克劳迪亚·庞斯（Claudia Ponce）与意大利人皮埃尔·莫里纳里（Pierre Molinari）联手创立了Yumbo's Chocolate，在随后短短两年内就拿下两个全国性巧克力大赛的奖项，成功之快可谓一鸣惊人。其中一款获奖产品是他家招牌的咖啡巧克力棒。把两种魔豆组合到一起，本就有十足的威力，再加上里面的可可豆乃是厄瓜多尔肥沃土地中出产的阿里巴豆，这种豆子香气扑鼻，但产量仅占全球的5%，因此备受珍视。Yumbo把根扎在厄瓜多尔的海岸地区，所用原料全部来自AMATIF，一个由100户埃斯梅拉达斯省非裔厄瓜多尔种植农组成的合作社。品尝这里的巧克力能获得身体与灵魂的双重满足。品牌工厂能组织团队参观，一上来会用一大杯巧克力饮料迎接游人，参观期间有多个品鉴环节，参观的终点是一片葱郁的花园，这一圈下来，你既长了见识，又饱了口福。

周边活动

Bird of Paradise Tours

明多独一无二的云雾森林是世界顶级观鸟目的地。不妨选择这家旅行社，在桑德拉·帕蒂诺（Sandra Patiño）的带领下拜访大名鼎鼎的安第斯动冠伞鸟，寻找数百种其他森林生灵。

滑索与瀑布徒步（Tarabita and Waterfall Walk）

借助滑索（tarabita），在一辆老汽车发动机的推动下飞速过河，感觉的确爽，但到了对岸就得慢下来，细细探索那些壮观的瀑布与水潭。

GUSTAVO VÁZQUEZ DE CACAO

Carlos Luis Plaza Dañin/Juan Merino Unamuo, Guayaq- uil; www.facebook.com/decacao.ec; +593 98 338 3076

◆组织品鉴 ◆提供培训 ◆咖啡馆
◆提供食物 ◆自带商店 ◆交通方便

走进Gustavo Vázquez de Cacao，满眼经典的木器铁艺、墙上的壁画、发黄的老照片，还有那株盆栽可可树，会瞬间让时光倒退回20世纪40年代——那时候可可产业是当地的经济支柱，瓜亚基尔的滨海大道一带每天都有货船满载可可豆发往全球各地。巧克力店的老板古斯塔沃·巴斯克斯曾在巴塞罗那和意大利分别接受过巧克力师和咖啡师培训，对于两种豆子都很热爱，所以店中除了能吃到绝味巧克力，还能喝到完美的标准浓缩（espresso）、短冲浓缩（ristretto）和长冲浓缩（lungo）。简餐方面，尽管这里在周末也会推出三明治，但实话实说，最值得推荐的还是无糖慕斯（里面会用百香果等水果提味），或者“巧克力雪茄”（chocolate cigar，长条形的巧克力棒，里面塞着花生、杏仁和盐泥）。巧克力糖果方面，推荐他家的厄瓜多尔风味夹心巧克力，不但好吃得不行，而且一颗糖就汇集了厄瓜多尔三大出口品（香蕉、咖啡豆、可可豆）。用巴斯克斯的话说：“我想要发扬我国的巧克力文化，尤其是瓜亚基尔的巧克力文化。要知道，这里本是全国最大的可可豆出口城市，但此前连一家巧克力制造商也没有。”

周边活动

圣安娜山灯塔（Faro of Cerro Santa Ana）

登山台阶路标有数字，爬起来让人心中有数，山顶灯塔处可赏全城最美风光，沿途岔出无数条小街，里面商家无数，饿了累了都不怕。

Malecón 2000

既是一条步行观光路，也是一个主题公园，内有众多餐厅，还有瓜亚基尔的城市微缩模型，是城中打望别人、被别人打望的首选去处。

PACARI

Julio Zaldumbide N24-703 y Rubio de Arevalo, La Floresta, Quito; www.pacari.com; +593 2 380 9230

◆组织品鉴 ◆提供培训 ◆咖啡馆
◆提供食物 ◆自带商店 ◆交通方便

周边活动

耶稣会教堂（Iglesia de la Compañía de Jesús）

南美洲最精美的巴洛克教堂之一，内部富丽堂皇，遍布细致的雕刻与耀眼的金叶。

TelefériQo

乘坐这趟缆车，可以欣赏到“火山大道”（Avenue of the Volcanoes）的壮观美景。上面的空气会变得很稀薄，要有所准备。teleferico.com.ec

Zazu

餐厅对传统厄瓜多尔菜进行了现代的解读，原料都是当地新鲜食材。柠汁腌鱼生值得推荐，敢吃豚鼠的话也可以试试。zazuquito.com

Ochoymedio

弗洛雷斯塔区的一家独立电影院，得名自费里尼经典名片《八部半》，主打文艺片，自带酒吧兼咖啡馆很有人气。www.ochoymedio.net

厄瓜多尔制作巧克力的历史据说可以追溯到5000多年前，但直到2002年，厄瓜多尔现代巧克力产业才杀出了Pacari这样一匹黑马。这个先锋品牌主打“公平贸易”“生物动力法”和“有机”三大标签，其巧克力产品多次荣获大奖，已销往全球约30个国家。在首都基多（Quito）最时尚的弗洛雷斯塔地区（La Floresta），有该品牌的体验馆（Casa de Experiencias），里面的美味无穷无尽，每周二和周四会举办巧克力免费品鉴活动，届时顾客可以吃到他家五花八门的系列产品，包括安第斯风味、国际风味、草本植物风味、水果风味以及限量版风味巧克力。

每周三和周五还有培训活动，你可以来此学习制作美妙绝伦的严格素食松露巧克力（每人$10）。要是能凑齐人数，更可以在此享受巧克力与葡萄酒或者朗姆酒的搭配品鉴体验——朗姆酒用的是享誉世界的危地马拉朗姆。体验馆自带一家咖啡馆，从南美玉米粽（humita）到热巧克力和冰激凌，什么都有，包括严格素食款。当然，Pacari那些富有创意的巧克力产品绝对少不了，安第斯玫瑰、秘鲁粉盐甚至金酒口味的巧克力都值得推荐。Pacari与3500多个小型种植户建立了直接采购关系，采购价公平合理，想进一步了解这个品牌的可持续经营实践以及可可豆的知识，可以前往小城阿奇多纳（Archidona，距离基多3小时车程）的盖丘亚族中心（Kichwa Centre）随团参观。

洪都拉斯

用当地话点热巧克力：Un chocolate caliente, por favor。

特色巧克力：黑巧克力！

巧克力搭配：无需搭配，简单地吃。

小贴士：用干可可豆制成的巧克力茶值得一试。

可可豆属于洪都拉斯原生物种，当地所产具有奇香，在古代地位非常高，曾在科潘（Copán；已知最南端的玛雅文明大型城市）被当作货币使用。根据近期的DNA检测，今科潘地区生长的可可豆是全世界血统最纯正的可可豆，历史可以追溯到1200年前的玛雅古典时期。考古学家在科潘废墟的墓穴中就找到了巧克力的遗迹，这是人类已知用可可豆制作巧克力最早的证据。

咖啡本是洪都拉斯最重要的出口品之一，但随着气候变化，洪都拉斯的气温不断升高，咖啡种植难以长久，当地一些农民现在改种起了可可。这种变化也激发了他们的创造力，巧克力棒自不必提，你现在在这里还能找到一些很不寻常的巧克力制品，比如巧克力酒和巧克力身体磨砂膏。在科潘废墟与约华湖（Lago Yojoa）地区，一些可可种植园推出了团队游，游客可以参观可可豆种植与巧克力加工的过程，品尝美味的劳动成果。与此同时，凭借一流的品质和风味，洪都拉斯生产的可可豆越来越受到国外知名巧克力制造商的青睐。

在全国大多数地方，你看不到——至少目前看不到——太多国产巧克力，但在大型城镇里，许多商店都销售洪都拉斯本土生产的巧克力棒。有些更为高端的餐厅和咖啡馆也会供应当地制作的热巧克力或者巧克力茶。如果有机会参观这里的可可种植园，一定要尝一尝酸甜美味的可可果。

TEA & CHOCOLATE PLACE

Calle Yaragua, Cópan Ruinas; www.facebook.com/El-LugardelTeyChocolate; +504 2651-4087

◆组织品鉴 ◆咖啡馆 ◆提供食物
◆自带商店 ◆交通方便

迷人的Tea & Chocolate Place是商店、品鉴室与咖啡馆的三合一商户，开在洪都拉斯丛林中的山坡上，为巧克力赋予了一种近乎神圣的气质。创始人大卫·塞达特（David Sedat）是一位一流的考古学家，自20世纪70年代开始一直在科潘废墟从事研究工作，后来有感于玛雅人对可可的痴迷，自己也投身其中。其实，Tea & Chocolate Place只是配角，主角是他的植物试验站（Experimental Botanical Station）。他搞试验站的目的是通过混林农业再造当地农田和生态系统，最终改善当地居民的贫困状况，提高居民营养水平。作为试验站丰厚的成果，可可豆、茶叶以及各种独特的香草药草都在茶叶和巧克力的天地里被转化成了各种食品，不但可口，还能治病，更具有极高的公益价值。

店内通透明亮，顾客一进门，店员就会迎上前来，拿出各种产品（包括当地的蜂蜜和萨尔萨酱）供其品尝。如果想多了解一点，可以向店员请教，看看哪种药茶能治哪类疾病。入座消费的话，点热巧克力或者茶都行，最好再配一块布朗尼，然后在露台上找个座位，近可看露台上五颜六色的玛雅风情织物，远可望试验站的山林，夕阳美景尤为魔幻。离开前，记得买些巧克力棒、散装茶、手工皂或者别的什么——尤其是巧克力茶，有可能喝了就想买，一买就停不下来，小心行李不够装。

周边活动

科潘考古公园（Copán Archaeological Park）

这里被联合国教科文组织评定为世界遗产，属于玛雅古城遗迹，至少值得拿出两天时间来探索。建议聘请一名导游，让他为你介绍巧克力在当地的重要地位。www.ihah.hn

Hacienda San Lucas

这片庄园拥有百年历史，你可以过来享用一顿由好几道菜组成的大餐，然后徒步探索庄园内的玛雅建筑，更可以在迷人的环境中住上一夜。www.haciendasanlucas. com

金刚鹦鹉山（Macaw Mountains）

一片动物保护区，你可以来这儿徒步穿行茂密的雨林，与当地鸟类互动——其中一些未来将会被放归自然，但另一些已经没办法离开人类独立生活了。www.macawmountain.org

Luna Jaguar Hot Spring

一家玛雅主题水疗馆，距离科潘废墟以北24公里，地处河流与天然温泉一冷一热的交汇处。www.lunajaguarspa.com

墨西哥

用当地话点热巧克力： Un chocolate（读作choc-oh-lah-tay）caliente, por favor。

特色巧克力： 瓦哈卡州用肉桂和糖调出的特色热巧克力。

巧克力搭配： 热巧克力最适合搭配甜味面点，比如墨西哥的蛋黄包（pan de yema）。

小贴士： 别以为热巧克力总是用牛奶调出来的。这里的热巧克力通常只加热水，如果想要奶，记得说“con leche”。

有关巧克力的发源地，世间流传着无数种甜蜜的传说，但大多数研究者都认为，为巧克力提供原料的可可树最初生长在几千年前的中美洲及如今的墨西哥地区，其拉丁学名“Theobroma cacao”本就来自当地人对于可可豆的尊称，意为“神之食物”。在墨西哥多个奥尔梅克文明（公元前1500年）考古遗址中，科学家都找到了盛放在古老容器中的可可残留物，这是人类最早的巧克力食品，说明奥尔梅克人已经把可可视为一种仪式性饮料。后来，中美洲的玛雅人把巧克力提升到了新的高度，他们把可可糊与水混合，里面加蜂蜜增甜，加辣椒提味，将其制成一种液体巧克力，不但在仪式中饮用，在生活中也常喝。再后来，阿兹特克人进一步提高了巧克力的价值，不仅对其十分尊崇，更将可可豆当作货币购买商品与服务，可可豆地位如同黄金。单就饮用来说，阿兹特克人与玛雅人一样，喝的都是那种辛辣的液体巧克力。据说阿兹特克人的领袖蒙特祖玛（Montezuma）每天喝下的巧克力要按升来计算，目的除了增强体力外，还有催情壮阳。他甚至把这种饮料赐予自己的军队以提升战力。

西班牙殖民者在16世纪将巧克力传到欧洲，这基本已是公认的史实，不过到底是谁传的，怎么个传法，史料不甚明晰，各种说法都有，哪种听上去都有一定的道理。有人说是著名探险家哥伦布，在16世纪初遇到了一艘商船，将船上运载的可可豆带回了西班牙；有人说是西班牙征服者埃尔

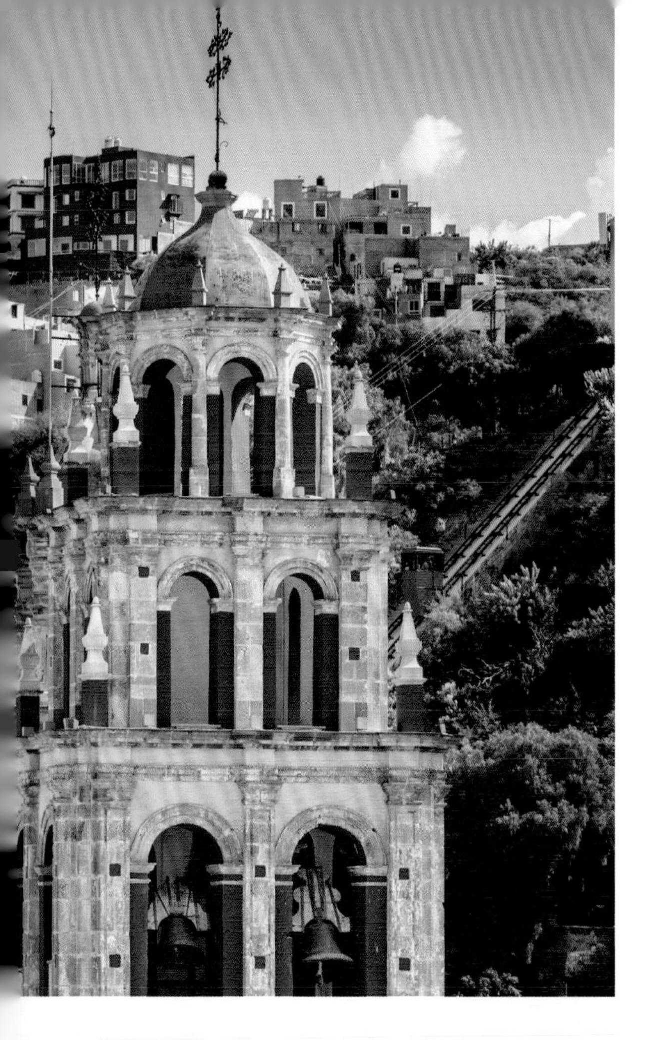

南·科尔特斯（Hernán Cortés）因为亲眼看见蒙特祖玛纵情于巧克力，于是令阿兹特克人用巧克力孝敬自己；还有人说是危地马拉当地的玛雅人，在1544年将可可豆作为贡品献给了西班牙国王腓力二世。

至少可以肯定的是，巧克力一到欧洲，便一炮而红，在里面掺入蔗糖、坚果、肉桂等香料之后，更是受到了上流社会的青睐。随着西班牙人把香料传到了墨西哥，墨西哥人也学会了往巧克力里加香料这一招。今天，液体巧克力仍然是当地人饮食中的标配，在许多地方几乎是每天必喝，在有些地方则会留给特定的节日。在墨西哥巧克力产业重地瓦哈卡州，纯巧克力会与肉桂等香料和糖一起被制成美味的热巧克力，调制时一般不用牛奶，只用热水，同时还要用木棒不停地搅拌，整个过程与几百年前的祖先一模一样。墨西哥的巧克力制造商数以千计，主要集中在恰帕斯与塔巴斯科两州，手工巧克力工坊也已出现，在墨西哥城等大城市最多，那里销售的高品质手工巧克力，口味千奇百怪，蚂蚱（chapulines）、龙舌兰等地方特色都能加进巧克力中。

墨西哥五大顶级热巧克力

Chilate，格雷罗州（Guerrero）
巧克力粥（Champurrado）**，瓦哈卡州**（Oaxaca）
Bup，瓦哈卡州东南部城镇胡奇坦（Juchitán de Zaragoza）
Popo，韦拉克鲁斯州（Veracruz）
Tejate，瓦哈卡州（Oaxaca）

乔纳森·马丁内斯·雷耶斯
（Jonathan Martínez Reyes）
瓜纳华托巧克拉泰巧克力店店主

“比起吃巧克力，墨西哥人通常更爱喝巧克力。但固体巧克力的人气明显正在增长，墨西哥巧克力消费文化也正在随之改变。”

XOCOLA-T

Baratillo 15, Alameda, Guanajuato;
www.facebook.com/ gtogtoxocolat; +52 473-129-0221
◆组织品鉴 ◆提供培训 ◆咖啡馆 ◆自带商店

Xocola-T位于瓜纳华托（Guanajuato）美丽的巴拉提洛广场（Plaza Baratillo），店面非常小，香气却很浓，能让人“未见其面，先闻其味”。国内外许多巧克力迷都把这里视为圣地，一辈子总要来这儿体验一次“巧克力涅槃”才肯罢休。老板马依达（Maida）与乔纳森·马丁内斯（Jonathan Martinez）两人最初只是在当地沿街销售自己制作的巧克力，如今有了门店，仍然亲力亲为，现做现卖。他家的巧克力，最厉害的就是用百分百天然的墨西哥食材作夹心，蚂蚱、毛毛虫、仙人掌、猪油渣等奇葩食材全可以放到巧克力里，芒果、酸角、辣椒等较为寻常的口味同样值得在舌尖玩味。当然，保守派还是偏爱他家纯度从65%到将近100%的奖牌巧克力。

巧克力本就是实打实的健康食品，他家更是根本不用反式脂肪酸，只用纯可可与天然原料提味，所以健康指数毋庸置疑。因为店内产品常变常新，店员总会耐心地为客人详细介绍，选购时不懂当地话也不碍事，喜欢哪个指哪个，店员就能为你打包装盒。做巧克力人家可是认真的，所以你挑的时候一定不要急。

如果根本等不及买回去吃，店内也有两张桌子，可以来一杯墨西哥式热巧克力慢慢享用。他们还推出了当地梅斯卡尔酒与手工巧克力的搭配品鉴活动，体验可谓更上一层楼。

周边活动

胡亚雷斯剧院（Teatro Juárez）

剧院于1903年开放，气势宏伟，面前一排缪斯女神雕像，是全城一大地标，其摩尔风格的内部结构不容错过。

迭戈·里维拉故居博物馆（Museo Casa Diego Rivera）

一家精彩至极的博物馆，由迭戈·里维拉的出生地改造而成，永久展包括这位艺术家的素描草稿与原创作品，内容引人入胜。

木乃伊博物馆（Museo de las Momias）

馆内展出了很多19世纪从墓地中挖出来的木乃伊，最好在品尝巧克力之前来参观，否则可能就白吃了。www. momiasdeguanajuato.gob.mx

联合花园广场（Jardin de la Unión）

一片美丽的三角形广场，里面种满了月桂树，是瓜纳华托市当地居民与外地游客最爱的社交场所，其中当然少不了墨西哥街头乐队的身影。

CHURRERÍA EL MORO

Eje Central Lázaro Cárdenas 42, Centro Histórico, CDMX; elmoro.mx; +52 55-5512-0896

◆组织品鉴 ◆咖啡馆 ◆提供食物 ◆自带商店 ◆交通方便

Churrería el Moro存在的意义之一就是怕你以为只有西班牙人才用吉事果配热巧克力。这种油条一样的小吃上面会滚上肉桂粉或者糖，搭配的热巧克力也不尽相同，墨西哥式热巧克力口感更柔和，西班牙式热巧克力浓如糖浆，劲头大得让人心跳加速。商店制作吉事果的机器相当复杂，路人隔着窗户就能观看到全过程，刚出炉的吉事果热得烫手，拿来蘸着热巧克力吃再合适不过了。这里介绍的这家店位于墨西哥城历史中心区（Centro Histórico），24小时营业，历史在众分店中最长，个性也最强，服务员都是一身喜气洋洋的行头，但那些用白蓝贴砖装饰的新分店同样值得一去，在罗马区（Roma）、女伯爵区（La Condesa）等潮流前线都能找到。这些可爱的“身体加油站”其实也是墨西哥首都的游客不该错过的“打卡地”。

周边活动

中央广场（Zócalo）

中央广场位于墨西哥城中心的中心，也称宪法广场（Plaza de la Constitución），南北长220米，东西长240米，是全世界最大的城市广场之一。

国家宫殿内的迭戈·里维拉壁画（Diego Rivera Murals at Palacio Nacional）

国家宫殿（Palacio Nacional）既是恢宏的殖民时代宫殿，也是政府办公大楼，内有迭戈·里维拉在1929年至1951年绘制的壁画，描绘了墨西哥数百年的历史。

CHOCOLATE MAYORDOMO

Francisco Javier Mina 219, Oaxaca;
www.chocolate- mayordomo.com.mx; +52 951-512-0421

◆咖啡馆 ◆现场烘焙 ◆自带商店 ◆交通方便

瓦哈卡是一座有味道的城市。你在这里能闻到烤辣椒的香气，能闻到殖民风格教堂里飘出的香火，能闻到在土锅里咕嘟冒泡的莫勒酱（mole）散发出的种种辛香，当然也能闻到巧克力的芳香。巧克力在当地地位神圣，曾一度被当作货币来使用。在十一月二十日市场（Mercado 20 de Noviembre）附近的Chocolate Mayordomo旗舰店自称“瓦哈卡之味”（el sabór the Oaxaca），口气虽大，却也名副其实。这个品牌创立于1956年，一直致力于生产肉桂、杏仁口味的大板巧克力，产品在全国乃至海外的超市里都有销售。走进旗舰店，不妨靠在沧桑的木柜台上买一盒“经典巧克力”（chocolate clásico），拿回去倒上热牛奶，用当地传统木制搅拌棒（molinillo）搅出泡沫，打成热巧克力，或者往里面加些玉米碴和香料，做成热乎乎的巧克力粥（champurrado）。这家店年过六旬，店内的味道、陈设与氛围与当初毫无差别，可可豆仍然装在粗布口袋里，称重用的还是老式的天平。店中销售一种巧克力莫勒酱，有红酱、黑酱和偏红酱（coloradito），三款可选其一，后者含有大蕉泥，味道更甜。你可以成盒买回去，也可以在商店的自带餐厅里抹着鸡肉当场享用，顺便搭配一份巧克力粽（tamale）和一杯热巧克力。

周边活动

盖拉盖查节（Guelaguetza）

这是一场绚丽缤纷的夏季舞蹈节，是瓦哈卡市民一年中翘首以盼的盛会。届时，身着各地区传统服饰的演员会集结在一处舞蹈，民众则在一旁大快朵颐，畅饮梅斯卡尔酒（mezcal），怎么开心怎么来。

阿尔班山（Monte Albán）

阿尔班山距离瓦哈卡市西部9英里，历史遗迹十分壮观，曾是萨波特克人的都城，现保留着气派的舞场与雕像。

圣多明各教堂（Templo de Santo Domingo）

一座恢宏的巴洛克教堂，1751年完工，正面外墙精细无比，彩绘穹顶即使在非信徒看来也极其震撼。

中央广场（Zócalo）

瓦哈卡市树木成荫的中央广场仍然是当地人晚上遛弯的首选，上面尽是卖雪糕的商贩和卖艺的吉他手，四周环绕着优雅的拱廊。

EL SABOR ZAPOTECO

Av Benito Juárez 30, Teotitlan del Valle; cookingclasseselsaborzapoteco.blogspot.com; +52 951-516-4202

◆组织品鉴 ◆提供培训 ◆咖啡馆 ◆现场烘焙

瓦哈卡州有一种特色的热巧克力叫Oaxaqueña，当地人每天都离不了，在全墨西哥也非常有名。这种饮料的原料是一种巧克力砖，里面除了有烤过的可可豆，还加了好多糖与肉桂，在瓦哈卡州内各地都能买到，卖巧克力砖的地方也卖一种木雕搅拌棒（当地叫molinillos），用来帮助巧克力砖与热水融合，并搅出泡沫。

想学习制作瓦哈卡热巧克力，不妨前往烹饪学校El Sabor Zapoteco。学校距离州首府瓦哈卡市东南28公里，位于小城Teotitlán del Valle。当地人饮用热巧克力的历史已延续了数百年，校长蕾娜·门多萨（Reyna Mendoza）是当地一位巧克力专家，由她传授这一传统热巧克力的制作方法，保证让你学有所成。

周边活动

瓦哈卡文化博物馆（Museo de las Culturas de Oaxaca）

博物馆位于圣多明各教堂（Templo de Santo Domingo）旁边的一个修道院里，介绍了瓦哈卡州的历史以及当地未被西班牙殖民湮没的古老习俗。

艾尔梅西德市场（Mercado El Merced）

瓦哈卡市一个典型的社区市场，食品摊位汇集了这一美食之乡的美食精华，从西班牙饺子（empanada）到热巧克力全能吃到。

KI' XOCOLATL

Santa Lucía Park, Calle 60, Mérida; www.kixocolatl.com;
+52 999-923-3384

◆咖啡馆 ◆自带商店

Ki' xocolatl是尤卡坦玛雅语中“美味”一词与阿兹特克纳瓦语中“巧克力”一词的合体，单这个名字就反映了墨西哥绵延千年的可可文化。品牌创始人马修·布利斯（Mathieu Brees）本来自比利时，当年由于自己对于巧克力的痴迷来到了“新世界”，在尤卡坦半岛创立了Ki' xocolatl，如今已将其发展成了世界上少有的百分百全流程自制巧克力工坊，也让尤卡坦沉睡了八百年的可可产业再度复苏。该品牌的种植园位于州首府梅里达的南边，那里种植的是一种罕见的克里奥罗豆亚种，种植方式几乎与当年的玛雅人无异，机器设备一概不用，灌溉用的都是半岛地下溶井里的淡水，为了保护娇贵的可可树，还特意在它们身旁栽下了更高大的树木遮阳。

梅里达市中心有Ki' xocolatl品牌咖啡馆（城中另有三家品牌商店），布利斯的“作品”在那里得到了精彩展示。咖啡馆内所售巧克力产品，原料除了尤卡坦产的豆子，也有旁边恰帕斯州（Chiapas）更为常见的可可豆。你可以坐在咖啡馆风景优美的小广场上，品品这里加了辣椒或者醇厚冰激凌的巧克力饮料。店中的“Xocotherapy”可可脂美容产品同样值得购买。

但真正的明星产品绝对是他家完全用尤卡坦种植园克里奥罗豆制作的巧克力棒。因为巧克力类似红酒，越放越香，所以除了在店中享用，你也大可以买足几个月的量，拿回去慢慢品尝。

周边活动

圣卢西亚广场（Parque Santa Lucía）

奇巧克拉旁边的这个广场，每周四晚上会有浪漫的民谣音乐表演，每周日会举办跳蚤市场（届时梅里达市中心车辆禁行）。

玛雅世界博物馆（Gran Museo del Mundo Maya）

这是一个巨大的展览空间，于2013年开放，展览内容不仅涉及尤卡坦半岛上的古玛雅人，也包括曾在这里出没的恐龙。

Los Dos

一家烹饪学校，学员可以来此学做传统尤卡坦菜肴并参观中央市场（里面某些摊贩会销售味道很苦的手工巧克力盘）。los-dos.com

Choco-Story

布利斯的种植园暂不对公众开放，但你可以去参观种植园旁边的这个博物馆，时间允许的话，也应该去探索这一带的古玛雅文明遗址——乌斯马尔（Uxmal）与规模更小的普克之路（Ruta Puuc）。

尼加拉瓜

用当地话点热巧克力: Un chocolate caliente por favour。

特色巧克力: 尼加拉瓜最出名的就是品种丰富的可可豆，不乏珍奇，用它们做成的巧克力绝对值得一试。

巧克力搭配: 当地一种叫tiste的饮料，主料是可可豆和玉米，盛在炮弹果（jícaro）掏空后的壳里。

小贴士: 既然都到了尼加拉瓜，不妨顺便再参观个咖啡种植园（coffee finca）。

巧克力迷来到尼加拉瓜，可以真切地感受到这里长达数百年的可可种植史，亲眼观察巧克力制作的全过程，还可以一路走来一路吃。动了脑，动了嘴，此时就该动动手了，比如去格拉纳达的拉美巧克力博物馆，戴上帽子，系上围裙，在多语工作人员的加油助威下，用石臼石杵研磨可可豆，坚果、可可碎粒、盐、辣椒什么的想加就加，最终打造出专属于你的一条巧克力棒，带回家当成完美的纪念品。住宿方面不妨考虑格拉纳达的Mansion de Chocolate，那是一栋古老的殖民风格大宅，由尼加拉瓜前总统阿兰达（Evaristo Carazo Aranda）兴建于19世纪，后来历经扩建，目前被改造为巧克力主题精品酒店，其水疗馆甚至可以提供巧克力理疗（choco therapy）。

现在，尼加拉瓜是中美洲最大的可可生产国，每年能出口数千吨优质可可豆，大多都供应给了瑞特（Ritter）等欧洲糖果企业，留给自己的寥寥无几，但随着巧克力旅游业人气渐长，国内的巧克力需求也有所上升。相传尼加拉瓜就是探险家哥伦布初次邂逅可可豆的地方，其可可文化可谓源远流长，未来值得期待。

ARGENCOVE

Primer Calle Sur Xalteva, de la Iglesia 1C al Sur, Granada;
www.argencove.com; +505 8113-1592

◆组织品鉴 ◆现场烘焙 ◆自带商店

Argencove是尼加拉瓜西南部格拉纳达（Granada）一家手工全流程自制巧克力制造商，几年前刚刚成立，一直坚持在可可豆发酵、晾晒与巧克力风味方面求新求变，最看重“当地”二字。所用可可豆采购自全国各地，雇员都是当地人，成品巧克力棒常以马萨亚火山（Masaya Volcano）、阿波由湖（Laguna de Apoyo）等尼加拉瓜自然奇观命名，产品包装设计也借鉴了格拉纳达西班牙殖民风格的地砖图案，企业本身还扶持了多个社区发展计划。他家位于格拉纳达的小工厂能组织团队参观，需要预约，领队的是一位澳大利亚巧克力师。参观以可可豆荚采摘开始，涵盖巧克力制作的每道工序，品尝环节也极尽丰富：从可可果到可可豆再到极品巧克力，参观者全部都能吃到，并可以比较品评可可豆产地、可可纯度以及各种配料（包括腰果、藏红花、百香果）对巧克力味道产生的种种影响。

周边活动

马萨亚火山（Masaya Volcano）

一座余威尚存的活火山，驾车几乎可以一路开到火山口边沿。赶上火山发威，火山口里就会出现冒泡、发光的熔岩，景象被称为“魔鬼之口”（devil's mouth），最适合随夜间团前去欣赏。

The Garden Cafe

一家时尚的咖啡馆，里面有有机沙拉、超级水果奶昔和精酿啤酒，自带一家公平贸易商店，销售当地的设计品和农产品。www.gardencafegranada.com

---

CHOCOLATE MOMOTOMBO

Plaza Altamira Mod.2, Managua;
www.momotombo-chocolatefactory.com; + 505 2270-2094

◆提供培训 ◆咖啡馆 ◆提供食物
◆现场烘焙 ◆自带商店

Chocolate Momotombo由索尼娅·莫拉加（Sonia Moraga）与卡洛斯·何塞·曼（Carlos José Mann）创立于2004，旨在发掘尼加拉瓜悠久的可可种植历史，旗下拥有一批全流程自制巧克力师，选用本国最上乘的可可豆制作各种巧克力饮料、手工巧克力以及巧克力礼盒对外销售，其产品在世界巧克力大赛中曾荣获过美洲赛区金奖。他家在采购方面积极与当地种植户合作，重点是选用并推广当地特殊的可可品种。

周边活动

阿卡华林卡小道考古博物馆（Museo Arqueológico Huellas de Acahualinca）

1874年，一群矿工在这里发现了8000年前至6000年前留下的若干小道化石遗迹，上面保留下了鸟类、浣熊、鹿、负鼠以及大约10个人类的足迹。

莫莫通博火山自然保护区（Reserva Natural Volcán Momotombo）

莫莫通博火山雄立于马那瓜湖（Lago de Managua）湖畔，海拔1280米，山色似红似黑，山体呈现出完美的锥形，是尼加拉瓜的象征，其爆发又是对该国最美丽的威胁。

秘鲁

用当地话买巧克力: Se puede probar unos chocolates?(我能试吃几款巧克力吗?)

特色巧克力: 加入了黑薄荷、姜、精产盐这些当地特色的巧克力棒。

点哪种巧克力: 苦巧克力(Chocolate amargo)。

小贴士: 一定要多多品尝单豆巧克力棒,以便了解不同产地的独特风味。

秘鲁位于安第斯山脉葱郁的心脏地带,古代曾是强大的帝国,因为地貌丰富,物种众多,文化庞杂,骨子里自带一种多元性,向来无法简单定义。随便找家热闹的市场逛一逛,你就会发现热带水果与高原谷物并排陈列,薯类尤其缤纷多彩。传统与创新的交融在当地餐饮文化中掀起了一场革命,形成了所谓的"新安第斯"(novo andina)菜系。可可豆就是在如此肥沃的饮食土壤中诞生的。

亚马孙北部是可可豆的摇篮。这种看似普普通通的豆子最初都是野生的,在距今大约5000年前得以人工种植,后来又传到了中美洲。目前,秘鲁24个大区里有16个都在种植可可豆,大多数种植者都是小型农户。库斯科大区的许多种植园拥有非常悠久的历史,许多都在某个家族里传承了好几代,但秘鲁荒僻的中部雨林如今也出现了新的可可种植园。那一带在20世纪90年代末毒品交易最猖獗的时候,本是非法古柯的产地,现在为了维护当地农民的安定与生计,有关方面鼓励他们改种起了可可豆。

不要以为秘鲁的可可豆只有公益价值。因为各地区土壤、地理条件以及种植方式的区别,秘鲁可可豆在口味上拥有令人震撼的多元性:用皮乌拉(Piura)白可可豆制成的巧克力棒,口感偏淡,带有黄糖与柑橘的韵味;亚马孙北部产的豆子,具有花朵与浆果的香味;库斯科某些产区的品种,带有肉桂丁香的浓味。用秘鲁单豆制成的巧克力棒在一系列国际巧克力比赛中屡获佳绩,这足以证明秘鲁巧克力有实力震撼所有地球人的味蕾——你所要做的就是马上开始品尝比较,找到最适合你的那一款。

EL CACAOTAL

Jr Colina 128 A, Barranco, Lima; www.elcacaotal.com;
+51 1 4174988

◆组织品鉴 ◆现场烘焙 ◆提供培训 ◆自带商店

每家巧克力吧背后都有一个故事，但El Cacaotal的故事不是一般的精彩。创始人阿曼达·乔·怀尔德伊（Amanda Jo Wildey）本为人类学家，曾经第一个深入亚马孙雨林，采访那里停种古柯（其叶可以制成可卡因）、改种可可的农民，后来为了帮助农民把他们生产的东西推向市场，在利马时尚的巴兰科（Barranco）地区开了这家商店。现在，这家店与秘鲁各地的小型种植农都有合作，采购价坚持公平贸易原则，产品超过200种，还举办各种专业的培训讲座，仿佛一座可以吃的巧克力图书馆，是你了解秘鲁可可与巧克力的完美目的地。

顾客可以参加有趣的巧克力盲评，也可以根据每款巧克力的风味介绍卡东挑西拣，凑成一盒，拿回家办一个巧克力派对。阿曼达认为影响巧克力味道的主因是可可豆的产地以及巧克力的加工方法，那些果香、坚果香甚至是茉莉香，根本不是任何配料带来的。Shattell品牌的Chuncho（纯度70%）、Maraná 品牌的Cusco（纯度70%）等获过大奖的秘鲁本土纯巧克力棒在店内都能买到，但加入了辣椒、石榴、糖等配料的风味巧克力同样值得一试，含有柠檬草、藜麦等秘鲁代表物产的巧克力尤其不该错过。店内的产品按地区分别进行展示，墙上挂着可可农的照片，隔壁的巧克力实验室开设有精彩的巧克力英语培训讲座。

周边活动

利马美食之旅（Lima Tasty Tours）

参加这一美食主题游，能在巨大的市场里与当地摊贩开心互动，能找到少有人知的美食珍品，品尝活动丰富多彩，为你揭示舌尖上的利马。www.limatastytours.com

阿玛诺博物馆（Museo Amano）

开在一位顶级私人收藏家的故居里，参观体验相当私密，通过极尽精美的纺织品与陶器，为你还原了一个真实的古代秘鲁。www.museoamano.org

Barra Chalaca

一家惬意自在的海鲜吧，能做柠汁腌鱼生，厨艺高超，氛围欢乐，因而大受好评。午餐天天等位，还是早点来比较好。www.barrachalaca.pe

Museo del Pisco

一家美妙的酒吧，开在一栋16世纪的古宅里，善用当地香料和丛林野果调制味道一流的原创皮斯科鸡尾酒，借此让客人了解秘鲁的这种特色饮料。www.museodelpisco.org

CHOCO
museo

拉美巧克力博物馆

拉美各地; www.chocomuseo.com

◆组织品鉴　◆提供培训　◆咖啡馆

◆现场烘焙　◆自带商店

拉美巧克力博物馆（ChocoMuseo）是小型博物馆、咖啡馆、商店和工厂在巧克力的黏合下形成的合体，是娱乐性、亲子性和教育性的综合体现，也是一个以人为本、妙趣横生、全面展现巧克力实力与魅力的模范项目，还是一个由当地人运营、令当地人受益（那些“奥柏伦柏人”就是他们扮演的）的社区型组织。

目前，博物馆遍布哥伦比亚、哥斯达黎加、多米尼加、危地马拉、墨西哥、尼加拉瓜与秘鲁这7个拉美国家，一共24家，每家都受到了所在国文化的影响，每家都有独特的性格，但都肩负着同样的使命，那就是与公众分享有关巧克力生产来源、制作工艺和品鉴方法的知识。

为了做到这一点，拉美巧克力博物馆兵分两路。一是免费分享，即博物馆、商店、咖啡馆、礼品店全部都可以免费参观，公共讲座可以免费参加。二是有偿分享，即举办收费培训课和团队游，销售巧克力棒、法奇软糖、甘纳许、风味松露和果酱，有些分馆甚至还有巧克力利口酒、巧克力美容产品和巧克力水疗服务。

许多游客第一次来主要是为了参观互动式的博物馆（配有英西双语介绍），观看有关可可豆、巧克力以及巧克力工艺历史的展示。但是他们第二次来则是冲着巧克力制作课（大多数都适合带孩子一同体验）。系上围裙，亲自动手烤豆、剥豆、磨豆、浇模，然后亲自品尝，这种机会真的很难得！

游客参观的同时，当地工人始终在工厂里利用当地有机原料生产巧克力以及巧克力产品，过程随便看，东西随便买。拉美巧克力博物馆鼓励这些工人献计献策，他们的一些好点子甚至被推广到了所有分馆，比如寻找蛋糕房、餐厅、酒店这种企业客户，又比如把闲置设备租借给其他巧克力生产者和学徒。

美 国

用当地话点热巧克力: 直接说Hot Chocolate就行，如果身在纽约著名的Serendipity餐厅，一定要点“冰冻热巧克力”（frozen hot chocolate）。

特色巧克力: 称霸全美的花生酱巧克力。

巧克力搭配: 推荐当地的烈酒。

小贴士: 一定别光盯着大品牌。

山姆大叔的地盘里巧克力无所不在。随便走进一家超市或者食杂店，一定会看到无数欧美品牌巧克力棒诱你掏钱。至于巧克力专卖店，其数量不但在大城市，即使是在小城镇，似乎也一直在增长。曾经在美国被视为蛀牙、痤疮、肥胖的罪魁祸首的巧克力，今天已成了头号潮流美味。

只不过这股潮流并非一直都在。在19世纪，美国的确形成了健康的巧克力文化，在芝加哥德裔移民群体中间尤为明显，但到了20世纪初，美国的巧克力产业并未百花齐放，而是形成了佛瑞斯特·玛氏（Forrest Mars）与米尔顿·好时（Milton Hershey）双雄争霸的局面。尽管性格迥异，两人却都是巧克力海洋里那种喜欢以强吃弱的大鱼。好时在宾夕法尼亚州兴建的好时镇，内有电影《欢乐糖果屋》（*Willy Wonka*）风格的好时巧克力世界、好时公园和体育场，今天仍然值得一访。1966年，美国金宝汤公司（Campbell's Soup）收购了比利时著名巧克力品牌歌帝梵（Godiva），并在20世纪70年代发起了一场巧妙的广告攻势，最终让巧克力在美国开始真正复兴起来。歌帝梵为了宣传自身品牌而推出的杂志《巧韵》（*Chocolate Notes*）今天仍在发行，而且像它那种产自美国的欧洲巧克力还包括瑞士莲：虽然公司总部位于瑞士阿尔卑斯地区，但美国卖的都是新罕布什尔州一家工厂生产的。再后来，美国的全流程自制巧克力产业也兴旺了起来。

随便在美国哪个大城市逛逛，保管你没多久就能碰到一家巧克力店。就拿纽约为例，洛克菲勒中心（Rockefeller Center）那里至少就有两三家，中央车站里面也有两家。来到西海岸的旧金山，在游客味十足的渔夫码头（Fisherman's Wharf），坐落着宏伟的吉尔德利广场（Ghirardelli Square），广场里就是吉尔德利巧克力公司的总部。这个品牌由意大利移民多米尼克·吉尔德利（Dominico Ghirardelli）创立于1952年。他此前曾在乌拉圭和秘鲁经营过糖果店，后来带着一个梦想和600磅可可豆来到旧金山，最终将自己的公司做

成了全美第三大巧克力企业——只不过现在已被瑞士的瑞士莲史宾利公司收购。如今，吉尔德利广场已被美国认定为国家历史地标，那里能买到吉尔德利的招牌法奇酱圣代，15款里总得买一款才不算白来。

“巧克力先生”雅克·托雷斯（Jacques Torres）是史上最年轻的荣获“法国工艺大奖”（Meilleur Ouvrier de France）的法国糕点师，他已在纽约布鲁克林开办了巧克力工厂，制作的糖果直供中央车站的品牌商店。这样的商店他在纽约一共开了6家，其成功不言而喻——其实他还有一家巧克力博物馆，只不过目前已经关闭。波士顿的Taza巧克力也值得一提。他们最著名的产品就是灵感来自墨西哥热巧克力的盘形巧克力，目前已在公众市场（Public Market）里开设了品牌巧克力吧（免费试吃必须有啊！）。中小型城市也不甘落后，手工巧克力层出不穷，有些产品外形之美让人不忍下嘴，吃过之后又让人毫不后悔。上面说的这些例子不过点滴而已。不管是在7月的酷暑中大吃法奇冰激凌圣代，还是在12月的寒冷中享用热巧克力，美国每个季节都有美妙的巧克力体验。世界各地的手工巧克力师，利用从世界各地精选来的原料，正在用一款款独一无二的作品推动着产业发展，美国的巧克力复兴，可谓风头正劲。

美国五大顶级巧克力工坊

Thorncrest Farms and Milk House Chocolates，康涅狄格州

位于里奇菲尔德县（Litchfield County）的小山上，制作牛奶巧克力用的牛奶并非来自普通的奶牛，而是那种享受着真爱、甚至是溺爱的幸福牛。www.milkhousechocolates.net

Ghirardelli Chocolates，加利福尼亚州旧金山

外面天热，就点一份浇了一大堆巧克力法奇酱的冰激凌圣代。外面天冷雾大就点份热巧克力。点什么都不会失望。所用可可豆大多来自加纳。www.ghirardelli.com

Made Chocolate，纽约州大西洋城

在电影《浓情巧克力》中，朱迪·邓奇扮演的那个角色曾大叫道：“你这儿是巧克力店还是忏悔室啊？”这家店内摆着老旧的教堂长椅，千奇百怪的可可饮料中有一款真的会逼你“忏悔”。www.madeachocolate.com

Intrigue Chocolates，华盛顿州西雅图

亚伦·巴塞尔（Aaron Barthel）在开拓者广场（Pioneer Square）开的这家店，拥有超过150种松露，主料都是纯度高达70%的比利时黑巧克力，陈年龙舌兰酒、红茶、桧果、赤桦木熏海盐等口味都有，总有一款中你意。www.intriguechocolate.com

The Fudge Pot，伊利诺伊州芝加哥

吉姆·达塔罗（Jim Datallo）曾受训于玛氏，1963年自立门户，创立了这家工坊，传统的巧克力皮草莓依旧是这里的爆款，但松露的人气也越来越高。thefudgepotchicago.com

DANDELION
SMALL-BATCH
CHOCOLATE
DANDELION
CHOCOLATE
BEAN-TO-BAR
FACTORY & SALON
2019
Row
298

DANDELION CHOCOLATE

740 Valencia St, San Francisco; www.dandelionchocolate.com;
+1 415-349-0942

◆组织品鉴 ◆提供培训 ◆咖啡馆
◆现场烘焙 ◆自带商店 ◆交通方便

Dandelion Chocolate的工厂只进行小批量巧克力生产，还自带一个餐厅、一个咖啡馆和一个精良的书店，因而气质很优雅。你来这里参观，最好先用免费试吃品校正一下味蕾。先来一个Maya Mountain方块巧克力，让浓醇与坚果香在舌头上融化蔓延，接着试一口Camino Verde巧克力，体会软滑如脂的口感带来的对比。等味蕾准备就绪了，这时再正式开始参观。工厂组织的常规参观团团型多样，因为可可豆都是现场进行烘焙研磨的，所以空气里总弥漫着迷人的香气，真正的巧克力迷应该报名参加全流程自制自制培训课，深入了解巧克力历史以及可可豆种植技术。压箱底的环节就是亲手制作巧克力，体验双手黏黏的快乐，并把自己做的巧克力棒带回家。

如果时间有限，那就跳过这个环节，直接到工厂咖啡馆里喝杯饮料——推荐撒着可可碎粒的“冰冻热巧克力”——然后到礼品店里挑选几本教你做甜品的书。如果想更加优哉游哉地享用巧克力，那就到餐厅Bloom Salon里找个位置，来一份巧克力下午茶。茶点又好吃又丰盛，泡芙、马卡龙等美味都有，茶水除了茶，还可以选……当然是热巧克力了！

工厂也推出了巧克力品鉴课，帮你把味蕾变得更为敏感，学过之后，巧克力小白都能成为巧克力达人。

周边活动

Paxton Gate

一家标本店，店内有鹿头，也有生理构造画，总之内饰吓人。开设有标本制作课，详情可提前咨询。paxtongate.com

教会区的壁画（Mission Murals）

旧金山的教会区（Mission District）拉美文化底蕴深厚，而且街头艺术比比皆是，不得不看。巴米巷（Balmy Alley）两侧尽是五颜六色的涂鸦，常变常新的克拉瑞恩巷（Clarion Alley）仿佛人们表达政治立场的画布，巨幅壁画《和平女教师》（*Maestra Peace Mural*）也属于教会区的亮点。

Anchor Brewing Company

这家酿酒厂熬过了1906年的大地震，熬过了禁酒运动，如今熬出了一个大受欢迎的啤酒屋，里面除了各种印度淡色艾尔和拉格，还有芒果小麦啤酒。www.anchorbrewing.com

Borderlands

书店与咖啡馆的二合一，书架上摆满了科幻类、幻想类和难得的老版图书。进来应该先浏览架子上的杂志，然后点份卡布奇诺加姜味曲奇，静坐安享。www.borderlands-books.com

RECCHIUTI CONFECTIONS

One Ferry Building, Shop #30, San Francisco;
www.recchiuti.com; +1 415-834-9494

◆组织品鉴 ◆提供培训 ◆自带商店 ◆交通方便

在Recchiuti Confections里，柠檬马鞭草、皮埃蒙特榛仁、盐之花焦糖等口味的巧克力被美美地摆了出来，再加上背光灯那么一烘托，活脱脱就是奢侈品店里高端珠宝的气质。他家的巧克力属于糖皮，里面的可可脂含量至少达到32%，回味悠长，是创始人迈克（Michael）与杰琪·瑞秋提（Jacky Recchiuti）两人二十多年不断完善而凝结出的心血结晶。只要可能，巧克力的配料一定要从当地农夫市场那里采购。两人现在已在旧金山开了第二家店，位于新兴工业区道格帕琪（Dogpatch），具体地址为第二十二街801号（801 22nd St），那里偶尔在周五下午会举办巧克力佐酒体验活动，详情可提前上网关注。薰衣草和香草甘纳许夹心黑巧克力以及招牌产品"花生酱巧克力块"（Peanut Butter Pucks）都必须要尝尝。

周边活动

柯伊特塔（Coit Tower）

塔上的风光值得赞叹，社会现实主义风格的壁画同样迷人，所在电报山（Telegraph Hill）上的野鹦鹉也值得留意。www.sfrecpark.org/destination/telegraph-hill-pioneer-park/coit-tower

Vesuvio Cafe

这家小馆曾是"垮掉的一代"代表人物杰克·凯鲁亚克（Jack Kerouac）和朋友们常来的地方，氛围非常足，酒水劲很大，爱喝酒、爱文学的主顾总是在此谈笑风生。www.vesuvio.com

VALERIE CONFECTIONS

3364 W 1st St, Los Angeles; www.valerieconfections.com;
+1 213-739-8149

◆组织品鉴 ◆提供培训 ◆咖啡馆
◆提供食物 ◆自带商店 ◆交通方便

洛杉矶巧克力师瓦勒瑞·高登（Valerie Gordon）和这座城市一样，都极富巧思——不过这个“巧”是“巧克力”的“巧”。自学成才的她仍然保持着新手的一大特点，非常爱问“这样为什么不行”。用她的人生伴侣兼生意伙伴斯坦·惠特曼（Stan Weightman）的话说，她“不做别人做过的事情，不做别人做得好的事情”。正是由于这个原因，她的Valerie Confections总能推出口味独一无二的松露巧克力。茉莉花茶奶油甘纳许可以当夹心；液体焦糖可以当夹心，吃起来真的可以爆浆，而且味道似苦似甜；辣椒面和用山核桃木熏出来的盐，也可以当成夹心，赋予松露一种熏香与辛香。2004年，她凭借六款原创口味的巧克力皮太妃糖完成了首秀，今天已在洛杉矶开设了三家咖啡馆风格的门店，产品包括松露、花式小点心（petit fours）、果酱（比如草莓香草豆酱、布莱尼姆杏肉酱）、甜味或咸味的格雷派饼（galette）、手抓派（hand pie）等。

她在2013年出版的《甜蜜》（*Sweet*）一书曾荣获詹姆斯·比尔德奖（James Beard Award）提名奖，书中记录了许多洛杉矶昔日餐厅人气甜品的做法——比如“Blum's Coffee Crunch Cake”（一款咖啡蛋糕，上盖打发奶油霜，最上面点缀着糖酥）——这本书在她的店里就能买到。她制作的那款玫瑰花瓣点心，以香草豆蛋糕打底，加入了玫瑰花瓣与百香果甘纳许，最上面还放了一片玫瑰花瓣蜜饯，造型优雅至极，曾在美食推广平台Food Network上精彩亮相。眼里容不得沙子的她，不会在巧克力里使用人工增香剂、稳定剂、防腐剂等任何化工产品，也不会与涉嫌使用童工、虐待动物的种植方有任何合作。即使在包装上她也不肯草草了事，而是专门与洛杉矶一家名为Commune的设计公司合作，为自己原料独特的产品定制了新奇大胆的外衣。

周边活动

大中央市场（Grand Central Market）

洛杉矶每周一次的农夫市场堪称传奇，但赶不上也不要紧，因为市中心的大中央市场也绝对能让你过瘾。这座室内食品市场诞生于1908年，但里面的花样总是紧跟时代潮流。www.grandcentralmarket.com

格里菲斯天文台（Griffith Observatory）

格里菲斯天文台拥有一个极其先进的天体演示场和多条徒步小道，可以望见好莱坞标志牌和太平洋，值得拜访。www.griffithobservatory.org

KATHERINE ANNE CONFECTIONS

2745 W Armitage Ave, Chicago; www.katherine-anne.com;
+1 773-245-1630

◆组织品鉴 ◆提供培训 ◆咖啡馆
◆自带商店 ◆交通方便

周边活动

The 606

一条4.3公里长的徒步骑行小道，由架高的铁路线改造而成，沿途会经过私家后院、装置艺术品和壁画，居高临下地欣赏，体验很妙。www.the606.org

Rosa's Lounge

芝加哥的蓝调堪称传奇，而这就是当地一家地道的蓝调夜总会，登台的都是当地顶级音乐人，舞台距离观众只有一步之遥。www.rosaslounge.com

钮扣徽章博物馆（Busy Beaver Button Museum）

博物馆开在一栋奇怪的办公楼里，专门展示各种稀奇的纽扣徽章，数量成千上万，其中包括一枚乔治·华盛顿在竞选活动中使用过的宣传徽章。www.buttonmuseum.org

Galerie F

一家低调的画廊，主推街头艺术，总有新展亮相，还销售很酷的版画和乐队宣传海报。www.galeriefchicago.com

Katherine Anne Confections藏身于一片公寓楼之间，店面很迷你，一进去只见桌子上装点着鲜花，天花板上挂着邋遢时尚风格的吊灯，眼前摆着成堆的松露巧克力，还有现做的巧克力饮料和主角巧克力相辅相成，那个展示柜台更能看得人目瞪口呆，加在一起，完全就是人们理想中那种温馨惬意的“巧克力角”。

问题是，这里的松露口味实在太丰富，让人直犯选择困难症。摩卡焦糖、山羊奶核桃、树莓香槟、椰子朗姆、樱桃里科塔奶酪、杏肉和菲达奶酪……款款都诱人，不买哪个都不忍。事实上，老板凯瑟琳·邓肯（Katherine Duncan）和她的团队多年来利用当地时令食材，一共开发出了175种松露，犹豫的话不妨参观一下柜台后面的开放式工作间，看看里面正在制作哪种香浓软滑的巧克力美味，没准灵感就来了。当然，选好了松露还要选一杯巧克力饮料做搭配，店中一共有12款，怎么选又是个问题。工作人员会为你介绍各款饮料的特点，但要是你不甘心只点一款，最好点一份品鉴套餐，一口气享用3款迷你杯饮料。盐化焦糖饮料、加了辣椒的墨西哥风味热巧克力以及波旁威士忌榛仁饮料这三款，从没有让任何人失望过。

VOSGES HAUT-CHOCOLAT

951 W Armitage Ave, Chicago; www.vosgeschocolate.com;
+1 773-296-9866

◆组织品鉴 ◆提供培训 ◆自带商店 ◆交通方便

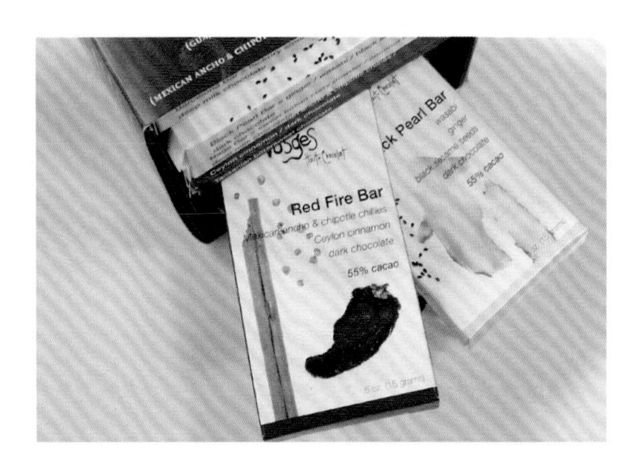

Vosges Haut-Chocolat的创始人卡特里娜·马尔科夫(Katrina Markoff)是一位光彩照人的女巧克力师，行事似乎喜欢出其不意。在她位于芝加哥林肯公园(Lincoln Park)地区的精品店里，你会发现身披奢华紫衣的松露巧克力，竟与祛病魔法水晶混杂在一起，盛放在盘子里展示。这给了她这家店一种波希米亚范儿的奢华感，但也不禁让顾客产生“形式大于内容”的疑虑。不过，卡特里娜乃是科班出身，师父可是el Bulli 餐厅掌勺费兰·阿德里亚(Ferran Adria)这样的创意名厨，你只要留心观察，就会发现Vosges Haut-Chocolat的灵魂并非在于形式，而是在于天马行空的美食创造力。卡特里娜制作巧克力，最擅长在单豆巧克力中融入本该属于咸香菜肴的配料，种种组合看似彼此相克，结果却是相辅相成，比如点缀着灵芝颗粒的巧克力棒，比如那款叫“Rap”的辣根夹心松露黑巧克力。

林肯公园的门店在芝加哥四个分店里规模最大，你在这里除了能买到培根黑巧克力棒这种爆款，还能买到许多限量款，比如木槿花椒松露巧克力——外面包着粉嫩的红宝石可可皮(ruby cacao)。店内的咖啡馆区除了能供应热巧克力让你暖身，还有巧克力药饮(elixir)让你提神，后者由纯可可调制而成，劲头很大，而且与喝咖啡不同，兴奋之后不会产生消沉情绪。此外，她还有一款名为“Naga”的松露，口感柔和，里面加了香辛料和椰乳。1998年，她正是受到了这款巧克力的鼓舞才创立了自己的公司，所以吃上一颗等于是吃到了这家店的创意之源。

周边活动

Art Effect

一家老字号街角商店，里面能淘到各种各样、奇奇怪怪、看了才知道非买不可的小玩意儿，比如能发光的地球仪，比如凸印着乡村音乐教母多莉·帕顿的食品托盘。www.shoparteffect.com

荒原狼剧院(Steppen-wolf Theater)

由一群十几岁的小孩于1974年成立，曾经主推那种尖锐大胆的剧目，如今属于国宝级剧院，约翰·马尔科维奇(John Malkovich)、崔西·莱茨(Tracy Letts)等名角都是这里的当家小生。www.steppenwolf.org

Summer House Santa Monica

一家南加州风情餐厅，内饰清新，音乐带感，盛放着玫瑰酒的推车推来推去，即便门外是芝加哥的严寒，屋里也有加州阳光的温暖。www. summerhousesm.com

The Mousetrap

如今都流行喝印度淡色艾尔，但Off Colour Brewing啤酒厂偏偏反其道行之，开了这家Mousetrap啤酒屋，酿酒唯求与众不同。店内服务热情，尽是极具实验性的奇葩啤酒，那款味道酸爽的“Troublesome”就是明星产品之一。www.offcolourbrewing.com

L.A. BURDICK
Handmade Chocolates

LA BURDICK

220 Clarendon St, Back Bay, Boston;
www.burdick- chocolate.com; +1 617-303-0113
◆咖啡馆 ◆现场烘焙 ◆自带商店 ◆交通方便

LA Burdick在美国芝加哥、波士顿、剑桥和纽约都有，你进哪家都不可能空手出来。这里介绍的是位于波士顿后湾（Back Bay）地区的门店，店内有温馨的咖啡馆区，不管是各种美味的巧克力饮料，还是他家经典的老鼠形白巧克力，都可以当场享用。创始人拉里·博迪克（Larry Burdick）认为自己的产品融合了“瑞士的先进工艺，法国的精食理念，美国的大胆想象”。店内每款巧克力糖都是手工塑形、手工装饰、手工包装的，是工匠精神与新鲜上乘食材的完美结合，口味千变万化，款款令人垂涎，杏仁洋甘菊、腰果芝麻、蜂蜜焦糖等都值得一试。如果想当场飞升巧克力天堂，那就找个座位，点一杯他家著名的黑热巧克力（Dark Hot Chocolate），配一块美味难拒的巧克力树莓蛋糕（Chocolate Raspberry Cake）。如果想买些他家的主打产品带回家，最推荐老鼠形巧克力和企鹅形巧克力。这两种都属于甘纳许，口感顺滑，纯手工制作，历经12道工序，需要3天才能完成。拉里在20世纪70年代末曾求学瑞士，这两款巧克力就是他在那时候学会的，至今仍是他店中的销量之王。

周边活动

新老南教堂（New Old South Church）

教堂位于科普雷广场（Copley Square），为梵蒂冈哥特式风格，气势恢宏。波士顿曾有一座老南教堂，1875年教众改到这里祈祷，所以叫“新老南教堂”，原来的老南教堂现称老南集会所（Old South Meeting House）。www.oldsouth.org

波士顿公共图书馆（Boston Public Library）

备受敬仰的波士顿公共图书馆成立于1852年，为波士顿荣获“美国雅典”的美誉立下不少功劳。麦金（McKim）设计的老馆外观雄伟，内饰精细，值得一看。www.bpl.org

吉布森老宅博物馆（Gibson House Museum）

一栋意大利文艺复兴风格的联排房，原主人叫凯瑟琳·吉布森（Catherine Hammond Gibson），屋内陈设自1860年以来几乎未动，完整保留下了波士顿维多利亚时代的风貌。www.thegibsonhouse.org

Saltie Girl

一家海鲜吧，菜肴不但诱人，还很有创意，不管是经典的龙虾卷，还是火焰三文鱼腩，都能颠覆你对海鲜的理解，就餐体验十分美妙。www.saltiegirl.com

DANCING LION CHOCOLATE

917 Elm St, Manchester; www.dancinglion.us/cacao;
+1 603-625-4043

◆组织品鉴 ◆提供培训 ◆咖啡馆
◆提供食物 ◆自带商店 ◆交通方便

理查德·探戈-罗伊(Richard Tango-Lowy)是冒险家,是科学家,也是艺术家。为了给自己的Dancing Lion Chocolate采购巧克力,他常常远赴海外,拜访小型可可农场和全流程自制巧克力工坊,挑选那些用顶级可可豆制作出的高品质产品。每有一批新品到店,他和他的团队就会开始进行巧克力实验,从辣椒到血橙,各种配料都会试着往里面添加,直到造就出惊艳的味道才肯罢休。Dancing Lion Chocolate既是商店也是咖啡馆,面积不大,气质迷人,每款巧克力糖都有华美的外表,不管你看中哪款,理查德都会滔滔不绝地为你介绍它的来历,其身为巧克力大师的激情可见一斑。某一种配方一旦用过,他绝不会再用,所以你在这里吃到的,都是一生只有一次的绝味。饮料方面,推荐他家那款浮着泡沫的奥尔梅克热巧克力(Olmec),其制作继承并发扬了中美洲先民的古法,辛香中能品出时光的味道。

周边活动

卡瑞尔艺术博物馆(Currier Museum of Art)

曼彻斯特市(Manchester)的文化名片,内有萨金特、奥基夫、莫奈、马蒂斯、毕加索等许多大师的作品。www.currier.org

白山公园(White Mountains)

新罕布什尔州的白山公园在曼彻斯特市以北,车程130公里,里面雄峰倚天,翠谷丰茂,徒步小道密布,景色华美绝伦。www.visitwhitemountains.com

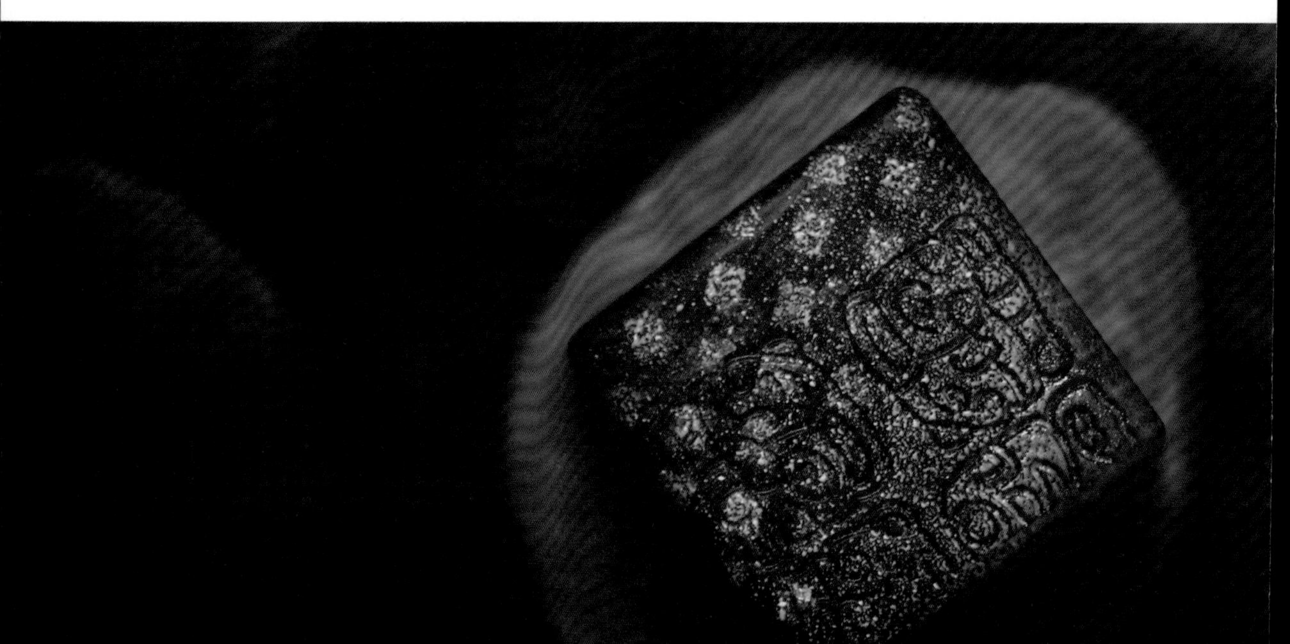

MADE CHOCOLATE

121 S Tennessee St, Atlantic City; www.madeacchocolate.com; +1 609-289-2888

◆组织品鉴 ◆咖啡馆 ◆现场烘焙
◆自带商店 ◆交通方便

拉斯维加斯是美国今天的“罪恶之城”，但大西洋城（Atlantic City）才是第一个被冠以这个头衔的城市，早在拉斯维加斯还没诞生的时候，这里就已经开始私卖烈酒、声色犬马、五毒俱全了。所以在这样一个地方出现一家令人堕落的巧克力工坊，也算是“得其所哉”。佩雷格里诺夫妇开的这家Made Chocolate，把教堂长椅当成了座椅，因而又叫“巧克力教堂”。和许多巧克力咖啡馆不同的是，店内竟有酒吧——工坊距离一家烈酒厂只有几条街——可以为顾客挑选葡萄酒佐餐，也可以用巧克力调制鸡尾酒。他家用伏特加和打发奶油调制的成人款巧克力牛奶很不错，巧克力马天尼刺激味蕾，但终极大招是Confession Manhattan——只要点了这款鸡尾酒，就得在一张小卡片上用两句话写出自己不可告人的秘密，并留下来展示。

周边活动

Little Water Distillery

加德纳海湾（Gardner's Cove）附近的一家烈酒坊，由仓库改造而成，老板叫甘特纳（Gantner），小批量生产威士忌、淡色朗姆、深色朗姆、金酒和伏特加，饮酒的同时还能欣赏音乐演出。www.littlewaterdistillery.com

Kim and Kelsey's Cafe

这家餐馆明明开在美国传统意义上的北方地区，卖的东西却是地地道道的南方菜。盘子里盛的是炸鳕鱼或者炸鸡，配菜是玉米粗粉或者羽衣甘蓝。健康吗？不敢说。好吃吗？不用问。www.kelseysac.com

KAKAWA CHOCOLATE HOUSE

1050 Paseo De Peralta, Santa Fe; www.kakawachocolates.com;
+1 505-982-0388

◆组织品鉴 ◆咖啡馆 ◆自带商店

周边活动

峡谷路（Canyon Road）

峡谷路两旁尽是又小又美的土坯房，大多都被改造成了画廊，因此可以说是美国最长的"画廊一条街"，也是圣菲艺术圈的心脏，周五晚上最热闹。

Meow Wolf

圣菲一群年轻的艺术家把一个保龄球馆改造成了这样一个文化中心，游走其间，仿佛置身于一个由艺术、科技、音乐与故事构成的平行宇宙。meowwolf.com

州政府大楼（State Capitol）

新墨西哥州的州政府大楼造型独特，布局效仿普韦布洛奇亚族印第安人的"太阳符"（新墨西哥州旗上可见），里面的走廊仿佛美术馆，尽是州内艺术家的杰作。

Joseph' s Culinary Pub

绿辣椒奶酪汉堡是新墨西哥州的大众美食，这家典雅的餐厅做这个做得特棒，辣椒放得特多。www.josephsofsantafe.com

圣菲（Santa Fe）的这家Kakawa Chocolate House外表就是当地典型的传统土坯房，墙壁厚实，木地板踩上去吱呀作响。提鼻子一闻，首先肯定是巧克力的味道，随后又能分辨出其他诱人的气息。不管是辛香的肉桂、温柔的香草还是清爽的松仁，那都是他家热巧克力的配料。只不过热巧克力在这里被称作"药饮"（elixir），口味有十几种，配方都是古法，经过店方严谨的考证，不管是中美洲先民用水简单调制出的原始款，还是相传绝代艳后玛丽·安托瓦内特（Marie Antoinette）当年最爱喝的橘花味奢华款，今天的你都能喝到。如果不知该怎么选，热情的服务员可以让你试喝几种，甚至可以指导你进行品鉴。

热巧克力难选，固体巧克力同样难选。玻璃柜台里细腻可口的松露巧克力琳琅满目，每款都融入了美国西南部特有的时令风味，比如烟熏味的龙舌兰，或者沙漠里生长的薰衣草。糖果可以打包带走，袋装的热巧克力粉也可以买回去自己调制。Kakawa在圣菲共有两家门店，在马萨诸塞州的萨勒姆（Salem）也有一家商店，这些美味在哪家都能买到。

不管你选不选别的，Kakawa热巧克力单上"美洲系列"（Americas）中有一款必须要选，那就是美洲古法巧克力玉米粥（chocolate atole），这种饮料里面加了辣椒和少量蜂蜜，几乎品不出甜味，一口喝进去，你仿佛回到了巧克力诞生的那个时代，那个将巧克力视为美食、良药与神物的时代。

RAAKA CHOCOLATE

64 Seabring St, Red Hook, Brooklyn, NYC;
www.raakachocolate.com; +1 855-255-3354

◆组织品鉴 ◆提供培训 ◆现场烘焙
◆自带商店 ◆组织参观 ◆交通方便

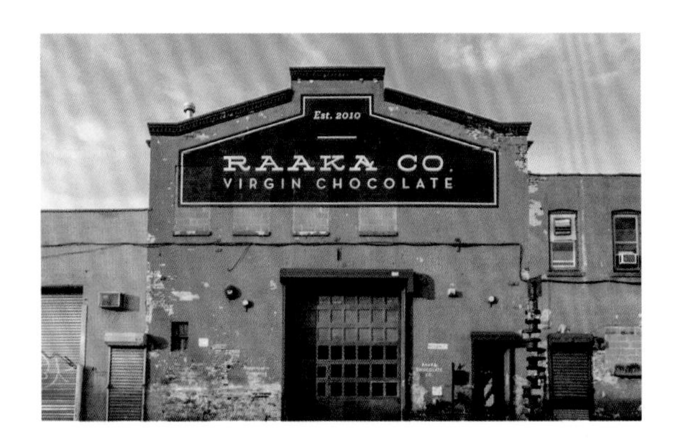

Raaka Chocolate的工厂兼库房位于布鲁克林的红勾区(Red Hook),场面是热火朝天,风格是实用至上,生产理念是全流程自制,一切的一切——包括这里的空气——都体现着这家企业对于巧克力口味的极致追求。说极致一点也不夸张,因为拉卡的巧克力都是用未经烘焙的单品可可豆制作的,吃过了市面上的大路货再吃人家的东西,就像喝过了葡萄汁再去品葡萄酒。

和葡萄一样,可可豆也能从生长的土地中获得独特的味道,可一旦经过烘焙,这种味道就丧失殆尽了。拉卡采购的原料,都是只经过天然发酵晾晒的可可豆,独特的味道反而更浓。运到工厂里之后,拉卡的巧克力师会从零开始对其进行加工,在里面混入配料,最终创造出了一款款有滋有味又有趣、味道鲜明甚至于奇特的巧克力糖。比如"绿茶脆口巧克力棒"(Green Tea Crunch bars),用的是多米尼加左扎尔(Zorzal)地区产的豆子,"波旁陈酿巧克力棒"(Bourbon Cask Aged bars)用的是坦桑尼亚可可卡米力(Kokoa Kamili)地区产的豆子,诸如此类,产品多达数十种。

周边活动

Pioneer Works

一家非营利文化中心兼美术馆,主体大厅空间巨大,用以举办表演、讲座等活动,许多创意工作室也常驻于此。www.pioneerworks.org

Steve's Authentic Key Lime Pies

一家主打礁岛青柠派(key lime pie)的迷你店,别的不用说,至少青柠汁都是现挤的,做出的馅饼酸香可口,所以一火就火了二十多年。www.keylime.com

Fort Defiance

一家餐厅兼酒吧,餐厅三餐都有,酒吧人气很高,装潢朴实,氛围活跃,从早上开到深夜,当地居民和外地游客都爱来,是红勾区最热门的聚会地。www.fortdefiancebrooklyn.com

Van Brunt Stillhouse

一家位置隐蔽的烈酒坊,作风恪守传统,你在他家品酒室里喝到的肯定都是当地小批量精产的威士忌。www.vanbruntstillhouse.com

除了味道,Raaka Chocolate同样极其看重合作伙伴,为他们供货的都是诚实可靠、产品上乘的可可农。其巧克力糖的彩色包装纸,在纸内面印有拉卡"透明贸易"行动的综述,上面说Raaka采用的是"价值驱导型采购模式",收购价稳定透明,从可可农到巧克力迷,保证让产业链上的每一个参与者都能受益。

Raaka能够组织工厂参观,开设巧克力制作课,其间可供免费试吃的巧克力不但种类丰富,更让人爱不释口,走不动道。

STICK WITH ME

202A Mott St, Nolita, NYC; www.swmsweets.com;
+1 646-918-6336

◆组织品鉴 ◆提供培训 ◆咖啡馆
◆现场烘焙 ◆自带商店 ◆交通方便

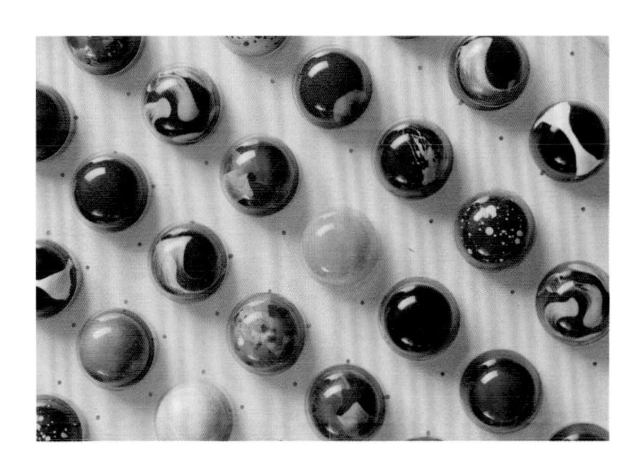

Stick With Me亮丽的展示柜里整齐而又优美地摆放着一款款夹心巧克力，外表光滑温润，款式千奇百怪，能让人瞬间食指大动，惊艳的外表下也藏着同样惊艳的味道。

因为味道本就是这家店的重中之重。Stick With Me诞生于2014年，创始人苏珊娜·尹（Susanna Yoon）曾在纽约顶级米其林餐厅Cafe Boulud与Per Se受训并担任糕点师。这段职业经历让她非常热衷于对各种各样的味道（也包括口感）做试验，范围也不仅限于巧克力。所以在她的这家手工糖果店里，那些夹心巧克力虽然大小都可一口吃掉，但实际上更像是包着薄薄巧克力皮的甜点，不但外形华美，口味也非常大胆，不管是澳洲坚果大米泡芙（macadamia rice puff）、波旁威士忌枫糖山核桃（bourbon maple pecan），还是棉花糖夹心肉桂焦糖饼干（speculoos s'more），每款都能燃爆味蕾。

对于味觉的重视，也离不开对于新鲜的坚持。店中除了法芙娜巧克力是从法国进口的，其他一切都用美国本土的高品质食材生产，所有成品都是在店内小批量制作的。她的工坊位于纽约诺丽塔（Nolita）地区，面积不大，工作间是开放的，顾客可以亲眼看到苏珊娜和她的团队在里面为甘纳许、普拉林等进行手工裱花，为它们穿上巧克力彩衣。说到推荐，一定要试试她家的巧克力皮菲律宾青柠蛋白霜派（kalamansi meringue pie bonbon），绝对能带给你电影《欢乐糖果屋》般的奇幻味觉体验，更何况还有赏心悦目的包装。除了这个，某些焦糖产品也值得一试。

周边活动

群租房博物馆（Tenement Museum）

博物馆通过一系列活动、展览以及保存至今的群租公寓，让参观者能够真切地体会到19世纪以来美国移民的生活与经历。www.tenement.org

新当代艺术馆（New Museum of Contemporary Art）

博物馆位于曼哈顿，所在建筑风格现代，遍体铝金属外观，经常会举办热门演出、展览等活动。www.newmuseum.org

美国华人博物馆（Museum of Chinese in America）

一家沉浸式、互动式博物馆，生动再现了美国华人在160年的时间里不断发展演变的境遇与文化。www.mocanyc.org

伊丽莎白街花园（Elizabeth Street Garden）

纽约市民的社会文化生活总离不开社区花园。这座公园绿意悠然，几乎随处都可以坐，备受周边居民喜爱，相关改建计划也受到了他们的激烈反对。www.elizabethstreetgarden.com

纽约州顶级巧克力主题餐厅

JACQUES TORRES CHOCOLATE

350 Hudson Street, Manhattan and 6 other NYC locations;
www.mrchocolate.com

◆交通方便 ◆提供培训 ◆咖啡馆
◆提供食物 ◆自带商店

雅克·托雷斯（Jacques Torres）是世界知名的巧克力大师与全流程自制运动先锋，绰号“巧克力先生”（Mr Chocolate）。他以自己的名字命名的品牌，规模不断壮大，如今在纽约共有7家零售店，外加一个面积达3700平方米的巧克力工厂。这些巧克力店都准备了舒适的座位供顾客当场享用，食品既有浓浓的热巧克力，也有无数种巧克力糖及甜品，夹心巧克力、巧克力棒、树皮巧克力、巧克力脆、松露巧克力等都能找到，著名的巧克力曲奇尤其不能错过。其中位于哈德逊街（Hudson Street）的分店还推出了“巧克力制作体验活动”（Chocolate Making Experience），感兴趣的话可以过来动手一试。

THE CHOCOLATE ROOM

269 Court St and 51 Fifth Ave, Brooklyn, NYC;
www.thechocolateroombrooklyn.com

◆组织品鉴 ◆咖啡馆 ◆提供食物
◆自带商店 ◆交通方便

The Chocolate Room其实是一家甜品咖啡馆兼商店，风格类似餐厅，适合带孩子一起来，在布鲁克林共有两个门店，都能供应酒精饮料，很多纽约人如今都喜欢来这儿享受高品质的巧克力美味。夹心巧克力、冰激凌、热法奇（hot fudge）、奶昔、冰激凌汽水（float）、慕斯等糖果饮料点心，这里应有尽有，但其中的两样最为出众，一个是布朗尼圣代（brownie sundae），另一个是备受称道的巧克力多层蛋糕（他家的这款蛋糕几乎就是布鲁克林传奇甜品“Brooklyn Blackout”的翻版）。老板都是布鲁克林人，经常捐款资助当地公益事业，帮扶当地全流程自制巧克力企业。

MARIEBELLE

384 Broome St, Soho, NYC; mariebelle.com;
+1 212-925-6999

◆交通方便 ◆提供培训 ◆咖啡馆
◆提供食物 ◆自带商店

把糖果装饰得像珠宝，展示得像珠宝，让它们看起来和吃起来一样美妙，这就是MarieBelle的风格。MarieBelle苏荷店（Soho）在店面后部开设了一个温馨的可可吧（Cacao Bar），很有巴黎风情，顾客买完那些极尽精美的甘纳许要是等不及了，可以立即过来享用。可可吧还供应一款备受赞誉的“阿兹特克”古法热巧克力，原料可不是可可粉，而是纯度高达65%的南美单豆巧克力，其奢华的巧克力下午茶也是一大特色。你在日本也能找到MarieBelle的分店。

AYZA WINE & CHOCOLATE BAR

11 W 31st St, Manhattan, NYC; www.ayzanyc.com;
+1 212-714-2992

◆组织品鉴 ◆咖啡馆
◆提供食物 ◆交通方便

Ayza Wine & Chocolate Bar位于曼哈顿中城（Midtown），堪称纽约唯一一家精选葡萄酒与巧克力的酒吧，风格时尚典雅，氛围宁静悠然，擅长各种法国地中海风味菜肴，还讲究用顶级巧克力搭配美酒。他们的巧克力甜品都来自Jacques Torres、Michel Cluizel、Cioccolada等一流制造商，因为在定位上向严格素食顾客倾斜，所以尤其青睐Cioccolada的那些无奶、无麸质、无大豆和犹太洁食产品。店家推出的巧克力马天尼共有六种口味，创意十足，魅力因而更上一层楼。

ESCAZÚ CHOCOLATES

936 N Blount St, Raleigh; www.escazuchocolates.com;
+1 919-832-3433

◆组织品鉴 ◆提供培训 ◆咖啡馆
◆现场烘焙 ◆自带商店

眼睛告诉你自己明明在21世纪的北卡罗米纳州城市罗利（Raleigh），舌头却让你穿越回了16世纪的西班牙，这就是Escazú古法热巧克力的魔力。除了这款用粗糖增甜，用八角、肉桂、杏仁和辣椒提味的西班牙古法热巧克力，他家还有一款源自18世纪的意大利古法热巧克力，里面散发着茉莉与橘花的芳香。在这家全流程自制工坊看来，巧克力不但能带来味觉上的体验，还应该带来认知上的提升。他们用的可可豆，来自委内瑞拉等拉美国家，运到店内先在一台20世纪20年代西班牙老式球形烘焙机里进行烘焙，然后再用古老的石碾碾碎，最后制成成品。除了热巧克力，还推荐他们用本地草本植物提味的松露巧克力，以及很受欢迎的羊奶巧克力棒。

周边活动

北卡罗来纳州艺术博物馆（North Carolina Museum of Art）

不但精彩而且免费，藏品类型多样，室外还有一条雕塑小道，来这里打发掉一个下午，再合适不过了。
ncartmuseum.org

帕伦公园（Pullen Park）

一座创立于1887年的亲子公园，仍然散发着一百多年前的甜蜜感，有儿童小火车和一个古董级旋转木马，小湖里有很多人在划船。
www.raleighnc.gov/parks

FRENCH BROAD CHOCOLATE FACTORY

821 Riverside Drive, Suite 199, Asheville;
www.frenchbroadchocolates.com; +1 828-348-5169

◆组织品鉴 ◆提供培训 ◆咖啡馆
◆现场烘焙 ◆自带商店 ◆组织参观

杰尔与丹·拉提甘(Jael and Dan Rattigan)两口子本来一个能做高管,一个能当律师,结果研究生没毕业就跑了出来,买了辆校车当房车(还是那种烧植物油的环保款)直奔哥斯达黎加,学起了手工巧克力的制作。一年半之后,两人挥车北上,来到了北卡罗来纳州蓝岭山脉(Blue Range)地区的山城阿什维尔(Asheville),开了French Broad Chocolate Lounge。凭借柠檬草、当地蜂蜜等口味丰富的夹心巧克力、巧克力世涛多层蛋糕和可以吸食的“液体松露巧克力”(liquid truffle),这家店一炮而红。两人随后很快也加入了全流程自制巧克力的阵营中,在宽河(French Broad River)岸边开办了这家French Board Chocolate Factory。

通过工厂组织的团队游,你可以亲眼看到他家的葡萄柚橄榄油茴香松露巧克力(grape-fruit-olive-oil-fennel truffle),或者融入当地威士忌的巧克力皮焦糖,是如何一步步从可可豆变化而成的;可以闻到未经烘焙的可可豆那种来自泥土的香味;可以看到研磨机如何将豆子磨成丝绸般的棕色浆液。那可不可以免费试吃呢?这还用问!不但能试吃,更可以到工厂自带的巧克力馆里尽情消费,他家所有产品都能买到。至于团型,半小时参观团每天14:00和16:00开始,一小时参观团每周六10:00和11:30开始——这两种都需要预约——15分钟参观团每天13:00至18:00都有,无须预约。

周边活动

比特摩尔庄园(Biltmore Estate)

美国最大的私宅,建筑中独一无二的“奇葩”,由传奇大亨范德比尔特(Vanderbilt)的一位继承人于1895年斥资修建,建筑风格效仿法国城堡,体现了镀金时代美国上流社会的生活面貌。www.biltmore.com

Burial Brewery

一家精酿啤酒馆,走工业时尚风,“地狱之星”(Hellstar)、“死亡与财奴”(Death and the Miser)等啤酒名以及整家店的气质都是暗黑系的哥特范儿。burialbeer.com

蓝岭大道(Blue Ridge Parkway)

蓝岭大道全长755公里,与阿什维尔擦身而过,沿途的峡谷与高山在秋天满眼大红大黄,景色尤其不凡。

皮斯加国家森林(Pisgah National Forest)

一片自然天堂,占地超过800平方公里,身披松林的山坡上绽放着山月桂,小瀑布叮咚的水声在峡谷中回响,可徒步,可游泳,可爬山。

CACAO

414 SW 13th Ave, Portland; cacaodrinkchocolate.com;
+1 503-241-0656

◆组织品鉴 ◆提供培训 ◆咖啡馆
◆现场烘焙 ◆自带商店 ◆交通方便

名字简单直接的Cacao是最能代表波特兰（Portland）的一个符号——在网上搜索“cacao”与“Portland”这两个关键词，肯定能找到电视剧《波特兰迪亚》（*Portlandia*）里一个很滑稽的桥段，说一对爱玩SM的夫妻，竟然就用这家店的店名当“安全词”。店内汇集了世界最优秀的全流程自制巧克力产品，品种非常之多，但最不能错过的是这里的单豆巧克力饮料。该系列饮料共分三款，一款是经典法式黑巧克力，一款是委内瑞拉巧克力牛奶（加了肉桂，口感偏淡），还有一款是香辛黑巧克力（里面加了姜、椰奶以及多种香料）。这三款可以单点（大马克杯），也可以通过品鉴套餐三款通吃（每款都是小杯）。喝过这些巧克力，你自然会明白波特兰为什么会被誉为美国美食名城。

周边活动

鲍威尔书店（Powell' s City of Books）

全世界最大的实体书店，书虫不得不来，店内仅旅行读物区就比大多数机场书店还要大。www.powells.com

Blue Star Donuts

巧克力还没吃够？那就在市中心找找这家很高大上的咖啡馆兼甜甜圈店，用巧克力甜甜圈继续过瘾——当然，人家的花样远不止于此。等位在所难免。www.bluestardonuts

好时巧克力世界与好时公园

Chocolate World Way, Hershey;
www.hersheys.com/chocolateworld; +1 717-534-4900

◆组织品鉴 ◆提供培训 ◆咖啡馆
◆提供食物 ◆现场烘焙 ◆自带商店

1903年，一位叫米尔顿·好时（Milton Hershey）的糖果商在家乡宾州小镇德里（Derry Township）建起了一座巨大的巧克力工厂。凭借自己独家开发的“好时工艺”（the Hershey Process），他可以让自己的牛奶巧克力存放得更久，再加上经营有道，最终让好时发展成了世界巧克力史上的甜蜜传奇。如今，德里镇已更名为好时镇（Hershey），好时公司在那里打造了一个“巧克力版”的迪士尼，名叫好时巧克力世界（Hershey's Chocolate World），游客可以带上孩子在这里乘坐观光车到处玩，欣赏会动、会唱歌的人偶，观看4D影片《巧克力电影》（*Chocolate Movie*），亲手制作巧克力棒。园内礼品店大得好像飞机库，喜欢的话你可以在里面花$60，买到“世界最大”的好时巧克力棒（重达2.3公斤）。巧克力世界旁边是好时公园（Hershey park），创立于1906年，本为好时数量庞大的职工及职工家属休闲娱乐所建，如今则是一座典型的美式游乐园，里面有各种糖果主题的儿童骑乘项目和过山车。

值得一提的是，因为“好时工艺”制作过程中会产生丁酸，好时巧克力因此具有一种独特的酸香，再加上美国其他巧克力厂商纷纷效仿，这种“酸”已经成了美国人心中童年的味道。只不过在那些吃惯了英国、瑞士牛奶巧克力的人看来，这种酸味并不舒服，有人甚至将其比作同样含有丁酸的帕尔玛奶酪。

周边活动

好时花园（Hershey Gardens）

也是当年由米尔顿·好时打造的，是他送给妻子的礼物，一到春季，满园玫瑰，景色可爱。花园中的蝴蝶馆可谓是这里的亮点。

阿米什人聚集区（Amish Country）

摒弃现代生活方式的阿米什人是美国一个独特的群体。好时镇周边就有全美最大的一片阿米什人聚集区，那里现在也搞起了旅游经济，游客可以前去参观农场，乘观光车游览，购买自制果酱和被子。

好时故事博物馆（The Hershey Story）

这家博物馆讲述了米尔顿·好时如何从一位门诺派农民的儿子成长为糖果业大亨，如何把家乡农场发展成工厂城镇。

哈里斯堡（Harrisburg）

哈里斯堡是宾夕法尼亚州首府，距离好时镇车程20分钟，典雅的州政府办公大楼、景色优美的河畔地带、恐龙化石博物馆和几个独立战争旧址都值得一访。

OLIVE & SINCLAIR

1628 Fatherland St, Nashville; www.oliveandsinclair.com;
+1 615-262-3007

◆现场烘焙 ◆自带商店 ◆组织参观

田纳西州的纳什维尔（Nashville）目前是一座货真价实的美食之城，只不过当地的香辣炸鸡虽然有名，想必你还是想用点甜的东西平衡一下，此时不妨来Olive & Sinclair（简称O&S）看看。这家工坊规模不大，却是全城最多产的糖果厂之一，许多礼品店里都能找到他家的巧克力棒，如此热卖，并非侥幸。

工坊位于绿树成荫的东纳什维尔（East Nashville）中心地带，店面温馨，手艺传统，不以花哨取胜。所用可可豆经过公平贸易认证，要在工坊里进行烘焙、脱壳和研磨，所用的两台研磨机乃是20世纪初的“古董”，分别由西班牙和法国生产，用的是石碾，非常漂亮。一台能磨出丝滑的黑巧克力（纯度一般为67%至75%），一台能磨出脂滑的白巧克力。以它们为原料，工坊制作出了许多种创意十足的成品，比如海盐巧克力、肉桂辣椒巧克力、夹心巧克力脆等。他家在纳什维尔饮食江湖上的影响还不止于此，与当地多家啤酒厂、烈酒厂、茶叶店都有紧密合作，为他们供应可可碎粒，用以制作奇特的美酒佳茗。

他家大多数产品都以巧克力为原料，但那款不含巧克力的鸭油焦糖（duck fat caramel）也不得不提，焦糖没有那么黏牙，里面因为融入了一丝咸香的厚重，口感已臻化境，令人欲罢不能。用它搭配一份夹心巧克力脆，就是纳什维尔糖果天堂应有的味道。

周边活动

High Garden Tea

一家很魔幻的茶叶店，仿佛过去的药店，各种茶叶码满了墙壁，自带一间温馨惬意的茶室和红茶菌吧，泡上几个小时都行。www.highgardentea.com

The 5 Spot

纳什维尔号称“音乐之城”，靠的就是The 5 Spot这种地方。当地五花八门的文艺团队都会在此登台，周日“灵魂乐之夜”（Sunday Night Soul）尤为精彩。www.the5spot.club

Five Points Pizza

一家实实在在的餐馆，比萨简单却完美，口感脆中带软，令人倾倒，堂食也可，打包也行。www.fivepointspizza.com

谢尔比谷地绿道（Shelby Bottoms Greenway）

纳什维尔都市内的一抹自然天地，由8千米长的铺装小道（大多数车辆都可应付）与8千米长的越野小道（难度不大）构成，自驾探索，可赏河畔风光，还有机会看到当地的野生动物。

OLIVE
CHOCOLATE
AND
SINCLAIR
CO.
SOUTHERN ARTISAN
SINCLAIR
CREDIT CARDS
HONORED HERE
EAT
DUCK RIV
SWINE

SOUTHERN ARTISAN
SMALL BATCH
CHOCOLATE
SEA SALT
OLIVE
AND
SINCLAIR
SLOW ROASTED & STONE GROUND
IN NASHVILLE, TENNESSEE
CONGRATS!
YOU ARE THE RECIPIENT
of
SOUTHERN ARTISAN
CHOCOLATE
Stone Ground by Good Folks in Nashville, TN

CACAO & CARDAMOM

5000 Westheimer Rd Suite 602, Houston;
www.cacaoandcardamom.com; +1 281-501-3567
◆组织品鉴 ◆提供培训 ◆咖啡馆 ◆自带商店

安妮·鲁帕尼（Annie Rupani）制作的巧克力，很有可能是你见过最“炫”的。她在休斯敦上城区开设的这家Cacao & Cardamom里除了夹心巧克力、巧克力硬糖（dragee）和修士巧克力（mendiant），主打产品竟然是“巧克力鞋”。没错，就是那种不能穿、却能吃的鞋。造型各式各样，有高跟鞋、舞蹈鞋，甚至是男士礼服鞋，都是用香浓的巧克力制作的。如果比起鞋子，你更喜欢化妆品，那巧了，她这里还有那种用甘纳许制作的巧克力“口红”，保管你开心。

当年，鲁帕尼一边备考法学院入学考试，一边制作巧克力糖果。考过之后她突然意识到，自己爱的是巧克力，不是法律，于是在2014年创立了Cacao & Cardamom。这个店名很有讲究，可可是巧克力的核心原料，小豆蔻则是来自她故乡南亚的一种重要香料。

她的店开在休斯敦一条普普通通的商业街上，店内装潢陈设高端有品，满眼红木，不会让慕名而来的老饕失望。一条长长的玻璃柜台贯穿整个空间，柜台里展示的各种巧克力糖仿佛珠宝，柜台旁的货架上还有更多花样可选。门口那里总会摆上一两张桌子，供客人当场享用意式冰激凌或者一两块夹心巧克力。如果你只能挑选一样东西带回家，那就试试那款以Louboutin红底高跟鞋为灵感制作的巧克力鞋吧。

周边活动

梅尼勒艺术馆（The Menil Collection）

一座博物馆兼画院，展品主要来自约翰与多米尼克·德·梅尼勒（John and Dominique de Menil）的私人收藏，主打超现实主义及现代主义欧洲绘画作品。www.menil.org

海因斯水墙公园（Gerald D Hines Waterwall Park）

旧名威廉姆斯水墙（Williams Waterwall），主体为墙壁造型的瀑布，高12米，周围环绕着118棵橡树，是休斯敦首屈一指的打卡拍照地。

Hugo’s

一家新派墨西哥菜餐厅，由获奖大厨雨果·奥特佳（Hugo Ortega）掌勺，三餐皆可供应，但惊艳的早午餐自助尤其不能错过。www.hugosrestaurant.net

Galleria

一家大型综合商业体，除了339家商店还有多家餐厅甚至是酒店，可以过来学着得州人那样逛街逛到瘫。www.simon.com/ mall/the-galleria

KATE WEISER CHOCOLATE

3011 Gulden Ln, Suite 115, Dallas;
www.kateweiserchocolate.com; +1 469-619-4929
◆组织品鉴馆 ◆提供培训 ◆咖啡 ◆自带商店

凯特·韦瑟(Kate Weiser)曾在堪萨斯城、达拉斯等地的著名餐厅里担任过糕点师，后来决定专攻巧克力，于是在2014年以自己的名字开办了第一家巧克力店，如今已拥有了3个店面——达拉斯2个，沃斯堡(Fort Worth)1个。店内都采取简洁明快的现代风格设计，产品除了美味的冰激凌和马卡龙，还有光采夺目、犹如珠宝的夹心巧克力。从模具抛光到最后用有色可可油进行手绘，一颗夹心巧克力制作起来足足需要4天工夫。口味方面比较丰富，纯度为63%的黑巧克力和爆米花巧克力都有。节假日前来，一定不要错过"雪人卡尔"(Carl the Snowman)，这是一款喜气洋洋的雪人造型巧克力，肚子里装着热巧克力，脑袋里全是棉花糖。

周边活动

迪利广场第六层博物馆(Sixth Floor Museum at Dealey Plaza)

博物馆所在之处正是1963年11月肯尼迪总统遇刺之地，内容着重介绍了事发当天的情况，还有肯尼迪总统对美国及世界的影响，体验犹如时光旅行。www.jfk.org

达拉斯艺术博物馆(Dallas Museum of Art)

一家重量级博物馆，荟萃世界古代与当代艺术的珍品，希腊人、罗马人、伊特鲁里亚人的杰作以及新墨西哥州米布利斯时代(Mimbres)的陶器文物尽在其列。dma.org

TEJAS CHOCOLATE + BARBECUE

200 N Elm St, Tomball; www.tejaschocolate.com; +1 832-761-0670

◆组织品鉴 ◆提供培训 ◆咖啡馆
◆现场烘焙 ◆自带商店 ◆提供食物

巧克力和烤肉乍一看没什么缘分，但小斯科特·摩尔（Scott Moore Jr）2010年着手制作全流程自制巧克力的时候，偏偏发现了两者之间的共同点：不管是烘烤可可豆，还是传统得州烤肉，原来都需要“小火慢工”。他制作的单豆巧克力棒因为带有熏香而名声大噪。当他得知小城汤博尔（Tomball）有一栋老宅对外出售时又灵机一动，将其买下，开了家兼做烤肉馆与巧克力工坊的店。这家Tejas Chocolate + Barbecue，挂着美国乡村风格的霓虹招牌，店内氛围温馨，烤鸡胸肉在得克萨斯州堪称一绝，甚至挤进了大名鼎鼎的《得州月刊》（*Texas Monthly*）州内十大烤肉馆名单。与此同时，明火烤制的可可豆在这里被做成了一款款单豆巧克力棒和松露巧克力（推荐盐化焦糖口味），实力同样令人称道。

周边活动

马特家族果园（Matt Family Orchard）

果园农场占地40英亩，你可以来此体验黑莓、蓝莓和南瓜采摘，也可以直奔农场商店，购买自产的水果、蜂蜜等产品。www. mattfamilyorchard.com

Gleannloch Pines Golf Club

汤博尔有不下30家高尔夫球俱乐部，这家球场按照爱尔兰、苏格兰的风格进行设计，是其中独一无二的存在。golfgleannlochpines.com

CAPUTO'S

314 W Broadway, Salt Lake City; www.caputos.com;
+1 801-531-8669

◆组织品鉴 ◆提供培训 ◆自带商店

Caputo's创办于1997年，属于家族企业，为犹他州手工巧克力产业的主推手，做生意不只是为了卖货，也是为了向顾客普及手工巧克力的知识，并宣传推广"犹他制造"的糖果等美味。目前Caputo's共有四个店面，其中三个能举办巧克力品鉴入门课，每家店都备有一份"巧克力档案"(chocolate file)，上面按字母表顺序列出了与其合作的巧克力品牌及其产品，方便顾客品鉴比较。这里每年还会举办一次巧克力节，每届主推某一可可产地，收益用以帮扶"遗产级可可保护计划"(Heirloom Cacao Preservation Initiative)。可以说，Caputo's是世界一流巧克力的荟萃之地，许多在这里销售的品牌都经过有机和公平贸易认证，产地遍布全美乃至全球各地，牛奶巧克力、黑巧克力、白巧克力都能找到。

周边活动

圣殿广场(Temple Square)

圣殿广场建筑群规模宏大，为耶稣基督后期圣徒教会(Church of Jesus Christ of Latter-day Saints)所有，摩门教会合唱团(Tabernacle Choir)每周都会在广场的大礼拜堂(Tabernacle)内进行公开彩排。www.templesquare.com

奥林匹斯山徒步(Mount Olympus Hike)

奥林匹斯山位于盐湖谷(Salt Lake Valley)东侧，登顶小道标识清晰，很耗体力，景色壮美。www.utah.com/hiking/mt- olympus-trail

THEO CHOCOLATE

3400 Phinney Ave N, Seattle; www.theochocolate.com;
+1 206-632-5100

◆组织品鉴 ◆提供培训 ◆咖啡馆
◆现场烘焙 ◆自带商店 ◆交通方便

美国第一家经有机、公平贸易、全流程自制三重认证的Theo Chocolate开在西雅图，这并不是什么巧合——这座干净整洁、满眼绿意的“翡翠之城”（Emerald City）向来就是有机农业从业者与有机食品市场的根据地。

Theo Chocolate所用的可可豆是从南美洲与非洲个体农户那里直接采购来的，亮点产品包括一款含有盐和杏仁的混合黑巧克力棒（纯度70%）和一款“老爹糖”（Big Daddy）——类似美国露营标配零食“斯默饼”（两片全麦饼干夹着棉花糖和焦糖），外面裹上黑巧克力，淋上牛奶巧克力，大小刚好可以一口一个。另外，也推荐他家的“西奥经典实验室”盒装巧克力（Theo Classic Library），里面汇集了10款巧克力，款款诱人。西奥的工厂团队游很受欢迎，游客可以从一棵如假包换的可可树开始，亲眼见证巧克力制作的全过程，试吃的机会更是贯穿始终。

周边活动

派克市场（Pike Place Market）

市场自1907年经营至今，上下好几层，一直是西雅图人采购农产、水产等食品的首选去处，逛起来超级过瘾。pikeplacemarket.org

奇胡利玻璃艺术馆（Chihuly Garden & Glass）

内有展馆，外有园林，展出的当代玻璃艺术品造型天马行空，看得人目瞪口呆。www.chihulygardenandglass.com

TABAL CHOCOLATE

7515 Harwood Ave, Wauwatosa; tabalchocolate.com;
+1 414-585-9996

◆组织品鉴 ◆提供培训 ◆咖啡馆
◆现场烘焙 ◆自带商店 ◆组织参观

Tabal Chocolate的店面散发着历史的风情，里面则充溢着感官的诱惑。烤可可豆的味道香飘满室，那种惬意的氛围更是没有丝毫刻意，顾客进来试吃、请教本就是自然而然的事情。一款款巧克力棒都摆在一张桌子上，每款都拿出了充足的数量供顾客免费品尝，口味五花八门，连辣椒味、蓝莓博士茶味的都有。不过想要了解Tabal巧克力，试吃只算“登堂”，想要“入室”，你一定要清楚这个品牌所肩负的社会责任。Tabal Chocolate由巧克力师丹·比塞尔（Dan Bieser）创立于2012年，最初连巧克力制作间也是租来的。Tabal来自玛雅语，意思是“关系”，而这正是比塞尔经营的初衷，即通过与中美洲、南美洲的可可农建立直接、长久的合作关系，“从可可豆生产直至成品包装，始终关注社会公平性”，减少对环境的影响，帮助农民自力更生，从而创造出纯粹、上乘的巧克力。他的这家全流程自制巧克力店既是商店，也是作坊，工作人员都是满怀激情的同道中人，可可豆首先在产地完成采摘、发酵和晾晒，随后被运到这里，经过筛选、烘焙、破壳、粗磨，留下带有烤香、口感酥脆、可以食用的可可碎粒，接着碎粒再经过研磨、融化、回火和浇模，最终变为成品巧克力棒。另外，Tabal Chocolate还开设了巧克力及松露巧克力制作课，这在密尔沃基市（Milwaukee）可是绝无仅有的。

周边活动

哈雷戴维森博物馆（Harley-Davidson Museum）

博物馆藏有数百部哈雷戴维森品牌机车，按照年代顺序依次展示，猫王、埃维尔·克尼维尔（Evel Knievel）等人的酷炫坐骑尽在其列，另有相关互动展示可以体验。www.harley-davidson.com

湖畔啤酒厂（Lakefront Brewery）

湖畔啤酒厂在Brady St河对岸，下午有团队游，但参观那里最好等到周五晚上——那时候能吃到炸鱼，能品尝到16款啤酒，还能欣赏到一支波尔卡乐队的狂野表演。www.lakefrontbrewery.com

密尔沃基艺术博物馆（Milwaukee Art Museum）

当地的文化名片，位于湖畔，艺术藏品无与伦比，由圣地亚哥·卡拉特拉瓦（Santiago Calatrava）设计的那对“翅膀”更是惊艳无比。mam.org

麦迪逊市（Madison）

麦迪逊并非只是一个大学城，还享有无数美誉，比如最适宜步行的城市、最佳公路骑行城市、最适合素食主义者的城市、对同性恋最友好的城市……总之就是一个做什么都舒服的城市。www.cityofmadison.com

顶级巧克力节

荷兰阿姆斯特丹巧克力节（Chocoa Chocolate Festival）

每年冬季2月于阿姆斯特丹召开，尤其关注可持续可可豆生产，旨在从供应链入手，改善可可农的经济状况。很多活动特别适合那些有志创业的巧克力师，但培训和讲座也都对普通民众开放。

美国纽约巧克力展（Chocolate Show）

纽约每年秋季都会举办巧克力展，除了培训和讲座，参观者也有机会品尝到各参展商的产品，还能近距离打量可可豆荚。

法国巴黎巧克力沙龙展（Salon Du Chocolate）

一场为期五天的巧克力盛会，会场就在凡尔赛门巴黎会展馆（Paris Expo Porte de Versailles），品鉴、讲座、展示等应有尽有，还专门为小朋友开办了相关活动，同期举行的时装秀更是令人脑洞大开。如果无法来巴黎参加主展，记得留意在其他地点、其他时间举办的分展。

TOP CHOCOLATE FESTIVALS

意大利佩鲁贾欧洲巧克力节（Eurochocolate）

欧洲巧克力节每年10月于翁布里亚大区首府佩鲁贾举行，至今已办了23届，参加者足有90万人，每个都是可可的铁杆粉丝。除了品鉴、巧克力烹饪课等活动，现场甚至还会展出可以吃的巧克力雕塑。建议先把参展摊位逛个遍，买够欧洲顶级制造商制作的巧克力产品，然后撇开人群，悠然地去探索佩鲁贾老城的石砖小巷与华美广场。

德国蒂宾根巧克艺节（Chocolart）

德国巧克力（schokolade）的大狂欢，魅力令人无法拒绝，每年12月举行，为期6天，品鉴、果仁糖制作课、可可绘画、讲座和厨艺课都属于亮点活动。举办地在蒂宾根老城（Altstadt），此季夜间灯火华美，为节日增色不少。如果在这个巧克力节上玩够了，还可以顺便逛逛当地的圣诞集市。

格林纳达圣乔治巧克力节（Chocolate Fest）

每年5月举行，旨在庆祝岛国格林纳达的有机巧克力产业的发展，其间会举办众多巧克力主题活动，向参加者宣传格林纳达的可可历史，介绍可可果在当地变成巧克力的全过程，探讨可可在餐饮界扮演的角色。

非洲与
中东地区

TOP 2
COCOA
GROWERS
两大顶级可可豆种植园

AFRICA & THE MIDDLE EAST

加纳

1876年，加纳农学家特特·卡尔谢（Tetteh Quarshie）从非洲西部的非南多波（今赤道几内亚比奥科岛）把可可树的种子带到了加纳马姆彭，最终使得加纳成了全球重要可可豆生产国，独占全球总产量的20%，对世界现代巧克力产业影响之大可谓空前绝后。你下次再吃巧克力时，一定要记得在心中感谢这位前辈。

科特迪瓦

科特迪瓦是全球第一大可可豆生产国，与加纳贡献的可可豆量加在一起达到了全球总产量的50%以上。可可豆出口是这里的经济支柱，这里也为全球巧克力市场创造了巨大的价值，可惜其中只有一小部分能够落到当地农民的口袋里。为了回流部分价值，该国在2019年签订协议，为可可豆设定了每吨最低销售价格。在这一政策的激励下，国内已经开始出现了小批量巧克力工坊。

© Roman Yanushevsky / Shutterstock

科特迪瓦

如何用当地话点热巧克力: Je voudrais un chocolat chaud,s’ il vous plait。

特色巧克力: 必须是用当地可可豆制作的巧克力。

巧克力搭配: 当地的咖啡。

小贴士: 一定要购买当地制作的巧克力。

刚刚在你口里融化的那块巧克力，很可能就是用科特迪瓦的可可豆制作的，因为这个西非国家是全世界最大的可可豆生产国。科特迪瓦紧邻赤道，可可树遍地都是，可可豆荚成熟后或橙或黄或红，会自动从树上掉下来。当地农民于是用小刀或者砍刀把这些豆荚——严格地说应该叫可可果——劈开，取出里面的可可豆。一个豆荚里大约有40颗豆子，每颗豆子只有杏仁大小，身上都包着甜甜的黏膜一样的东西。他们把这些豆子盖到芭蕉叶下面发酵几天，再放到阳光下晾晒，其间每隔几天翻动一下，直到豆壳用手一捏就能裂开，就可以打包运走了。雀巢、好时、吉百利都是科特迪瓦可可豆的大主顾。

因为科特迪瓦是法语国家，可可豆在这里被叫作“cacao”，是全国最重要的出口品，可惜也引起了一定的争议。国内可可种植园经常会爆出雇用儿童奴工的丑闻，而且可可农普遍生活贫困。为了改变这一局面，2019年，科特迪瓦与同为可可生产大国的加纳联手，为他们生产的顶级可可豆制定了每吨最低定价。要知道，全球30%的巧克力都是用这里的豆子生产的，但科特迪瓦大多数国民——包括许多可可农——并没有条件品尝自己的劳动成果。在世界第一大可可生产国却非常不容易买到巧克力，这样的事实在有些讽刺。

近几年来，科特迪瓦出现了几家巧克力制作企业，利用本国生产的可可豆，在自己国家的土地上，首次打造出了属于自己的巧克力产品。这些企业——包括阿比让（Abidjan）的Mon Choco和Instant Chocolate——希望科特迪瓦生产的豆子在未来不要全部出口，希望原豆精制也能在巧克力产业经济中立足，希望国人种植的可可豆可以被制作成国人买得到、买得起的巧克力，希望科特迪瓦未来能拥有更大的“巧克力话语权”。

INSTANT CHOCOLAT

Cocody, 1194 Abidjan; www.facebook.com/instantchoc; +225 72 60 50 81

◆提供培训 ◆现场烘焙 ◆自带商店

2015年，阿克塞尔·埃曼努尔（Axel Emmanuel）、伊凡·帕特里克（Yvan Patrick）与马克·亚瑟（Marc Arthur）在阿比让的可可蒂区（Cocody）共同创立了Instant Chocolat，目的是要把科特迪瓦的可可豆变成那种既好吃又不太贵的巧克力。尽管科特迪瓦是世界第一大可可豆生产国，想在这个西非国家里买到巧克力却非常不容易。Instant Chocolat的"铁三角"不但开创了国产巧克力的先河，更在产品中融入了独一无二的当地风味，比如加了阿波基（Aboki）咖啡牛奶的巧克力，里面就能品出"有机咖啡的爆香"。那款"P'ti Cola'"黑巧克力，可可纯度达75%，口感在苦与甜之间实现了完美平衡。还有一款"Gnamakou"黑姜口味巧克力，可以说是又好吃又奇特。他们的努力是在向世界宣告，科特迪瓦完全有资格在世界巧克力产业中多分一杯羹，在当地生产巧克力仅仅是一个开始。

周边活动

Panaf

一家烹饪学校，主打"泛非洲"美食，整个大陆千奇百怪的香料与风味都有涉及，是一场美食大冒险的完美起点。www.facebook.com/PanafAbidjan

Galerie Cécile Fakhoury

这家画廊里展示的当代艺术作品，将艺术家对非洲过去的复杂历史与对非洲未来的希望融为一体，从而实现了对所谓"地理污名化"的揭露与挑战。cecilefakhoury.com

加 纳

用当地话点热巧克力：英语是加纳官方语言，说英语就行。

特色巧克力：加了木槿花（当地叫bissap）的巧克力。

巧克力搭配：红豆咖喱。

小贴士：一定要去参观特特·卡尔谢（Tetteh Quarshie）的可可农场。

加纳目前是世界第二大可可豆生产国，这要归功于其得天独厚的自然条件。这里气候温暖，降雨量大，兼之雨林树木能遮风，因而可可树长势极佳，阿散蒂省、西部省和东部省的产量最大。一棵可可树的寿命大约是30岁，在土地经过施肥、环境免于暴晒的情况下，树苗在栽种四五年后即可结果，每个可可豆荚大约能出30颗可可豆。

加纳可可豆之所以特别美味，主要是因为当地农民仍然在遵循传统，对收获来的可可豆进行一种特殊的处理。他们会在豆子上覆盖香蕉叶或者芭蕉叶，任其发酵长达一周的时间，用这种发酵让可可豆进一步入味，晾晒几天后再打包运走，在全球那些糖果巨头手中化为一款款巧克力，把美味带来的幸福感洒遍人间。

只不过幸福的是世界的消费者，加纳可可从业者的日子却并不好过。加纳的可可豆主产区基本也是全国最贫困的地区，可可豆虽是这里主要的农业出口品，虽然备受全世界巧克力迷的喜爱，但当地农民的收入仍与其劳动成果的市场价值脱节。目前，加纳可可行业理事会（Ghana Cocoa Board）正在与国际巧克力生产企业斡旋，希望能够提高国内从业者的工资。加纳偏远地区种植的可可豆，其所蕴含的美食价值被一步步发掘出来，一步步变成包装精美的巧克力糖果，参与这个过程的每一个人都有权利获得相应的回报。

像艾迪森（Addison）姐妹这样的加纳本土企业家现在越来越多，他们努力把更多的生可可豆留在国内，并将其做成精品巧克力，希望借此能够“重燃加纳人敢想敢干的精神”。

'57 CHOCOLATE

19 Pawpaw Street, East Legon, Accra;
www.57chocolategh.com; +233 504 736 539

◆组织品鉴

金伯利与普利西拉·艾迪森（Kimberly and Priscilla Addison）是一对献身巧克力事业的姐妹。两人在非洲许多地方都做过买卖，一次前往瑞士参观某家巧克力工厂，感慨于非洲巧克力企业的匮乏，于是回到了祖国加纳，在2016年创立了'57 Chocolate这个品牌，用加纳本土可可豆手工制作全流程自制巧克力。品牌名字里的"57"指的是加纳脱离英国殖民统治正式独立的1957年。因为此前并无相关经验，两姐妹特意学习了可可生产与巧克力制作方面的知识，她们的工坊位于加纳首都阿克拉（Accra），就开在妈妈家中的厨房里，给她们供货的可可豆生产方位于东部省，两地车程只有几小时。你可以提前联系她们，到工坊中参观品鉴。这里制作的巧克力造型为阿丁克拉族（Adinkra）的各种传统符号，很有传统风情。

周边活动

拉芭迪海滩（Labadi Beach）

阿克拉最热门的海滩，能玩球、戏浪、沿着沙滩骑马，海滩上还有众多酒吧和餐厅，可以进去伴着震耳的舞曲派对狂欢。

ANO文化研究中心（ANO Centre for Cultural Research）

一家艺术机构——ANO在当地阿肯族（Akan）的语言中意思是"奶奶"，刚刚开放了一个永久展厅，展品精良，还有电影放映活动。

以色列和巴勒斯坦

用希伯来语点热巧克力：Shoko kham。

特色巧克力：加了橙子、扎塔尔五香粉和死海海盐的巧克力。

巧克力搭配：肉桂奶酪卷（cinnamon rugelach）。

小贴士：当地气候炎热，买来的巧克力最好放到隔热袋里。

以色列贵为“应许之地”，实际上却种不了可可树，但身为科技强国和美食胜地，这里从来不缺创新精神。在这种精神的滋养下，手工巧克力产业在以色列业已起飞，其特色在于在巧克力中大胆加入当地特色食材，比如百香果、开心果、蜂蜜黑芝麻酱（halvah cream）和扎塔尔五香粉（za'atar；包含神香草、牛至、百里香、芝麻和漆树）。在以色列建国后的前40年里，当地人能吃到的几乎只有批量生产的Elite牌巧克力。这个品牌好比“以色列的好时”，今天在国内大超市里仍然卖得火热。1988年，专攻普拉林的先锋企业Ornat在以色列推出了手工洁食巧克力。1996年，麦克斯·费希曼与奥德·布莱纳创立了Max Brenner，后来将其发展成了一个国际品牌。很快，以色列的巧克力迷纷纷前往欧洲，求教于那里的巧克力大师，学成后归国创业，至今已赢得了许多重量级奖项。

仅在世界巧克力大赛中得奖的以色列人就不胜枚举，比如特拉维夫Ika Chocolate 工坊的Ika Cohen（获奖作品为扎塔尔五香粉甘纳许）、雷霍沃特Bruno Chocolate 工坊的Yulia Freger（获奖作品为松露白巧克力草莓奶酪蛋糕）以及吉夫阿塔伊姆Emilya Chocolate Passion 工坊的Ronen Aflalo（获奖作品为生芝麻酱夹心巧克力）。发展到了2015年，以色列已有28家巧克力生产企业挺进了国际市场，年销售额大约1000万美元，客户遍布42个国家——其中就包括比利时，以色列巧克力产业主要的原料供应国之一。规模较小的工坊只能依靠国内市场，所以想吃到就必须亲赴以色列。这种小工坊遍布全国各地，很多都会举办巧克力制作实操讲座，在那里展现自己天马行空的创意是以色列巧克力迷最喜爱的消遣，作为外人的你不妨也入乡随俗。

SWEET' N KAREM

2-3 Mevo Ha-Sha'ar St, Jerusalem; www.sweetnkarem.co.il;
+972(0)77 200 6660

◆提供食物 ◆可以打包 ◆自带商店
◆可以住宿 ◆自带酒吧 ◆组织参观

Sweet' n Karem开在耶路撒冷的艾恩卡勒姆(Ein Karem),那里景色优美,相传当年怀有身孕的圣母玛利亚曾去那里拜访过自己的表亲伊丽莎白(也就是后来施洗约翰的母亲),因此朝圣者络绎不绝,但艺术家、音乐家、修道士、摄影师和游客每天也会纷至沓来,村内尽是艺术家工作室、时髦的餐厅和古老的基督教遗址。这家店主打巧克力和意式冰激凌,2008年开业,老板叫奥夫·安萨勒姆(Ofer Amsalem),店面虽小,浓郁的香味却让过往游客都会选择入内一看。店内一排排的美食靓丽非凡,外包装上描绘的是艾恩卡勒姆的迷人风光,出自当地画家哈亚·怀特(Haya White)之手,里面的巧克力都是独一无二的纪念品。比如金纸包裹的"耶路撒冷之墙"(Walls of Jerusalem)大板巧克力,店家会在上面刻上希伯来文祝福语。那些手工制作的松露与普拉林不但口感丝滑,里面总会用到当地出产的奶油,加入各种中东独有的食材,包括兰茎粉(sachlav)、蜂蜜黑芝麻糖(halvah)与玫瑰水。严格素食者可以试试那款用超级新鲜的葵花籽、芝麻酱和喜马拉雅粉盐制作的巧克力棒。

甜品店的工厂就在附近的街角,开在一栋经过翻新的12世纪古建筑里,那里会举行巧克力制作培训讲座,在这里做好的普拉林都能让顾客带走。甜品店隔壁是他家的洁食餐馆,楼上是老板开的民宿Chocolate House B&B,你应该先去餐馆里面吃晚饭,然后到天台上享受水疗,最后回屋做一个"巧克力梦"。

周边活动

Ruth Havilio Tile Artist

这家工作室挨着当地地标施洗约翰教堂(St John the Baptist Church),已经营28年,主要销售手工绘制的陶瓷贴砖,设计既实用又美观。

基督教古迹(Christian Historic Sites)

风光旖旎的艾因卡仁村散布着许多基督教古迹,可以步行参观,包括圣母泉(Mary's Spring)、圣母往见教堂(Church of the Visitation)以及荒野中的圣约翰修道院(Monastery of St John in the Wilderness)等。

伊甸-塔米尔音乐中心(Eden-Tamir Music Center)

靠近朝圣地圣母泉,里面经常举办各种音乐活动、独奏会和室内音乐会,国内外艺术家都会来此献艺。

水彩画家哈亚·怀特的工作室(Haya White Watercolorist)

哈亚·怀特(Haya White)把工作室和画廊开在家里,你可以去那里购买礼品、原创艺术品以及她的水彩画与混合媒体绘画的小幅翻印品——耶路撒冷的花园、当地人、宠物和风光都有。

CHOCOLATE BY THE BALD MAN
MAX BRENNER

MAX BRENNER

Rothschild Blvd 45, Tel Aviv; maxbrenner.com;
+972 3-560-4570

◆咖啡馆 ◆提供食物 ◆自带商店 ◆交通方便

如今，Max Brenner已经走向了国际，从澳大利亚到纽约，从新加坡到俄罗斯，哪里都能买到他们的东西，但这个品牌事实上在1996年创立于以色列，至今仍旧心系故土。既然说“食在当地”，你就该去特拉维夫市中心时髦的罗斯柴尔德大街（Rothschild Blvd），找到他们的品牌巧克力吧（Chocolate Bar）兼餐厅，见识一下他们能把巧克力做得多么绚丽缤纷，多么令人沉沦，最主要的是多么妙趣横生。这里的巧克力形态多种多样，拿在手里可以掰，放到杯里可以品，软的可以喝，稠的可以蘸，甚至还有那种可以“注射”的巧克力！饮料方面推荐他家招牌的“拥抱杯”（hug mug）热巧克力，或者是“爱丽斯杯”（Alice cup）奶昔——所用陶瓷杯在杯壁上写着“drink me”（“快喝我”），在别的地方根本买不到。固体巧克力推荐酥脆的雪茄型普拉林，吃的时候要蘸巧克力酱。正餐不妨试试巧克力比萨，上面盖着大块大块的牛奶巧克力与白巧克力。像香菜这种地方特色食材，常常也会出人意料地现身。

周边活动

卡梅尔市场（Carmel Market）

市场规模庞大，搭着棚子的摊位一家挨着一家，农产、胡姆斯酱、炸货、啤酒、果汁以及香气四溢的现烤面点都有，绝对能让老饕有美梦成真的感觉。

特拉维夫海岸（Tel Aviv’s coastline）

吃过了巧克力，应该去探索特拉维夫14公里长的海岸线。自行车道与步道把一片片海滩连在一起。带孩子的，同性恋者，爱运动的，都能找到适合自己的那一片小天地。

圣多美和普林西比

用当地话点热巧克力: Chocolate quente por favor。

巧克力搭配: 搭配原料产自当地岛屿的阿拉比卡咖啡。

特色巧克力: 咖啡巧克力。

小贴士: 安全起见，参观荒弃的种植园最好聘请一位向导。

这对双子岛国位于西非，地处赤道，身材袖珍，绰号叫“巧克力岛”(Chocolate Islands)，听名字就知道是一个美妙的可可探索目的地，事实上也的确不会让人失望。1822年，面对岛上糖料作物减产的窘境，葡萄牙殖民者特意从巴西运来了福拉斯特洛可可豆的种苗在此推广。岛上那些嶙峋陡峭、仿佛复活节彩蛋碎片的火山，赐予了海岛肥沃的土壤，再加上雨林树木提供的荫凉，可可豆回回都是大丰收，结果不到一个世纪，圣多美和普林西比就跃居全球第一大可可豆生产国。经营种植园(roça)的葡萄牙殖民者当然赚了个盆满钵满，繁荣的背后却藏着对包身奴工的残酷压榨。

可惜这种全球霸主的地位不是真金，而是金币巧克力，禁不起历史的考验。1909年前后，信奉桂格派的英国巧克力大亨吉百利认为，圣多美和普林西比的包身工制度惨无人道，于是停止从这里收购可可豆。1975年，葡萄牙人全面撤离，当地可可产业进一步萎缩。皇家海港种植园(Roça Porto Real)一位叫乔·卡塔丽娜-康赛考(Joao Qatarina-Conceicao)的老工人回忆道:“种植园就像一个小型城市，但我们在里面是奴隶。葡萄牙人走了之后，一切都完了。”

今天，圣多美的可可产业再度复苏。当地的福拉斯特洛豆没有受到过化学物质或者杀虫剂的污染，品种纯正，品质上乘，风味浓郁，还具有清爽的柑橘韵味，经联合国国际农业发展基金组织(IFAD)认定，完全适合进行公平贸易有机种植。目前，法国生物及巧克力生产企业(Kakao)已与当地可可农业合作社(CECAB)展开合作，全国15%的人口都在为其生产有机可可豆，烘焙后供出口的可可豆收购价高出市场价40%，无数家庭因此脱离了贫困。

可可农业合作社的阿尔伯托·路易(Alberto Luis)欣喜地表示:“我们现在有钱来教育我们的孩子，可可生产也走出了奴工制的阴影。”圣多美岛上唯一一家巧克力工坊是由意大利人克劳迪欧·克拉罗(Claudio Corallo)经营的，他被人称作“西非巧克力之王”，在当地开创了小批量全流程自制生产的先河。步其后尘的是南非亿万富翁、航天员马克·沙特尔沃思(Mark Shuttleworth)，他的投资不但让荒废的桑迪种植园重现繁荣，还将其打造成了一家五星级度假村，就连大卫·格林伍德-海伊(David Greenwood-Haigh)这种国际知名的巧克力师都慕名前来参观。

CLAUDIO CORALLO

Av 12 de Julho 978, São Tomé, São Tomé Island;
www.claudiocorallo.com; +239 9916815
◆组织品鉴 ◆现场烘焙 ◆自带商店 ◆组织参观

克劳迪欧·克拉罗(Claudio Corallo)是个勇于追求梦想的人。1992年,他放弃了自己在扎伊尔种植咖啡豆的事业,来到圣多美,一个人扛起了当地可可生产与巧克力制作的大旗。他的老院种植园(Terreiro Velho)在普林西比,收获的可可豆先要从那里运到圣多美的新女性种植园(Roça Nova Moca)进行手工处理,然后再运到他的工厂兼商店里制成美妙的巧克力。他的工厂面朝安娜·查福斯湾(Ana Chaves Bay),克拉罗在那里一直在对各种口味与烘焙方式进行试验,以期创造世界级的精品巧克力。他组织的参观团很有意思,可以让你品尝到他生产的每一种巧克力,值得特别关注的是一款用糖姜提味的巧克力棒(可可纯度73.5%),以及黑巧克力皮自产熏香阿拉比卡咖啡豆。

周边活动

Roça São João

创意大厨乔·卡洛斯·席尔瓦(João Carlos Silva)把这个昔日的种植园打造成了艺术中心、餐厅与烹饪学校的三合一。守着面前圣十字湾(Santa Cruz Bay)的美景吃午饭,感觉很不错。

大狗山(Pico Cão Grande)

圣多美最有辨识度的自然奇观,是一座"勃起"的火山岩峰,位于奥博国家公园(Obô National Park)宁静的雨林之中,周围可以体验徒步,欣赏当地特有的鸟类。

桑迪海滩

Roça Sunday, Príncipe; sundyprincipe.com; +239 9997000
◆组织品鉴 ◆提供培训 ◆咖啡馆
◆现场烘焙 ◆自带商店 ◆可以住宿

科学家爱丁顿(Eddington)1919年就是在荒废的罗卡桑迪(Roça Sundy)通过实验验证了广义相对论,后来南非著名企业家马克·沙特尔沃思(Mark Shuttleworth)的修复改造让这里起死回生,并更名为桑迪海滩(Sundy Praia),成了一个高端海滩度假营地,为失业问题严重的普林西比解了燃眉之急。这里的农场劳作不停,工厂能生产各种创意美食,包括可可醋和可可脂含量很高的糖皮(回火后即可制成巧克力棒),巧克力迷可以随团参观。除了巧克力水疗项目,你还能享受到每周一次的巧克力晚餐,里面有薄切生牛肉配大蒜可可酱这种新奇菜品。他们也能组织为期7天的热带巧克力游猎(Tropical Chocolate Safari),带巧克力迷探索周边,参观种植园,制作巧克力,甚至学习与巧克力相关的写作技巧——最近负责授课的就是《巧克力》(*Chocolat*)一书的作者乔娜·哈里斯(Joanne Harris)。

周边活动

香蕉海滩(Praia das Bananas)

香蕉海滩不一般,一待就是一整天!这片金沙海滩美得不像人间,百加得在20世纪90年代的朗姆酒广告中就曾拿它大做文章。

观看海龟产卵(Turtle Nesting)

9月至次年3月,棱皮龟与鹰嘴龟会在晚上爬到格兰德海滩(Praia Grande)上产卵,你可以参加当地的夜间步行游,在环保巡防员的带领下欣赏海面产卵的景象。

南 非

用当地话点热巧克力：

Warm sjokolade asseblief.（南非语）；

Itiye elinoshokholethi ngiyacela（祖鲁语）。

特色巧克力：大象酒（Amarula）巧克力。

巧克力搭配：一杯本地咖啡。

小贴士：开普敦周边有很多地方能让你一同品鉴葡萄酒与巧克力。

说到南非的欧洲移民史，巧克力算是一条贯穿始终的主线。最初，荷兰东印度公司的货船不停地把东印度群岛上的香料运往欧洲，目的是给那里的巧克力调味。为了给货船提供中途补给，荷兰东印度公司便于1652年在南非建立了一个补给站，开普敦就此诞生。De Villiers Chocolate所在的香料之路酒庄（Spice Route），其名字就是为了纪念这一远去的大航海时代。长久以来，吉百利、雀巢等大批量生产的巧克力一直霸占着南非的糖果店，但随着种族隔离的结束，南非正式步入全球贸易圈，瑞士莲等高端品牌也开始登陆南非市场。

从1990年纳尔逊·曼德拉（Nelson Mandela）出狱到现在，南非人从与其他国家的交流中学到了很多东西，也逐渐将本民族、本国的强项发挥了出来。就拿开普敦以及周围的酒区（Winelands）为例，那里凭借其地中海般的气候，已经发展成了世界级美食目的地，酒庄、食品市场、精酿啤酒馆、咖啡烘焙坊、手工精酿烈酒厂比比皆是，不胜枚举。从约翰内斯堡重获新生的老厂区，到西开普省的小城小镇，全流程自制工坊也在这个国家遍地开花。南非的巧克力生产者普遍关注生态，奉行全流程自制理念，买的是当地的豆，雇的是当地的人，受益的都是非洲同胞。比如Honest Chocolate，原本是从厄瓜多尔进豆，现在换成了坦桑尼亚。又比如Cocoafair，他们销售的一款巧克力礼盒，内含500块迷你巧克力，盒子上印着："500块=1盒=6份工作=6个幸福的家庭=1个更美好的社会"，美味中蕴含着社会责任感。去小吃吧里吃巧克力圣代，把巧克力等东西打包好当午餐（padkos），睡前喝一杯热巧克力……南非巧克力的新潮流就是从这些传统演变而来的，加之当地饮食文化活力四射，巧克力在品型上虽效仿比利时，在味道上却极具实验性。

CHOCOLOZA

44 Stanley Ave, Braamfontein Werf, Johannesburg, Gauteng; www.chocoloza.co.za; +27 10 900 4892

◆组织品鉴 ◆提供培训 ◆咖啡馆 ◆自带商店

这家工坊在约翰内斯堡的巧克力迷心中很有地位，制作巧克力的理念虽然受到了比利时的影响，但用的东西100%都是南非食材——即使是店内的家具，都是用比勒陀利亚废弃的木托架手工改造而成的，在这种环境下品尝热巧克力，感觉再妙不过。巧克力方面推荐一款大象酒巧克力（Amarula chocolate），里面加的大象酒是南非特产，类似百利甜酒，是用当地马茹拉树（marula）的果实酿造的。“lekker”在荷兰语与南非语中都是“好吃”的意思，这个词你在这家店里会经常用到，比如那些咖啡普拉林和卡布奇诺，里面用的咖啡豆来自南非首家公平贸易烘焙坊Bean There Coffee，味道绝对“lekker”。经营工坊的是一支娘子军，女统帅维姬·巴因（Vicki Bain）曾在比利时Demeestere与诺好事（Neuhaus）精品巧克力店接受过培训。工坊举办的“巧克力冒险之夜”（Chocolate Adventure Evenings）活动堪称传奇，千万不可错过。

周边活动

44 Stanley

Chocoloza工坊所在的这条商廊由20世纪30年代的工业建筑改造而成，里面还有Bean There Coffee以及多家精品店和咖啡馆，在橄榄树下逛街漫步很是惬意。www.44stanley.co.za

1Fox

淘金时代的采矿营地与有轨电车站经过改造重获新生，内有一流精酿啤酒屋Mad Giant（推荐Jozi Carjacker IPA）和一个食品市场。www.1fox.co.za

COCOAFAIR

Old Biscuit Mill Block-C, Woodstock, Cape Town, Western Cape; www.cocoafair.com; +27 021 447 7355

◆现场烘焙 ◆自带商店 ◆交通方便

2009年，海因里希·科茨（Heinrich Kotze）告别职场创立了Cocoafair，以期将制作精品巧克力与服务社会相结合。如今，公司直接雇员超过20人，销售网点有200个，力求打造为弱势群体创造就业的社会责任型企业新模式，不为赚大钱，但求做好事。员工全部从接受零起点培训起步，直到把从包装到手工回火的技术都掌握之后，才可以穿上Cocoafair帅气的红色工作服，真正开始制作巧克力。不管是百香果辣椒白巧克力，还是柑橘肉桂黑巧克力，你总能在这家门店的产品中找到创意元素。Cocoafair的社会责任感并不仅展现于巧克力制作：他们采购可可豆都是与种植方直接打交道，以便确定对方是否采用了有机的种植方式，农工是否遭到了剥削。

周边活动

老饼干厂

Cocoafair的总部就在这个老饼干厂里。工厂位于很有调调的伍德斯托克（Woodstock）地区，改造后成了一个商区，里面尽是文艺范的商店和餐厅，周六还会举办热闹的社区食品集市。www.theoldbiscuitmill.co.za

The Kitchen

一家备受喜爱的咖啡馆兼熟食店，也在伍德斯托克地区。吃了那么多巧克力，中午不妨到这里来尝尝凯伦·杜德利烹制的健康蔬菜。2011年，米歇尔·奥巴马曾在这儿吃午饭。www.lovethekitchen.co.za

DE VILLIERS CHOCOLATE

Suid Agter Paarl Rd, South Paarl, Western Cape;
www.dvchocolate.com; +27 021 874 1060

◆组织品鉴 ◆提供培训 ◆咖啡馆
◆现场烘焙 ◆自带商店

还没到达彼得·德维利尔斯(Pieter de Villiers)的巧克力实验室，你也许就已经兴奋起来了。这是因为它开在香料之路酒庄里，环境优美至极，葡萄树从眼前一直蔓延到了远方山坡上的梯田，庄园里的师傅们还会让你品尝他们制作的各种东西，从比尔通牛肉干(biltong)到杜松子酒(schnapps)都有。而De Villiers Chocolate只会令你更加兴奋。整座建筑为开普荷兰式风格，内部犹如美食圣殿，分成许多不同的房间，一进门先是商店，满屋都是巧克力，往后是制作间，里面可以看到消防红色的搅拌机，接下来就是品鉴室和一个糖果吧。在糖果吧里会看到一张介绍可可豆风味的轮盘——原来小小的可可豆竟然包含600多种味觉成分，是全世界味道最丰富的食物，真让人猜不到!

他家生产的全流程自制单豆巧克力，可可豆大多采购自乌干达小规模种植户，这本身也是为了惠及非洲同胞。从筛选烘焙直到研磨调味，所有工序全部在现场完成，可持续性贯彻始终，橘皮、香草、薄荷、澳洲坚果等有趣的风味巧克力都能找到。在若干巧克力系列与单品中，推荐“非洲系列”巧克力、有机单豆系列巧克力和巧克力饮料。品鉴室里推出的巧克力组合——比如海盐味与焦糖味——能带给你妙不可言的滋味对比，一定不要错过。

周边活动

香料之路酒庄

说是酒庄，更像一个亲子游乐园，里面除了De Villiers巧克力实验室，还有很多商店、山地骑行道、一条专为小朋友打造的“巧克力小路”(choc-o-trail)和一家比萨店。www.spiceroute.co.za

南非荷兰语纪念碑(Afrikaans Language Monument)

纪念碑造型如针，矗立在珍珠岩(Paarl Rock；世界最大的花岗岩岩体之一)上，为现代主义风格，纪念从荷兰语演变而来的南非语。

Fairview

也是一个酒庄，与Spice Route是同一个老板，能组织手工制作奶酪品鉴活动，奶酪超过50种，有些是用酒庄自产的山羊奶制作的。www.fairview.co.za

Babylonstoren

开普地区到处都有天堂般的酒庄，但这家酒庄仍然是其中出类拔萃的存在。酒庄气质质朴，自带餐厅和咖啡馆，很多食材都来自酒庄的那个开普荷兰式花园。babylonstoren.com

Double Chocolate
Cashew Nut
Brownie

HONEST
CHOCOLATE
Café

GABOLI CHOCOLATES

2037 Delport Rd, Betty' s Bay, Western Cape; www.gaspardbossut.wixsite.com/gabolichocolates; +27 082 394 1016

◆组织品鉴 ◆提供培训 ◆现场烘焙 ◆自带商店

GaBoLi的全称是Gaspard Bossut Limited，创始人出生在比利时，当过厨师，后来在英国一家著名糖果店（伦敦哈罗德百货的供货商）学习，成为巧克力师。他的巧克力工坊GaBoLi Chocolates位于开普观鲸海岸（Cape Whale Coast）旁的小城贝蒂湾（Betty' s Bay），里面摆着各种设备与缸桶，他常常埋头于此，手工制作各种比利时传统巧克力。他的作品从松露、普拉林到糖皮水果都有，味道既有经典款（比如榛仁和咖啡利口酒），也有南非网红款（比如大象酒和白兰地），还有那种让人脑洞大开的新奇款（比如蓝奶酪加比尔通牛肉干、果渣酒、柠檬酒和当地高山硬叶灌木）。糖尿病患者和节食者也不必担心，因为他制作的一些松露与巧克力棒不但不放糖，增甜也不用常见的木糖醇，而是选择麦芽糖醇，味道和正常的巧克力完全没区别。

周边活动

石角自然保护区（Stony Point Nature Reserve）

这里原来是贝蒂湾捕鲸站，如今是一个规模极大的非洲企鹅繁育区。除了可爱的非洲企鹅，你还能在这里找到三种鸬鹚。www.capenature.co.za/reserves/stony-point-nature-reserve

赫曼努斯（Hermanus）

赫曼努斯是世界最佳陆路观鲸地（6月至12月），连接赫曼努斯与贝蒂湾的克拉伦斯大道（Clarence Drive）是世界上最美的海岸公路之一。

HONEST CHOCOLATE

64A Wale St, Cape Town, Western Cape; www.honestchocolate.co.za; +27 076 765 8306

◆提供培训 ◆咖啡馆 ◆提供食物 ◆自带商店 ◆交通方便

Honest Chocolate紧邻开普敦的美食胜地布里街（Bree Street），尽管地处市中心，院子里却很宁静，提供松露巧克力、果挞、蛋糕、热巧克力和咖啡。如果你乳糖不耐受，或者是个严格素食者，可以点这里的无乳脂奶昔或者雪芭。如果想吃特色菜，可以试试“香蕉咖喱面包碗”，这道菜借鉴了德班经典美食“咖喱面包碗”（bunny chow，也就是把一块面包掏空了，里面倒上咖喱），但更为清淡。至于巧克力，不管是纯度70%的巧克力板块、夹心巧克力、可可碎粒、巧克力酱还是巧克力粉，全是用坦桑尼亚生产的有机可可豆做的。老板安东尼·戈尔德与迈克·德克勒克两人从一开始就在拿生可可豆做试验，对于全流程自制的理念深以为然，在经营中还提出了所谓的“正能量链”，采购符合伦理，产品当然“honest”（诚实）。

周边活动

Secret Gin Bar

一家地下酒馆，也开在Honest Chocolate那个地中海风情的院子里，内有当地精酿金酒，调味用的是当地特有的高山硬叶灌木（fynbos）。www.theginbar.co.za

波卡普（Bo-Kaap）

从咖啡馆沿着Wale Street一直往上走，就是开普敦传统的马来人聚集区波卡普，那里的房子被粉刷得五颜六色，特色美食是一种撒着椰蓉的炸糕（koeksister）。

阿拉伯联合酋长国

用当地话点热巧克力：Talab shukulatuh sakhina。

特色巧克力：骆驼奶巧克力堪称当地经典。

巧克力搭配：点巧克力蛋糕，不妨搭配一杯“骆驼奶卡布奇诺”（camelccino）。

小贴士：沙漠地区炎热，小心别让巧克力化了。

阿联酋如今已成了穷奢极欲的代名词。这里耸立着世界第一高的大厦，拥有奢华的无边泳池，搞起巧克力来自然也是大手笔。比如迪拜首个全流程自制巧克力工厂Mirzam。工厂开在迪拜阿尔瑟卡大街（Alserkal Avenue）艺术区里，在众多画廊之中异常显眼，设备非常先进，在制作精品巧克力上极为用心，从烘豆到手工包装，一切流程都通过玻璃墙对外展示，而且原料只用马达加斯加、巴布亚新几内亚、越南、印度、印度尼西亚等国的单一产地可可豆。

迪拜费尔蒙特酒店（Fairmont Dubai）也在巧克力游戏里玩过一把“大”的。2018年，酒店花了4周时间，用80公斤纯度为55%的黑巧克力，制作了一个高达2.5米的巧克力彩蛋巨无霸，在复活节前夕将其摆到了大厅里，是迪拜最大的巧克力蛋。然而最近，这里出现了一股更接地气的巧克力新风尚，当地骆驼奶巧克力产业的壮大尤其值得注意。骆驼奶的健康价值，贝都因人几百年前就知道了，但直到不久前才开始引起国际社会的关注。你现在在当地超市里很容易找到包含骆驼奶的奶酪、巧克力、冰激凌等产品，那种独特的咸味到底好不好，尝过了就知道。

AL NASSMA

Financial Center Rd, Dubai Mall;
www.al-nassma.com; +971 4 333 8183
◆自带商店 ◆交通方便

周边活动

哈利法塔（Burj Khalifa）

世界最高的建筑，脚下就是迪拜购物中心和那个凉爽的喷泉，站在塔顶，高度令人眩晕，景色令人倾倒。www.burjkhalifa.ae/en

Frying Pan Adventures

这家旅行社组织的美食主题游非常有趣，能带你穿梭于迪拜年代较早的区域，了解当地极其多元的饮食文化。裤腰带别勒太紧。www.fryingpanadventures.com

阿联酋购物中心（Mall of the Emirates）

堪称中东地区最有名的商场，那个室内真雪滑雪场特别值得去看看。www.malloftheemirates. com

Camelicious

这家奶厂饲养了4000头骆驼，参观这里能让你了解到有关骆驼的一切。目前不接待散客，需报名参团。camelicious.ae

在富丽堂皇、巨大无比的迪拜购物中心（Dubai Mall），你在乎的也许是奢侈品牌鞋店，也许是那个震撼的水族馆，这个开在一层的迷你商亭未必会被你注意到。就算留意到了商亭那块“camel milk chocolate”（骆驼奶巧克力）的招牌，你可能也会觉得里面卖的不过是“骆驼造型的牛奶巧克力”这种老掉牙的旅游纪念品，所以并不肯驻足。

事实上，Al Nassma卖的巧克力还真有骆驼造型的，但里面用的不是牛奶，而是如假包换的骆驼奶。供应这种奶的是一家叫“Camelicious”的骆驼奶厂，工厂位于迪拜城外的沙漠中，其设备与技术非常先进，喂骆驼除了用干草，还会用一种由胡萝卜和椰枣构成的蛋白质块。挤奶每天下午都要进行，得到的骆驼奶会流向多条渠道：一部分直接被运到迪拜各大超市，一部分会被制成冰激凌和美容产品，还有一部分会被运到奥地利，由当地巧克力大师做成骆驼奶巧克力，再运回迪拜浇模提味，最终出现在高端商亭Al Nassma里面。

金纸包裹的骆驼形巧克力非常适合当作礼物，但要说好吃，还是应该试试这里各种风味的骆驼奶巧克力棒。加入了小豆蔻等香料的Arabia就不错，但有一款含有阿联酋椰枣碎块的巧克力棒味道更棒，骆驼奶那种似甜似咸的独特风味与椰枣实现了完美的平衡，这种巧克力特产只在这里有售，过了这村就没这店了。

作为经典热饮，热巧克力在不同国家得到了不同的演绎——有的放辣，有的加酒——我们从中精选十种加以介绍，每种都能为你驱走冬季的严寒。

全球十大特色热巧克力

绿热巧克力，法国

寒冷的天气自然会催生出霸道的热饮。在法国阿尔卑斯地区，当地人会调制一种“绿热巧克力”（green chaud），用巧克力奶打底，并加入大量的荨麻酒（Chartreuse），热气腾腾地喝下去，有草本植物香、有酒香，暖心又醉人。这种饮料最初是当地修士发明用来强身祛病的，如今成了滑雪客最爱的身体燃料。

奶酪热巧克力，哥伦比亚

哥伦比亚的奶酪热巧克力（Chocolate Santafereño）讲究用咸咸的白奶酪与巧克力作对比。端上来的时候，一小块奶酪一般放在手边，让客人边蘸边吃边喝，偶尔也会直接泡进去，融化后会在杯底形成泡沫一样的浓浆。

辣椒面热巧克力，匈牙利

红红的辣椒面（paprika）是匈牙利料理中的招牌佐料，不管是辣椒鸡（chicken paprikash）还是红烩牛肉（goulash），都因为它的存在拥有了一种独特的熏香。匈牙利人实在太爱辣椒面，许多人就连喝热巧克力（orró csokoládé）的时候都忍不住要撒点儿，为热巧克力平添了一分“热辣”。

吉事果蘸巧克力，西班牙

西班牙的热巧克力过于浓稠，不算饮料，更似蘸酱。好在西班牙人发明的吃法是吉事果蘸巧克力（Churros con Chocolate），这种西班牙油条外酥里嫩，蘸上香浓的黑巧克力酱，口感堪称完美。

巧克力粥，墨西哥

墨西哥人喜欢把巧克力、玉米面、糖和炼乳搅在一起熬成巧克力粥（champurrado）。这种又黏稠又营养、又暖心又暖身的另类热巧克力起源于美索亚美利加的古代文明。今天的墨西哥人也对经典配方进行了改良，在里面放了香草和肉桂。

浆果热巧克力，波兰

波兰人爱浆果，所以往热巧克力里放浆果——比如葡萄酒浸渍出来的树莓——这种事是可以理解的，要的就是这种酸爽。从波兹南（Poznań）到比亚韦斯托克（Białystok），在遍布全国的E Wedel连锁咖啡店就能喝到。

菲式热巧克力，菲律宾

想品尝菲式热巧克力（tsokolate）必须得早起，因为在菲律宾只有早餐时才能喝到。这种东西就是可可块放在热水里泡出来的，喝起来略有颗粒感，劲头特别大，所以一般也会加一点牛奶缓冲一下。

巧克力印度奶茶，印度

牛奶、红茶和马萨拉香料调制成的印度奶茶（chai），人气长年不减，但这里现在还出现了一种巧克力奶茶，里面用小豆蔻和辣椒提味，味道同样很赞。

10 DISTINCTIVE HOT COCOAS AROUND THE WORLD

花生酱热巧克力，美国

花生酱热巧克力（Peanut Butter Hot Chocolate）是花生酱与巧克力的搭配，咸与甜的完美结合让你在热巧克力中也能品出蛋白质带来的满足，其魅力令美国人根本无法招架。

“死阿姨”热巧克力，德国

“死阿姨”（tote tante）这种流行于德国北部以及丹麦的热巧克力，并不像听起来那么“没营养”。热巧克力打底，往里面倒进一小杯朗姆酒，上面再放上一大坨打发奶油，非常好喝。

大洋洲

OCEANIA

悉尼，澳大利亚

悉尼有大名鼎鼎的黑氏巧克力（Haigh's Chocolates），有精工细作的Zokoko，有自己的巧克力学校，自然当仁不让地成了澳大利亚巧克力新浪潮的弄潮儿。想吃珍品，就去Just William、Belle Fleur以及城外蓝山中的Josophans。

布干维尔岛，巴布亚新几内亚

布干维尔岛尚未从昔日武装冲突的阴影下走出，就算是旅行也只能采取私人定制的方式，全流程自制巧克力企业目前一家也没有，但这里是全球极品可可豆的产地。澳大利亚和新西兰两国的巧克力企业已经盯上了这里，越来越多地采用这里产的原料来制作单豆巧克力棒。

墨尔本，澳大利亚

去Bad Frankie品尝巧克力飞碟三明治（jaffle），在朗庭的Aria酒廊享用豪华的巧克力下午茶，来著名的Koko Black选购精品巧克力，到Mörk's 品味高端热巧克力……你对巧克力的每一种幻想，在墨尔本都能实现。

澳大利亚

用当地话点热巧克力: 说英语就行，但记得管服务员叫mate。

特色巧克力: Tim Tam巧克力饼干。

巧克力搭配: 澳大利亚人最爱的咖啡馥芮白，或者是撒着可可粉的卡布奇诺。

小贴士: 绝不要轻视任何澳大利亚手工巧克力。

在过去十年里，澳大利亚的巧克力产业发生了一次创意大爆炸，澳大利亚人在世界巧克力大师赛(World Chocolate Masters Competition)上的成绩甚至可以排到全球第三位。国内巧克力消费量持续上涨，昆士兰州甚至已经拥有了自己的可可豆农场，各个城市更是不甘落后。在悉尼，全流程自制巧克力工坊和手工松露巧克力随处可见。在墨尔本，精品巧克力店及工厂越来越多，新奇的巧克力产品频频现身；朗庭酒店的ARIA酒廊每周末都会推出巧克力棒下午茶(Chocolate Bar High Tea)，松软的司康饼里有巧克力块，其他巧克力甜品一道接着一道，著名的巧克力喷泉更是无须多言；在Bad Frankie酒吧，一定要试试巧克力拉明顿飞碟三明治(Chocolate Lamington Jaffle)——这东西不是澳大利亚人怕是不懂，其实就是两片浸满巧克力的海绵蛋糕，中间夹上热果酱，再在椰蓉里滚上一圈。在阿德莱德，不得不提本土经典品牌黑氏巧克力。出了大城市，玛格丽特河、亨特谷(Hunter Valley)和雅拉谷等酒区也都拥有自己的巧克力厂，把品酒与品巧克力结合起来再容易不过了。总结起来，澳大利亚的巧克力界可谓风生水起，未来可期。

JASPER + MYRTLE

Unit 9, 1 Dairy Road, Fyshwick, Canberra;
www.jasperandmyrtle.com.au; +61 416 182 477

◆组织品鉴 ◆现场烘焙 ◆自带商店

2015年，同爱巧克力、同走人生路的李彭·门罗（Li Peng Monroe）与彼得·钱耐尔（Peter Channells）在度假时突然醒悟，返回堪培拉辞掉了朝九晚五的工作，联手创立了Jasper + Myrtle，如今已将其打造成了澳大利亚最具国际声望的全流程自制巧克力品牌。两人选用的可可豆，都是从巴布亚新几内亚布干维尔的种植农手中直接采购的，他们在那里还与当地政府合作，扶持能够促进巧克力产业发展的相关项目。该品牌巧克力的亮点，是在味道方面既能体现澳大利亚的特点，又能做到新鲜有趣，目前的产品线包括15种巧克力棒、4种巧克力饮品以及多种巧克力皮坚果糖和姜糖。两人的工厂和商店位于菲什维克（Fyshwick），他们欢迎游客前来参观品尝他们创造的那些美妙花样，比如加了裙带菜和喜马拉雅岩盐的巧克力棒。

周边活动

战壕小道（Trench Trail）

100年前，堪培拉曾有一所邓特伦堑壕战学校（Duntroon Trench Warfare school）为“一战”的西线战场训练过士兵。如今，当年的战壕已被发掘出来，供公众步行体验。小道位于杰布拉贝拉湿地自然保护区（Jerrabomberra Wetlands Nature Reserve）内。

Capital Brewing

这家啤酒坊正在澳大利亚精酿啤酒界兴风作浪，现打啤酒共12种，全部都是现场酿造的，供应的汉堡在堪培拉也是数一数二。www.capitalbrewing.co

MS PEACOCK

Shop 3B, The Acre, 391-397 Bong Bong St, Bowral;
mspeacock.com.au; +61 0402 917 111

◆组织品鉴 ◆自带商店 ◆交通方便

这家店开在小城鲍拉(Bowral),女老板叫丽萨·莫雷(Lisa Morley),她极富创造力,总能想出新奇的产品和独特的风味。2017年开业至今,店里只有两个人忙活,但一切都讲究现场手工制作,而且只要条件允许,肯定要首选当地原材料:坚果都是从附近的种植户那里直接采购的,黄油来自州内知名企业Pepe Saya,而他家获过大奖的蜂巢巧克力,里面的蜂蜜也是从自家商店里运过来的,车程不过1小时。唯独作为原料的巧克力却是从法国直接采购的,只为保证口感的浓醇。店中除了招牌蜂巢巧克力,也有其他巧克力糖果可选,包括夹心迷你巧克力棒、焦糖、棉花糖和蛙形巧克力,很快还会推出夹心巧克力系列。推荐Joie巧克力棒,里面一共可品尝出海盐黄油焦糖、花生酱甘纳许和巧克力牛轧糖三层口感。

周边活动

Biota Dining

沿着店门口的路走不远,就是这家澳大利亚顶级餐厅,掌勺大厨詹姆斯·威尔斯(James Viles)推出的品尝套餐很有实验性,可在午餐、晚餐时段享用。www.biotadining.com

The Press Shop Cafe

这家店与Ms Peacock同在Bong Bong St街上,是小城鲍拉的热门咖啡馆,风格时尚,同时还是一家高端文具用品店。www. thepressshop.com.au

ZOKOKO

3 90/84 Old Bathurst Rd, Emu Heights, Sydney;
www.zokoko.com; +61 2-4735-0600

◆组织品鉴 ◆咖啡馆 ◆提供食物
◆现场烘焙 ◆自带商店

这家咖啡馆开在悉尼市郊的埃姆海茨（Emu Heights），店内光线充盈，满室生香，可惜有个缺点：让人不知道该点什么吃。巧克力蛋糕？巧克力蛋奶糊做馅儿的甜甜圈？巧克力马卡龙？糕点柜里的每样东西都很诱人，配上当地烘焙坊Morgan's 供应的咖啡，更是让人难做取舍。这家还有获过大奖的巧克力棒！

女老板米歇尔·摩根（Michelle Morgan）此前在哥斯达黎加爱上了可可豆，决心从零开始自己制作巧克力。她在2009年开的这家Zokoko，是澳大利亚首批全流程自制巧克力工坊，水准在全世界都能排到前头。她用的都是从玻利维亚、所罗门群岛等地进口的优质可可豆，从烘焙到精磨再到成品，都由她亲力亲为——当然，这里面也有Molly的功劳，一台莱曼牌（Lehmann）老式巧克力精磨机（咖啡馆区与制作区隔着玻璃窗，你没准能看到Molly的样子）。Zokoko的亮点除了巧克力本身，还有包装。标牌的设计就很华美，单豆巧克力棒的黑色包装很有高级感，Goddess系列混豆巧克力棒的包装上可见五颜六色的女神形象（这个不难猜）。其实，在他家的咖啡馆里吃过了几种美味，你也许真的会有飘飘欲仙的感觉。想再次成仙，就买份热巧克力加几块巧克力棒带回去。

周边活动

澳徽客栈博物馆（Arms of Australia Inn Museum）

澳徽客栈建于19世纪初，是这一地区最古老的建筑之一，现已改造为博物馆。跟随夜间团队游，打着煤油灯参观最值得推荐。www.armsofaustraliainn.org.au

拉普斯通桥之字形小道（Lapstone Bridge Zig Zag Walk）

这条步行路线与原拉普斯通之字形铁路（Lapstone Zig Zag）并行，沿途可以看到悉尼城与蓝山的壮观景色，终点是著名的耐普塞克桥（Knapsack Viaduct）。

彭里斯地区美术馆（Penrith Regional Gallery）

美术馆位于尼平河（Nepean River）畔，原为艺术家马尔格与杰拉德·刘易斯（Margo and Gerald Lewers）的故居，内有艺术展、花园和一家咖啡馆。www.penrithregionalgallery. com.au

皇家国家公园（Royal National Park）

悉尼家门口的一片狂野自然，幽静海滩、雨林、沙袋鼠、琴鸟、黄尾黑凤头鹦鹉都能看到。

黑氏巧克力

154 Greenhill Road, Parkside, South Australia;
www.haighschocolates.com.au; +61 08 8372 7070

◆组织品鉴 ◆现场烘焙 ◆自带商店 ◆组织参观

阿德莱德人说起黑氏巧克力(Haigh's Chocolates),尊敬之情“跃然脸上”——据说给他们一块黑氏的蛙形巧克力,叫他们做什么事都可以。这个品牌创办于1915年,所谓黑氏指的是创始人阿尔弗莱德·E.黑伊(Alfred E Haigh)。他在1917年买下了阿德莱德帕克赛德(Parkside)地区的一块地建厂,后来英年早逝,公司交由儿子克劳德(Claude)打理,最后又传到了孙子约翰手中,买卖越来越大。今天,约翰仍是公司的董事会主席,具体业务则由家族第四代成员阿里斯特(Alister)和西蒙(Simon)负责。帕克赛德那里的工厂规模不大,今天仍在,紧邻阿德莱德CBD南侧,游客可以随团参观,深入了解黑氏的历史。

团队游时长30分钟,参观免费(需提前预约),游客可以从中学到巧克力的整个制作过程,还有机会亲眼欣赏巧克力师施展技艺。难道只能看吗?放心,除了看,当然也会让你品尝他们的劳动成果!不同时节,师傅们做的事情也不一样:临近复活节,你会看到他们小心翼翼地给复活节彩蛋包上珠宝般的彩衣;临近情人节,他们需要亲手为数以千计的心形巧克力绘上图案;临近圣诞节,他们则要忙着打包糖果篮子。团队游的终点是工厂的商店,那里能买到黑氏所有品种的糖果。买什么最好呢?当地人会信誓旦旦地推荐杏肉巧克力(软软的杏肉在中间,牛奶巧克力包在外面)。

周边活动

Tree Climb Adelaide

这是一个专为成年人开设的绳索天梯培训体验项目,地点就在阿德莱德城市公园(Adelaide Park Lands)里,绳索打造出的小桥在树冠间悠来荡去,整个课程大约要两个小时。要是糖吃多了犯困,不妨来这儿刺激一下。www.treeclimb.com.au

格雷尔海滩(Glenelg Beach)

从市中心乘坐有轨电车很快就能到达格雷尔海滩。当地人特别喜欢在这片沙滩上欣赏夕阳入海。

阿德莱德中央市场(Adelaide Central Market)

这片市场规模极大,周二至周日开集,精品美食、各国大菜、当地农产应有尽有,花样不要太多。adelaidecentralmarket. com.au

Cafe Troppo

一家迷人的咖啡馆,最看重可持续性——不但盘子里的东西可持续,就连身子下的椅子也不例外。cafetroppoadelaide. com

THE MENZ FRUCHOCS SHOP

Shop 2/80 Main St, Hahndorf, South Australia;
www.robernmenz.com.au; +61 8 8323 9105

◆组织品鉴　◆自带商店

FruChocs是南澳大利亚州的传统特产。看起来平平无奇，不过就是包着巧克力皮的杏肉球，却能登上南澳大利亚州国家信托代表性遗产名录，甚至还拥有一个属于自己的品鉴节。这个节日定在每年8月23日，届时一众信徒会聚集在州首府阿德莱德巨大的蓝道购物城里，共同膜拜这个小小的糖球。所以，来南澳大利亚州的游客听好了：在这里千万不要亵渎FruChocs！

想体验FruChocs的美味，不妨选择商店The Menz FruChocs Shop。该品牌的巧克力产品都是手工制作的，门店在大阿德莱德地区共有3处，其中一家开在美丽的旅游业小城汉多夫（Hahndorf），那是你品尝经典FruChocs的理想去处。

周边活动

比伦伯格农场（Beerenberg Farm）

农场位于阿德莱德丘陵地区，人气超高，每年有8个月都可以进行草莓采摘（10月末至5月初），农场商店销售80多种商品，果酱、蘸汁和蜂蜜都能买到。www.beerenberg.com.au

雪松庄园（The Cedars）

庄园环境优美，是澳大利亚著名风景画家汉斯·海森爵士（Sir Hans Heysen）的故居，参观时间为周二至周六的10:00至16:30（节假日不开放）。www.hansheysen.com.au

HUNTED + GATHERED

68 Gwynne St, Cremorne, Melbourne;
huntedandgathered.com.au; +61(03)9421 6800

◆咖啡馆 ◆现场烘焙 ◆自带商店 ◆交通方便

这家巧克力工坊开在墨尔本创意满满的克雷蒙(Cremorne)地区，距离雅拉河(Yarra River)仅一步之遥。在人家看来，食物越简单，品质就越高，味道往往也越好。因此这家工坊制作巧克力一共只用了5种原料，这5种原料根据联合创始人哈利·尼森(Harry Nissen)的独家配方，被打造成了一系列单豆及混豆巧克力棒，外加3款巧克力饮品，用简单的原料展现出了可可豆非常复杂的风味。工坊自带咖啡馆，整个空间很有生气，设计上强调“透明性”，顾客点咖啡也好，品尝巧克力也好，时刻都能欣赏到食物的制作流程。某些美味的巧克力是这家巧克力工坊与Pidapipó Gelateria、Four Pillars Gin等品牌联合推出的。最后记住：临走前一定要打包一份这里自制的布朗尼，保证你不会后悔。

周边活动

Top Paddock Cafe

这是在墨尔本吃早餐和早午餐的正确选择，店内装潢漂亮，食物又实在又好吃，为忙碌的一天充电，选这儿没错。toppaddockcafe.com

Minamishima

堪称墨尔本最佳日料餐厅，位于里士满(Richmond)地区，距离这里不算远，主打手握寿司，味道正宗，实在是大师级手段。minamishima.com.au

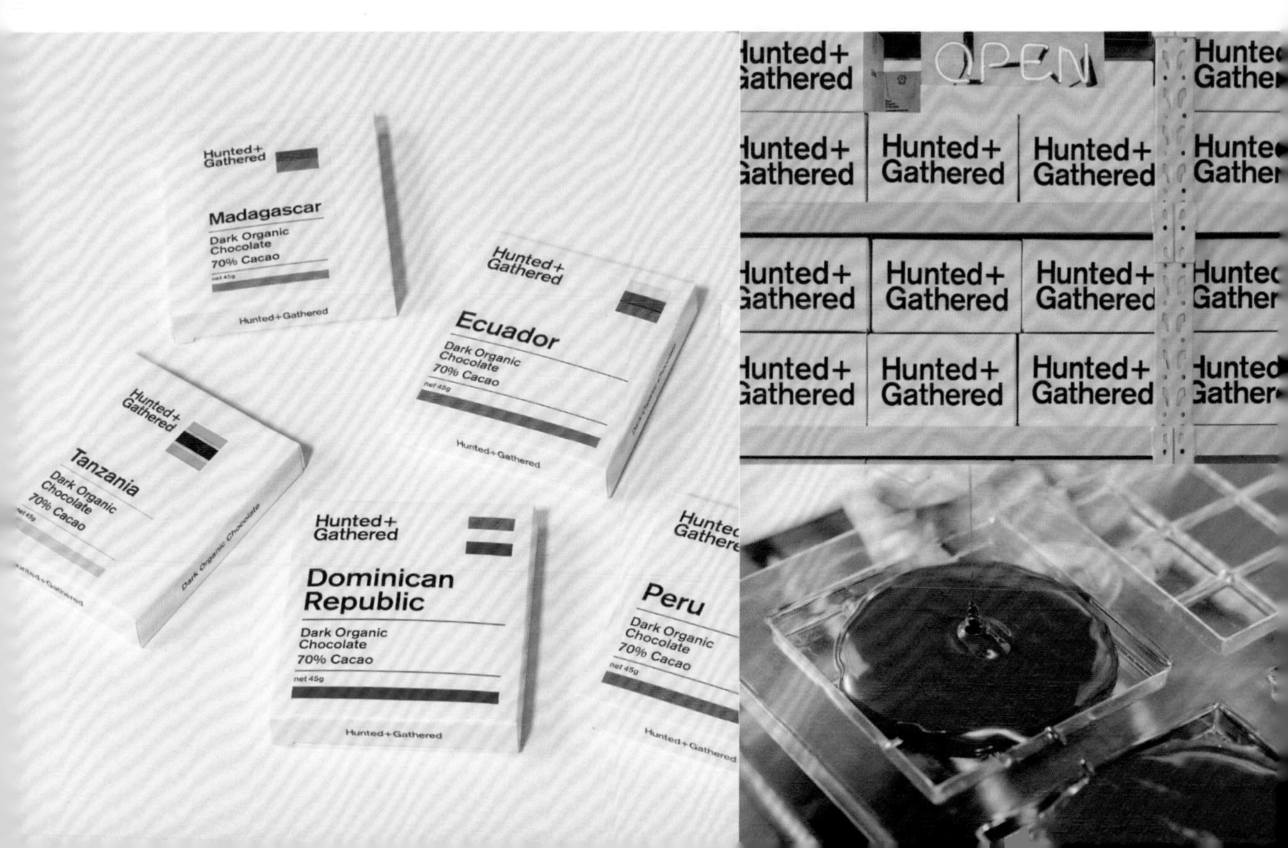

KOKO BLACK
CRANBERRY, MACADAMIA & CHERRY
Macadamias, cherries and berries on creamy milk chocolate.
100 g
PISTACHIO GANACHIO
KOKO BLACK
MIGHTY MACADAMIA & WATTLESEED
KOKO BLACK
COOKIES IN CREAMY WHITE
Midnight cookie crumbs in buttery white chocolate.
80 g
KOKO BLACK
NOUGAT STARRY NIGHT
Velvety vanilla almond nougat in 54% dark chocolate.
80 g
KOKO BLACK
HAZELNUT & COCOA BITS
Roasted hazelnuts and caramelised cocoa nibs on milk chocolate.
100 g
KOKO BLACK
CREAMY DREAMY WHITE
100 g
KOKO BLACK
PURE DARKNESS
A trip to the dark side with Belgian 80% chocolate.
100 g
KOKO BLACK
MOREISH MILK
Smooth and creamy pure Belgian milk chocolate.
100 g
KOKO BLACK
DARK ZESTY ORANGE & ALMOND
Roasted almonds and candied orange on 54% dark chocolate.
100 g

KOKO BLACK

Royal Arcade, 4/335 Bourke St, Melbourne;
www.kokoblack.com; +61(03)9639 8911

◆组织品鉴 ◆咖啡馆 ◆现场烘焙
◆自带商店 ◆交通方便

知名高端巧克力商店Koko Black的旗舰店，所在建筑乃是墨尔本最古老的意大利风格商廊之一（建于1870年），商场内美味无数，能把人迷得神魂颠倒，而且迷人的可不是那将近100种比利时手工糖皮巧克力，还包括dessert degustation和ice cream spectacular。这家商店2003年开业，至今在澳大利亚各地已经开设了13家分店，制作巧克力讲究使用塔斯马尼亚革木蜂蜜、澳洲坚果这种本土食材，一直以来还喜欢与墨尔本那些一流的餐饮品牌合作。2018年，Koko Black又迎来了一位重量级合作伙伴，丹·亨特（Dan Hunter）。他是澳大利亚顶级大厨之一，手下餐厅Brae是世界餐厅五十强榜单上的常客。强强联手打造出的Koko Black X Dan Hunter系列巧克力，原料搭配天马行空——比如绿蚂蚁加焦奶油霜，比如草莓焦糖甘纳许加百香果冻——味道隐约有Brae餐厅甜品的感觉，每款都让人激动不已。

如果比起大餐，你更偏爱烈酒，或者说打算买一件独一无二的澳大利亚纪念品，那就试试这家商店里的澳大利亚烈酒巧克力套装（Australian Spirits Collection）。一套共16块夹心巧克力，每块都融入了澳大利亚特有的某种烈酒，包括Four Pillars的柠檬香桃味金酒，Starward的单一麦芽黑威士忌，Rum Diary Bar的香草香辛朗姆酒，以及Melbourne Moonshine 的苹果派私酿酒。

周边活动

Annam

开在墨尔本唐人街的一家越南餐厅，酸角焦糖烤羊排值得推荐，又甜又糯的牛尾饺更是一生难寻的美味。www.annam.com.au

墨尔本论坛剧场（Forum Melbourne）

赶上自己喜爱的乐队来演出，就过来看；赶上一年一度的墨尔本电影节，就过来欣赏参展影片；什么都没赶上，就守着剧场20世纪20年代的华美马赛克地板和大理石楼梯流连忘返。www.forummelbourne.com.au

Lune Croissanterie

该品牌烘焙坊开在菲茨罗伊（Fitzroy）的老店，一大早就有拥趸排队，后来在市中心开了这家新店，人气仍然那么高。他家的牛角面包可以说是独步天下。www.lunecroissanterie.com

Eau de Vie

一家20世纪20年代风格的鸡尾酒吧，藏在一条小巷之中，门口毫无标识，头一次来肯定需要有人带路。www.eaudevie.com.au/melbourne

MONSIEUR TRUFFE

351 Lygon St, Brunswick East, Melbourne;
www.monsieurtruffechocolate.com; +61(03)9380 4915

◆组织品鉴 ◆提供培训 ◆咖啡馆
◆现场烘焙 ◆自带商店 ◆交通方便

Monsieur Truffe开在墨尔本北区的East Brunswick，在这个轻松悠闲的街区里人气越来越高。这个品牌出身低微，2007年成立时，只是著名的普拉汉市场（Prahran）里的一个摊点，今非昔比，现在由阿根廷籍巧克力大师萨曼塔·巴克尔（Samanta Bakker）坐镇，推出的巧克力产品不计其数，口味包罗万象。门店与East Elevation餐厅只隔着一道玻璃窗，坐在餐厅里欣赏巧克力制作过程最是美妙。味道与品质自然是不能松懈，但Monsieur Truffe也非常看重创意，经常会与当地企业和艺术家联手合作，在经营中同样强调可持续性与伦理性，原料必须是有机的，连包装纸都是可循环的。

周边活动

East Elevation

既然来到Monsieur Truffe，必须要去隔壁的这家餐厅喝杯咖啡或者吃点东西才行。餐厅氛围很棒，食物更是令人叫绝。www.eastelevation.com.au

Noisy Ritual

一家都市酒庄，沿着Lygon St再走400米即是，里面有好酒、好歌、好吃的，一定能带给你最地道的墨尔本体验。noisyritual.com.au

MÖRK CHOCOLATE BREW HOUSE

150 Errol St, North Melbourne; www.morkchocolate.com.au; +61(03)9328 1386

◆组织品鉴 ◆提供培训 ◆咖啡馆
◆现场烘焙 ◆自带商店 ◆交通方便

Mörk Chocolate Brew House是墨尔本一个"潮到爆"的存在，致力于为顾客提供"从可可豆至杯"的巧克力新体验，所用可可豆必须是可追溯的，必须符合商业伦理。受到这家店的影响，城中越来越多的咖啡迷现在都改喝热巧克力了。饮品屋空间小，时尚感强，巧克力饮品单洋洋洒洒，可以点用牛奶麦片调制的"早餐巧克力"，也可以点冒泡儿带气儿的巧克力汽水。饮品屋隔壁是库房，所用可可豆都是在那里烘焙的，产地遍布世界各地，包括印度尼西亚、委内瑞拉和马达加斯加等国，合作的都是小规模种植户。他家的招牌特饮叫campfire chocolate，端上来的时候除了一杯浮着沫的黑巧克力热饮，还有一只倒扣过来的红酒杯（里面烟气弥漫），外加一块烤过的棉花糖，上面还撒着黑盐，享用过程很有戏剧性，巧克力迷一定要试一试。

周边活动

Beatrix

墨尔本最佳蛋糕店，各种糕点定期轮换，总叫人口水直流，不怕巧克力没让你甜过瘾。推荐蓝莓毛茸地毯蛋糕（blueberry shag cake）。www.beatrixbakes.com.au

维多利亚女王市场（Queen Victoria Market）

市场从1878年开办至今，当地农产品、精品美食、澳大利亚风情纪念品等都能买到。www.qvm.com.au

YARRA VALLEY CHOCOLATERIE & ICE CREAMERY

35 Old Healesville Rd, Yarra Glen; www.yvci.com.au; +61(03)9730 2777

◆组织品鉴 ◆提供培训 ◆咖啡馆
◆现场烘焙 ◆自带商店

Yarra Valley Chocolaterie & Ice Creamery被绿油油的雅拉谷酒区抱在怀中，工厂、商店、咖啡馆三合一，规模不大，魅力不小。游客可以透过巨大的玻璃窗，现场观摩手工巧克力的制作过程，可以参加讲座和培训班，当然更可以浏览和购买各种各样的巧克力产品——从简单的巧克力棒，到精美的糖果艺术品，全能买到。从巧克力故事时间（Chocolate Story Time；面向学生，学期内每周一次），到布朗尼蛋糕节（Brownie Festival），工厂举办的活动也非常丰富。除了传统风味的巧克力，你也可以试试他家那些很有意思的产品，比如菜园（Kitchen Garden）系列巧克力（里面会用到当地农产品），或者野味（Bush Tucker）系列巧克力（里面会用到本土食材，比如蘸上巧克力的草莓）。

周边活动

Coombe

这里曾是澳大利亚最著名的歌剧演员奈丽·梅尔巴女爵士（Dame Nellie Melba）的产业，如今是一家世界级的酒庄兼餐厅，周围环境惊艳无比。www.coombeyarravalley.com.au

Four Pillars Gin

一家很有格调的金酒吧兼金酒厂，位于希尔斯维尔（Healesville），能让你喝到当地产的金酒。用柠檬香桃、框东坚果等本土植物提味的金酒才是最有澳大利亚味的选择。www.fourpillarsgin.com.au

TEMPER TEMPER

2 Rosa Brook Road, Margaret River;
www.tempertemper.com.au; +61(08)9757 3763
◆组织品鉴 ◆提供培训 ◆咖啡馆 ◆自带商店

巧克力铁杆儿们走进这家店仿佛就走进了仙境。光货架就足足有180个，上面的巧克力千奇百怪，逛起来可不是一时半会儿。老板罗斯（Roz）与乔治亚（Georgia）两人风采出众，店中商品都是两人智慧的结晶。其中的“崎岖之路”（Rocky Roads）果仁巧克力系列很有意思，单品都以“路”为名，旅行者肯定喜欢：比如少有人走的路（Road Less Travelled）是一款加了澳洲坚果和姜的黑巧克力；又长又绕的路（Long & Winding Road）是加了开心果、橙子和蓝莓的黑巧克力；黄砖之路（Yellow Brick Road）是加了山核桃与杏肉的白巧克力；丝绸之路（Silk Road）是加了杏仁、开心果和土耳其软糖的牛奶巧克力；66号公路（Route 66）里面则有甘草糖和姜。Chocolate Ruby Coconut Pop也是一款受欢迎的创意产品。两位老板平时除了忙着创作这种天马行空的新花样，也正在筹划开设培训课，让公众学习巧克力回火技术和松露巧克力的制作。

周边活动

玛格丽特河农夫市场（Margaret River Farmer's Market）

这个市场被评选为澳大利亚最佳市场之一，当地水果和鲜花尤其多，周末上午不妨过来逛逛。www.margaretriver farmersmarket.com.au

Stella Bella

沿着Temper Temper门前的路走不远就是这家创意非凡的酒庄。酒庄的葡萄酒论杯销售，最好在农夫市场里买些好吃的，带到酒庄的葡萄园里边吃边喝。www.stellabella.com.au

新西兰

用当地话点热巧克力: 如果不拿自己当外人的话，直接说Gizza hot chocolate。

特色巧克力: 惠特克的花生厚板（Peanut Slab）。

巧克力搭配:下午茶。

小贴士: 除了巧克力，新西兰标志性甜品拉明顿蛋糕（Lamington）也不可不试。

新西兰人爱吃甜口，这一点毫无疑问。从巴甫洛娃蛋糕（pavlova）到Jaffas脆皮橘子巧克力，每种经典甜食都能激起他们火一般的自豪之情。只不过头把交椅还是要让给新西兰下午茶和晚茶的首选伴侣——巧克力。在这个相对年轻的国家，巧克力的历史不可谓不长，算起来可以追溯到19世纪末。当时，一个叫理查德·哈德森（Richard Hudson）的饼干厂老板在达尼丁（Dunedin）开设了南半球第一家可可豆加工厂——这家工厂后来成了吉百利（Cadbury）在新西兰的分厂，2017年已在一片哗然中关门大吉。没过多久，本土品牌惠特克（Whittake's）应运而生，这个品牌推出的牛奶巧克力让全世界见识到了新西兰在巧克力方面的实力。这些明星大牌绝不是新西兰巧克力产业的全部。近10年来，新西兰已经成了全球全流程自制运动的领袖，当地生产者并没有像其他地方的企业一样，购买现成的可可块或巧克力原浆，而是从烘焙混合可可豆做起。率先掀起这一风潮的惠特克巧克力公司，目前也是国内最大的全流程自制巧克力生产商，但在新西兰各地的大城小镇，手工巧克力工坊同样混得是风生水起，数量目前至少有12家，所用可可豆都是以公平贸易的方式采购自土壤肥沃的太平洋群岛诸国。因为新西兰的奶制品品质一流，牛奶巧克力与巧克力奶仍然是这里最流行的品种。比如乐诗路（Lewis Road Creamery）推出的巧克力奶，就因为口感浓郁无比，引得新西兰人疯狂抢购，在2014年发生了断货，竟然还引起了国际关注。不过时至今日，越来越多的生产商开始转向单豆黑巧克力棒，不用添加剂，纯靠可可豆本身的风味吸引人。这样的新西兰绝对是太平洋地区品尝一流巧克力的首选去处。

BENNETTS OF MANGAWHAI

52 Moir St, Mangawhai; www.bom.co.nz; +64 9-431-5500

◆组织品鉴 ◆提供培训 ◆咖啡馆
◆提供食物 ◆自带商店

1998年，克雷顿与玛丽·贝奈特（Clayton and Mary Bennett）夫妇带着三个孩子从爱尔兰回到了克雷顿的故乡新西兰。两人看中了小城芒格怀（Mangawhai）的悠闲懒散，于是定居下来，还开了Bennetts。两口子制作的夹心巧克力和巧克力棒里，除了有百香果、斐济果、奇异果、树番茄和榅桲，还特意用到了芒格怀港海盐这种当地特产，算是在向新家园致敬。今天，这家店成了当地的老字号，生意已由两人的三个孩子艾米丽（Emily）、哈利（Harry）和布罗迪（Brodie）接手，将咖啡馆与巧克力店相结合，风格朴实雅致，各种糕点、咖啡、茶饮应有尽有，还能供应早餐和午餐，糖果方面除了五花八门、令人垂涎的巧克力，也推出了棉花糖，坐到那个超大号的院子里享用，更是美上加美。

周边活动

芒格怀角（Mangawhai Heads）

这一带海滩无数，但芒格怀角的冲浪海滩名气最响亮。好车位少，想抢到要趁早。www.mangawhai.co.nz

Te Whai Bay Wines

一家私人精品酒庄，主打霞多丽、梅洛、灰皮诺等几种葡萄酒，品质冠绝新西兰。www.tewhaibaywines.co.nz

WELLINGTON CHOCOLATE FACTORY

5 Eva Street, Te Aro, Wellington; www.wcf.co.nz; +64 4-385 7555

◆组织品鉴 ◆现场烘焙 ◆自带商店 ◆交通方便

周边活动

惠灵顿植物园（Wellington Botanic Gardens）

植物园占地26公顷，山势起伏，景色不俗，可以乘坐惠灵顿缆车（Wellington Cable Car）前去游览，此外虽有其他几个入口，可惜藏在山间，不易寻找。

维塔工作室（Weta Workshop）

这家特效及电影道具工作室曾荣获奥斯卡奖，《指环王》等史诗巨制中都有他们的心血。www.wetaworkshop.com

新西兰国家博物馆（Te Papa Museum）

馆名意为“宝箱”，里面展览的各种毛利文物令人惊叹，是名副其实的“宝箱”。www.tepapa.govt.nz

西兰蒂亚生态保护区（Zealandia）

这片首开先河的保护区距离城西约2公里，藏在丘陵之中，围在山谷之间，生活在里面的本土野生鸟类就超过30种。www.visitzealandia.com

Wellington Chocolate Factory（简称WCF）是新西兰第一家全流程自制巧克力企业，创立时间不久，声名颇著，产量不高，精工细作，主打单豆巧克力棒，品相和味道俱佳。公司的联合创始人、总监盖伯·戴维森（Gabe Davidson）表示：“能够控制从选豆到烘焙再到精磨的整个生产过程，这对我们来说非常重要。原料方面我们只用可可碎粒和有机粗糖，所以我们必须在每个环节上确保精准。”该品牌选择以公平贸易或者直购的方式进口完整的可可豆荚，而因为新西兰独特的地理位置，给他家供应原料的海外可可农场距离这里并不算远，可以确保豆子的新鲜。

2014年，公司通过集资，专程派船把巴布亚新几内亚布干维尔（Bougainville）的一批可可豆荚运到了惠灵顿，以这种非常高调的方式践行了自己对于“直购”的理解。

在WCF的手工巧克力工厂，师傅们首先会根据自己的标准对可可豆荚进行烘焙。烘焙好的豆荚随后被破开，工人会筛扬出可可碎粒，研磨后制成可可块，要知道，许多巧克力厂的可可块都是买的，而不是自己做的，可可块经过精磨和回火，最终就变成了单豆巧克力棒。所谓“单豆巧克力棒”，是说所用可可豆都来自同一产地（术语叫terroir）。这家企业还与当地艺术家联手，为自家巧克力设计了五颜六色的包装纸，最终的成品会被分销到新西兰各地的特产店和大超市里。这样一种合作经营的模式如今越做越火。

惠特克巧克力

24 Mohuia Crescent, Elsdon, Porirua; 奥克兰机场有门店;
whittakers.co.nz; +64 4-237 5021

◆现场烘焙 ◆自带商店

想到新西兰的巧克力，你肯定会首先想到惠特克(Whittaker's)。该品牌创立于1890年，创始人叫詹姆斯·亨利·惠特克(James Henry Whittaker)，最初不过是基督城(Christchurch)一个生产巧克力棒的家庭作坊，发展至今已经成了屡获大奖的国际巨头企业。尽管取得了商业上的成功，这家企业仍然恪守传统。现掌门人是詹姆斯的重孙，作风与其他大型企业主不同，从选豆到招牌的金纸巧克力棒出厂，可谓事必躬亲。他们采购讲求商业伦理的可可豆，大多数都是在加纳手工采集，随后直接运往惠特克位于波里鲁阿(Porirua)的工厂，经过五辊精磨机的装点，最终成了如膏如脂、浓醇无比的绝味。

惠特克的那款花生厚板(Peanut Slab)配方自20世纪50年代都不曾有变化，名气最大，但这个品牌也从未停止过创新的脚步，常常与其他新西兰知名品牌合作(包括L&P柠檬汽水)，推出一款款令人脑洞大开的新奇巧克力。离开新西兰之前，一定要试试这个品牌经典的Creamy Milk或者Kaitia Fire(后者是一款黑巧克力，里面加了新西兰著名的辣酱)。对于巧克力发烧友来说，惠特克在波里鲁阿的工厂无异于一个朝圣地，只不过指望进去一探究竟的人恐怕要失望了：因为人气过高，工厂规模相对较小，所以惠特克并不会组织参观团。好在新西兰每个街头商店里都能买到他家的东西，首家直营店也已在奥克兰机场开门，饱不了眼福，总能饱口福。

周边活动

帕塔卡艺术博物馆(Pātaka Art + Museum)

毛利及太平洋地区艺术的一座大本营，文化枢纽站，轮展内容精彩，自带一个日式花园和一个教育中心。www.pataka.org.nz

普克鲁阿湾至派卡卡里基悬崖小道(Pukerua Bay to Paekākāriki Escarpment Track)

这条小道是大名鼎鼎的蒂阿拉罗阿步道(Te Araroa Trail)的一段，走过一回，就有了回去吹牛的资本。tearoaroa.org.nz

怀唐基鲁阿的波里鲁阿周六市场(Porirua Saturday Market, Waitangirua)

市场周末开门，地点就在一个普普通通的商场停车场里，场面很热闹，充满亚洲与波利尼西亚的风情，能看能听能尝。titahibaylions.co.nz

维特利亚公园的奥尼洪加海滩，或称雪莉湾(Onehunga or Shelley Bay, Whitireia Park)

这里景色壮美，最远可以眺望到南岛，进行水上运动十分方便，堪称波里鲁阿最佳海滩之一。

HOGARTH CHOCOLATE

10 Kotua Pl, Stoke, Nelson; www.hogarthchocolate.co.nz;
+64(03)5448623

◆组织品鉴 ◆提供培训 ◆咖啡馆
◆现场烘焙 ◆自带商店 ◆交通方便

你要是能偷偷溜进Hogarth Chocolate的工厂，肯定会看到大块大块的巧克力砖被码放在高高的货架上。这种操作叫陈化，这样做是因为巧克力与葡萄酒一样，经过精磨之后如果能再放上一段时间，就会产生更为奇妙的风味。这一点，卡尔与玛丽娜·霍加斯夫妇（Karl and Marina Hogarth）当然很清楚。卡尔做过渔民，做过水手，有一次在危地马拉偶然咬了一口当地人自制的巧克力，从此便对这门手艺着了迷，2014年与玛丽娜在纳尔逊市（Nelson）白手起家，创立了霍加斯巧克力品牌。今天的卡尔在选料方面不拘泥于某一产地，委内瑞拉、秘鲁、厄瓜多尔、马达加斯加、多米尼加的可可豆都会用，启蒙之地危地马拉自然也不会被落下。

在风味美妙的高品质可可豆里，他也喜欢加入一些别处没有的配料。隔壁那家咖啡烘焙厂出品的意式咖啡混豆，来自新西兰独有的麦卢卡茶树的麦卢卡蜂蜜，这些全被他放到了巧克力里。卡尔斩获的奖项一年比一年多，何以受到如此好评，吃过他家的巧克力棒，原因不言自明：每款产品的口感都是顺滑如脂，可可含量再高也不例外；种种原料品质绝不苟且，配比大有玄机，汇在一处，满口爆香。工厂本身目前尚不对公众开放，不过你姑且可以跑到工厂外面用鼻子解解瘾，想买的话，蒙哥马利广场（Montgomery Square）周六上午的集市里就能买到。

周边活动

阿贝尔·塔斯曼国家公园（Abel Tasman National Park）

公园毗邻大海，坐拥一条大理岩、石灰岩山岭的北端，山岭向南一直会延伸至卡胡朗吉国家公园（Kahurangi National Park）。www.doc.govt.nz/parks- and-recreation

创始人遗产公园（Founders Heritage Park）

公园在市中心之外，里面仿建了一座古老的村庄，自带一家博物馆，举办有艺术展，还能买到服装和巧克力等手工产品。www.founderspark.co.nz

塔胡纳海滩（Tahuna Beach）

纳尔逊市头号都市游乐场，沙滩景色壮观，背靠沙丘，配有一大片绿地（带游乐场），咖啡车、水上滑梯等设施不胜枚举。

衣艺世界暨老爷车博物馆（World of WearableArt & Classic Cars Museum）

一年一度的“衣艺世界”服装艺术大奖是新西兰最具创造力的一场时尚大秀，而纳尔逊正是这一活动的诞生地。在这家博物馆里，你可以欣赏到历年参赛作品，获得感官爆炸的享受。www.wowcars.co.nz

OCHO CHOCOLATE
3
AGNES PILOPASO
8
12
13
9
14
52% CACAO
SOLOMON ISLANDS
AGNES PILOPASO
10
ORIGIN UNKNOWN
15
PAPUA NEW GUINEA
SEN AGO

OCHO

10 Roberts Street, Dunedin, Otago; ocho.co.nz; +64(03)4257819

◆组织品鉴 ◆现场烘焙 ◆自带商店

达尼丁(Dunedin)的吉百利巧克力世界(Cadbury World)是英国著名糖果品牌吉百利开在新西兰的"分舵",是达尼丁首屈一指的景点,还给了这座城市足够的底气称自己为巧克力之乡。可惜在2017年7月,巧克力世界正式宣布关门,在当地留下了一个大大甜甜的空缺。好在短短几个月之后,空缺被Otago Chocolate Company(简称OCHO)给填满了。公司创始人是丽兹·罗威(Liz Rowe),原本只是在自家车库里依照可持续理念小规模生产巧克力,后来发起了新西兰有史以来最成功的一次众筹项目,在短短两天时间里,就从3000名独立投资人那里筹到了200万新西兰元,OCHO就此诞生。

OCHO的工厂位于水畔,砖墙朴实,游客在那里可以参观到可可豆变身巧克力棒的整个过程,在每个环节都能看到罗威对于初衷的坚持。工厂所用可可豆,全部都是从小型种植户手中直接收购来的,产地遍布太平洋群岛各处,产品主打超黑巧克力棒。特色巧克力棒里只含有可可碎粒和糖两种成分,这是因为罗威喜欢让可可豆为自己代言,希望成品能够突显产地特有的风味,不被添加剂所掩盖。工厂组织的巧克力品鉴活动,让人仿佛在酒庄里品酒,多种风味一并奉上,让心痒的访客一一品尝,了解并对比巴布新几内亚豆和斐济豆之间微妙的区别。

周边活动

达尼丁街头艺术小道(Dunedin Street Art Trail)

这是一条位于达尼丁市中心的参观线路,串起了28幅活力四射的街头艺术作品,为这座古风古貌的城市平添了一分属于现代的鬼马气息,创作者来自十个国家,边走边看大约需要90分钟。

达尼丁火车站(Dunedin Railway Station)

爱德华时代建筑的典范,造型令人惊叹,拱门上的贴砖富丽堂皇,彩色玻璃窗和鲜花盛开的花园也都有可观之处,因而成了新西兰上镜率最高的一座建筑。

奥塔哥半岛(The Otago Peninsula)

奥塔哥半岛是野生动物观光的奇境,那里生活着珍稀的黄眼企鹅和澳洲海狗,还有一处信天翁繁育区,半岛上的拉纳克城堡(Larnach Castle)更是新西兰绝无仅有的城堡,驾车观赏,自能大饱眼福。

斯佩特啤酒厂(Speight's Brewery)

这可是南岛的老字号,创立于1876年,除了高品质艾尔啤酒,还供应可口实在的美味,酒厂建筑在一个多世纪的时间里风貌未改,不妨随团参观一番。speights.co.nz

索引

幕后

关于本书

这是Lonely Planet《环球巧克力之旅》的第1版。
本书为中文第1版，由以下人员制作完成：

项目负责 关媛媛
项目执行 丁立松
翻　　译 李冠廷
翻译统筹 肖斌斌
内容策划 郭　瑶　李小可
视觉设计 李小棠
协调调度 沈竹颖
执行出版 马　珊
总　　编 朱　萌
责任编辑 林紫秋
执行编辑 戴　舒
编　　辑 朱思旸　周　琳
流　　程 王若玢
排　　版 北京梧桐影电脑科技有限公司

感谢刘乐怡对本书的帮助。

本书作者

马修·安克尼(Matthew Ankeny)，凯特·阿姆斯特朗(Kate Armstrong)，詹姆斯·班布里奇(James Bainbridge)，艾米·贝尔福(Amy Balfour)，莎拉·巴克斯特(Sarah Baxter)，安德鲁·本德(Andrew Bender)，克莱尔·布拜尔(Claire Boobbyer)，塞莱斯特·布莱什(Celeste Brash)，凯西·布朗(Cathy Brown)，约书亚·塞缪尔·布朗(Joshua Samuel Brown)，约翰·布伦顿(John Brunton)，皮耶拉·陈(Piera Chen)，安·克里斯滕松(Ann Christenson)，马克·迪·杜卡(Marc Di Duca)，萨曼莎·福格(Samantha Forge)，贝利·弗里曼(Bailey Freeman)，马克斯·甘迪(Max Gandy)，伊桑·盖尔博(Ethan Gelber)，莎拉·吉尔伯特(Sarah Gilbert)，梅根·吉娜(Megan Giller)，安东尼·汉姆(Anthony Ham)，卡洛琳·B.海勒(Carolyn B Heller)，米歇尔·赫尔曼(Michele Herrmann)， 凯特·休格利特(Cate Huguelet)，安妮塔·伊萨尔斯卡(Anita Isalska)，布莱恩·克吕普费尔(Brian Kluepfel)，阿比盖尔·K.莱克曼(Abigail K Leichman)，凯琳·林奇(Kaelyn Lynch)，艾米丽·马特查(Emily Matchar)，安妮·玛丽·麦克阿瑟(Anne Marie McCarthy)，卡洛琳·麦卡锡(Carolyn McCarthy)，梅赫尔·米尔扎(Meher Mirza)，凯伦·诺贝尔(Karyn Noble)，卓拉·奥尼尔(Zora O'Neill)，洛娜·帕克斯(Lorna Parkes)，杰西卡·费伦(Jessica Phelan)，瑞吉斯·圣路易斯(Regis St Louis)，瓦莱丽·斯蒂马奇(Valerie Stimac)，马克·斯特拉顿(Mark Stratton)，莎朗·泰伦奇(Sharon Terenzi)，凯里·沃克(Kerry Walker)，詹姆斯·旺特(James Want)，卢克·沃特森(Luke Waterson)，芭芭拉·伍尔西(Barbara Woolsey)，克里斯·泽尔(Chris Zeiher)和卡拉·齐默尔曼(Karla Zimmerman)。

说出你的想法

我们很重视旅行者的反馈——你的评价将鼓励我们前行，把书做得更好。我们同样热爱旅行的团队会认真阅读你的来信，无论表扬还是批评都很欢迎。虽然很难一一回复，但我们保证将你的反馈信息及时交到相关作者手中，使下一版更完美。我们也会在下　版特别鸣谢来信读者。

请把你的想法发送到**china@lonelyplanet.com.au**，谢谢！

请注意：我们可能会将你的意见编辑、复制并整合到Lonely Planet的系列产品中，例如旅行指南、网站和数字产品。如果不希望书中出现自己的意见或不希望提及你的名字，请提前告知。请访问lonelyplanet.com/privacy了解我们的隐私政策。

环球巧克力之旅

中文第一版

书名原文：*Global Chocolate Tour*

本中文版由中国地图出版社出版

图书在版编目（CIP）数据

环球巧克力之旅 / 澳大利亚 LONELY PLANET 公司著；李冠廷译．-- 北京：中国地图出版社，2021.9
ISBN 978-7-5204-1656-6

Ⅰ．①环… Ⅱ．①澳… ②李… Ⅲ．①巧克力糖－基本知识 Ⅳ．① TS246.5

中国版本图书馆 CIP 数据核字 (2021) 第 085356 号

出版发行	中国地图出版社
社　　址	北京市白纸坊西街 3 号
邮政编码	100054
网　　址	www.sinomaps.com
印　　刷	北京华联印刷有限公司
经　　销	新华书店
成品规格	185mm×240mm
印　　张	16.5
字　　数	353 千字
版　　次	2021 年 9 月第 1 版
印　　次	2021 年 9 月北京第 1 次印刷
定　　价	128.00 元
书　　号	ISBN 978-7-5204-1656-6
图　　字	01-2021-2259

如有印装质量问题，请与我社发行部（010-83543956）联系

旅行读物全新上市，更多选择敬请期待

在阅读与观察中了解世界，激发你的热情去探索更多

- 全彩设计，图片精美
- 启发旅行灵感
- 轻松好读，优选礼物

保持联系
china@lonelyplanet.com.au

我们在都柏林、富兰克林和北京都有办公室。
联络：lonelyplanet.com/contact

weibo.com/
lonelyplanet

facebook.com/
lonelyplanet

lonelyplanet.com/
newsletter

twitter.com/
lonelyplanet

“只要决定出发，最困难的部分就已结束。那么，出发吧！” 托尼·惠勒（Tony Wheeler），Lonely Planet 联合创始人